S O U V E N I R S   E N T O M O L O G I Q U E S

S O U V E N I R S   E N T O M O L O G I Q U E S

SOUVENIRS ENTOMOLOGIQUES

JEAN-HENRI FABRE

法布爾昆蟲記全集 10

素食昆蟲

法布爾 著

魯京明/譯　楊平世/審訂

遠流出版公司

審訂者介紹

楊平世

　　現任國立台灣大學昆蟲學系教授。主要研究範圍是昆蟲與自然保育、水棲昆蟲生態學、台灣蝶類資源與保育、民族昆蟲等；在各期刊、研討會上發表的相關論文達200多篇，曾獲國科會優等獎及甲等獎十餘次。

　　除了致力於學術領域的昆蟲研究外，也相當重視科學普及化與自然保育的推廣。著作有《台灣的常見昆蟲》、《常見野生動物的價值和角色》、《野生動物保育》、《自然追蹤》、《台灣昆蟲歲時記》及《我愛大自然信箱》等，曾獲多次金鼎獎。另與他人合著《臺北植物園自然教育解說手冊》、《墾丁國家公園的昆蟲》、《溪頭觀蟲手冊》等書。

　　1993年擔任東方出版社翻譯日人奧本大三郎改寫版《昆蟲記》的審訂者，與法布爾結下不解之緣；2002年擔任遠流出版公司法文原著全譯版《法布爾昆蟲記全集》十冊審訂者。1

譯者介紹

魯京明

　　畢業於廈門大學外語系。現任廈門大學亞歐語系副教授。

圖例說明：《法布爾昆蟲記全集》十冊，各冊中昆蟲線圖的比例標示法，乃依法文原著的方式，共有以下三種：(1)以圖文說明（例如：放大 1½倍）；(2)在圖旁以數字標示（例如：2/3）；(3)在圖旁以黑線標示出原蟲尺寸。

目錄

序

相見恨晚的昆蟲詩人

劉克襄

　　我和法布爾的邂逅，來自於三次茫然而感傷的經驗，但一直到現在，我仍還沒清楚地認識他。

第一次邂逅

　　第一次是離婚的時候。前妻帶走了一堆文學的書，像什麼《深淵》、《鄭愁予詩選集》之類的現代文學，以及《莊子》、《古今文選》等古典書籍。只留下一套她買的，日本昆蟲學者奧本大三郎摘譯編寫的《昆蟲記》(東方出版社出版，1993)。

　　儘管是面對空蕩而淒清的書房，看到一套和自然科學相關的書籍完整倖存，難免還有些慰藉。原本以為，她希望我在昆蟲研究的造詣上更上層樓。殊不知，後來才明白，那是留給孩子閱讀的。只可惜，孩子們成長至今的歲月裡，這套後來擺在《射鵰英雄傳》旁邊的自然經典，從不曾被他們青睞過。他們琅琅上口的，始終是郭靖、黃藥師這些虛擬的人物。

　　偏偏我不愛看金庸。那時，白天都在住家旁邊的小綠山觀察。二十來種鳥看透了，上百種植物的相思林也認完了，林子裡龐雜的昆蟲開始成為不得不面對的事實。這套空擺著的《昆蟲記》遂成為參考的重要書籍，翻閱的次數竟如在英文辭典裡尋找單字般的習以為常，進而產生莫名地熱愛。

　　還記得離婚時，辦手續的律師順便看我的面相，送了一句過來人的忠告，「女人常因離婚而活得更自在；男人卻自此意志消沉，一蹶不振，你可要保重了。」

　　或許，我本該自此頹廢生活的。所幸，遇到了昆蟲。如果說《昆蟲記》提昇了我的中年生活，應該也不為過罷！

　　可惜，我的個性見異思遷。翻讀熟了，難免懷疑，日本版摘譯編寫的《昆蟲記》有多少分真實，編寫者又添加了多少分己見？再者，我又無法學到法布爾般，持續著堅定而簡單的觀察。當我疲憊地結束小綠山觀察後，這套編書就束諸高閣，連一些親手製作的昆蟲標本，一起堆置在屋角，淪為個人生活史裡的古蹟了。

第二次邂逅

　　第二次遭遇，在四、五年前，到建中校園演講時。記得那一次，是建中和北一女保育社合辦的自然研習營。講題為何我忘了，只記得講完後，一個建中高三的學生跑來找我，請教了一個讓我差點從講台跌跤的問題。

　　他開門見山就問，「我今年可以考上台大動物系，但我想先去考台大外文系，或者歷史系，讀一陣後，再轉到動物系，你覺得如何？」

　　哇靠，這是什麼樣的學生！我又如何回答呢？原來，他喜愛自然科學。可是，卻不想按部就班，循著過去的學習模式。他覺得，應該先到文學院洗禮，培養自己的人文思考能力。然後，再轉到生物科系就讀，思考科學事物時，比較不會僵硬。

　　一名高中生竟有如此見地，不禁教人讚嘆。近年來，台灣科普書籍的豐富引進，我始終預期，台灣的自然科學很快就能展現人文的成熟度。不意，在這位十七歲少年的身上，竟先感受到了這個科學藍圖的清晰一角。

　　但一個高中生如何窺透生態作家強納森‧溫納《雀喙之謎》的繁複分析和歸納？又如何領悟威爾森《大自然的獵人》所展現的道德和知識的強度？進而去懷疑，自己即將就讀科系有著體制的侷限，無法如預期的理想。

　　當我以這些被學界折服的當代經典探詢時，這才恍然知道，少年並未看過。我想也是，那麼深奧而豐厚的書，若理解了，恐怕都可以跳昇去攻讀博士班了。他只給了我「法布爾」的名字。原來，在日本版摘譯

編寫的《昆蟲記》裡，他看到了一種細膩而充滿濃厚文學味的詩意描寫。同樣近似種類的昆蟲觀察，他翻讀台灣本土相關動物生態書籍時，卻不曾經驗相似的敘述。一邊欣賞著法布爾，那獨特而細膩，彷彿享受美食的昆蟲觀察，他也轉而深思，疑惑自己未來求學過程的秩序和節奏。

十七歲的少年很驚異，為什麼台灣的動物行為論述，無法以這種議夾敘述的方式，將科學知識圓熟地以文學手法呈現？再者，能夠蘊釀這種昆蟲美學的人文條件是什麼樣的環境？假如，他直接進入生物科系裡，是否也跟過去的學生一樣，陷入既有的制式教育，無法開啓活潑的思考？幾經思慮，他才決定，必須繞個道，先到人文學院裡吸收文史哲的知識，打開更寬廣的視野。其實，他來找我之前，就已經決定了自己的求學走向。

第三次邂逅

第三次的經驗，來自一個叫「昆蟲王」的九歲小孩。那也是四、五年前的事，我在耕莘文教院，帶領小學生上自然觀察課。有一堂課，孩子們用黏土做自己最喜愛的動物，多數的孩子做的都是捏出狗、貓和大象之類的寵物。只有他做了一隻獨角仙。原來，他早已在飼養獨角仙的幼蟲，但始終孵育失敗。

我印象更深刻的，是隔天的戶外觀察。那天寒流來襲，我出了一道題目，尋找鍬形蟲、有毛的蝸牛以及小一號的熱狗（即馬陸，綽號火車蟲）。抵達現場後，寒風細雨，沒多久，六十多個小朋友全都畏縮在廟前避寒、躲雨。只有他，持著雨傘，一路翻撥。一小時過去，結果，三種動物都被他發現了。

那次以後，我們變成了野外登山和自然觀察的夥伴。初始，為了爭取昆蟲王的尊敬，我的注意力集中在昆蟲的發現和現場討論。這也是我第一次在野外聽到，有一個小朋友唸出「法布爾」的名字。

每次找到昆蟲時，在某些情況的討論時，他常會不自覺地搬出法布爾的經驗和法則。我知道，很多小孩在十歲前就看完金庸的武俠小說。沒想到《昆蟲記》竟有人也能讀得滾瓜爛熟了。這樣在野外旅行，我常

感受到，自己面對的常不只是一位十歲小孩的討教。他的後面彷彿還有位百年前的法國老頭子，無所不在，且斤斤計較地對我質疑，常讓我的教學倍感壓力。

有一陣子，我把這種昆蟲王的自信，稱之為「法布爾併發症」。當我辯不過他時，心裡難免有些犬儒地想，觀察昆蟲需要如此細嚼慢嚥，像吃一盤盤正式的日本料理嗎？透過日本版的二手經驗，也不知真實性有多少？如此追根究底的討論，是否失去了最初的價值意義？但放諸現今的環境，還有其他方式可取代嗎？我充滿無奈，卻不知如何解決。

完整版的《法布爾昆蟲記全集》

那時，我亦深深感嘆，日本版摘譯編寫的《昆蟲記》居然就如此魅力十足，影響了我周遭喜愛自然觀察的大、小朋友。如果有一天，真正的法布爾法文原著全譯本出版了，會不會帶來更為劇烈的轉變呢？沒想到，我這個疑惑才浮昇，譯自法文原著、完整版的《法布爾昆蟲記全集》中文版就要在台灣上市了。

說實在的，過去我們所接觸的其它版本的《昆蟲記》都只是一個片段，不曾完整過。你好像進入一家精品小鋪，驚喜地看到它所擺設的物品，讓你愛不釋手，但是，那時還不知，你只是逗留在一個小小樓層的空間。當你走出店家，仰頭一看，才赫然發現，這是一間大型精緻的百貨店。

當完整版的《法布爾昆蟲記全集》出現時，我相信，像我提到的狂熱的「昆蟲王」，以及早熟的十七歲少年，恐怕會增加更多吧！甚至，也會產生像日本博物學者鹿野忠雄、漫畫家手塚治虫那樣，從十一、二歲就矢志，要奉獻一生，成為昆蟲研究者的人。至於，像我這樣自忖不如，半途而廢的昆蟲中年人，若是稍早時遇到的是完整版的《法布爾昆蟲記全集》，說不定那時就不會急著走出小綠山，成為到處遊蕩台灣的旅者了。

劉克襄

2002.6月於台北

（本文作者為自然觀察家暨自然旅行家）

導讀

兒時記趣與昆蟲記

楊平世

「余憶童稚時，能張目對日，明察秋毫。見藐小微物必細察其紋理，故時有物外之趣。」

——清　沈復《浮生六記》之「兒時記趣」

「在對某個事物說『是』以前，我要觀察、觸摸，而且不是一次，是兩三次，甚至沒完沒了，直到我的疑心在如山鐵證下歸順聽從為止。」

——法國　法布爾《法布爾昆蟲記全集7》

　　《浮生六記》是清朝的作家沈復在四十六歲時回顧一生所寫的一本簡短回憶錄。其中的「兒時記趣」一文是大家耳熟能詳的小品，文內記載著他童稚的心靈如何運用細心的觀察與想像，為童年製造許多樂趣。在《浮生六記》付梓之後約一百年(1909年)，八十五歲的詩人與昆蟲學家法布爾，完成了他的《昆蟲記》最後一冊，並印刷問世。

　　這套耗時卅餘年寫作、多達四百多萬字、以文學手法、日記體裁寫成的鉅作，是法布爾一生觀察昆蟲所寫成的回憶錄，除了記錄他對昆蟲所進行的觀察與實驗結果外，同時也記載了研究過程中的心路歷程，對學問的辨證，和對人類生活與社會的反省。在《昆蟲記》中，無論是六隻腳的昆蟲或是八隻腳的蜘蛛，每個對象都耗費法布爾數年到數十年的時間去觀察並實驗，而從中法布爾也獲得無限的理趣，無悔地沉浸其中。

遠流版《法布爾昆蟲記全集》

昆蟲記的原法文書名《SOUVENIRS ENTOMOLOGIQUES》，直譯為「昆蟲學的回憶錄」，在國內大家較熟悉《昆蟲記》這個譯名。早在 1933 年，上海商務出版社便出版了本書的首部中文節譯本，書名當時即譯為《昆蟲記》。之後於 1968 年，台灣商務書店復刻此一版本，在接續的廿多年中，成為在臺灣發行的唯一中文節譯版本，目前已絕版多年。1993年國內的東方出版社引進由日本集英社出版，奧本大三郎所摘譯改寫的《昆蟲記》一套八冊，首度為國人有系統地介紹法布爾這套鉅著。這套書在奧本大三郎的改寫下，採對小朋友說故事體的敘述方法，輔以插圖、背景知識和照片說明，十分生動活潑。但是，這一套書卻不是法布爾的原著，而僅是摘譯內容中科學的部分改寫而成。最近寂天出版社則出了大陸作家出版社的摘譯版《昆蟲記》，讓讀者多了一種選擇。

今天，遠流出版公司的這一套《法布爾昆蟲記全集》十冊，則是引進 2001 年由大陸花城出版社所出版的最新中文全譯本，再加以逐一修潤、校訂、加注、修繪而成的。這一個版本是目前唯一的中文版全譯本，而且直接譯自法文版原著，不是摘譯，也不是轉譯自日文或英文；書中並有三百餘張法文原著的昆蟲線圖，十分難得。《法布爾昆蟲記全集》十冊第一次讓國人有機會「全覽」法布爾這套鉅作的諸多面相，體驗書中實事求是的科學態度，欣賞優美的用詞遣字，省思深刻的人生態度，並從中更加認識法布爾這位科學家與作者。

法布爾小傳

法布爾(Jean Henri Fabre，1823-1915)出生在法國南部，靠近地中海的一個小鎮的貧窮人家。童年時代的法布爾便已經展現出對自然的熱愛與天賦的觀察力，在他的「遺傳論」一文中可一窺梗概。(見《法布爾昆蟲記全集 6》) 靠著自修，法布爾考取亞維農(Avignon)師範學院的公費生；十八歲畢業後擔任小學教師，繼續努力自修，在隨後的幾年內陸續獲得文學、數學、物理學和其他自然科學的學士學位與執照(近似於今日的碩士學位)，並在 1855 年拿到科學博士學位。

年輕的法布爾曾經為數學與化學深深著迷，但是後來發現動物世界

更加地吸引他，在取得博士學位後，即決定終生致力於昆蟲學的研究。但是經濟拮据的窘境一直困擾著這位滿懷理想的年輕昆蟲學家，他必須兼任許多家教與大眾教育課程來貼補家用。儘管如此，法布爾還是對研究昆蟲和蜘蛛樂此不疲，利用空暇進行觀察和實驗。

　　這段期間法布爾也以他豐富的知識和文學造詣，寫作各種科普書籍，介紹科學新知與各類自然科學知識給大眾。他的大眾自然科學教育課程也深獲好評，但是保守派與教會人士卻抨擊他在公開場合向婦女講述花的生殖功能，而中止了他的課程。也由於老師的待遇實在太低，加上受到流言中傷，法布爾在心灰意冷下辭去學校的教職；隔年甚至被虔誠的天主教房東趕出住處，使得他的處境更是雪上加霜，也迫使他不得不放棄到大學任教的願望。法布爾求助於英國的富商朋友，靠著朋友的慷慨借款，在 1870 年舉家遷到歐宏桔(Orange)由當地仕紳所出借的房子居住。

　　在歐宏桔定居的九年中，法布爾開始殷勤寫作，完成了六十一本科普書籍，有許多相當暢銷，甚至被指定為教科書或輔助教材。而版稅的收入使得法布爾的經濟狀況逐漸獲得改善，並能逐步償還當初的借款。這些科普書籍的成功使《昆蟲記》一書的寫作構想逐漸在法布爾腦中浮現，他開始整理集結過去卅多年來觀察所累積的資料，並著手撰寫。但是也在這段期間裡，法布爾遭遇喪子之痛，因此在《昆蟲記》第一冊書末留下懷念愛子的文句。

　　1879年法布爾搬到歐宏桔附近的塞西尼翁，在那裡買下一棟義大利風格的房子和一公頃的荒地定居。雖然這片荒地滿是石礫與野草，但是法布爾的夢想「擁有一片自己的小天地觀察昆蟲」的心願終於達成。他用故鄉的普羅旺斯語將園子命名為荒石園(L'Harmas)。在這裡法布爾可以不受干擾地專心觀察昆蟲，並專心寫作。（見《法布爾昆蟲記全集2》）這一年《昆蟲記》的首冊出版，接著並以約三年一冊的進度，完成全部十冊及第十一冊兩篇的寫作；法布爾也在這裡度過他晚年的卅載歲月。

　　除了《昆蟲記》外，法布爾在 1862-1891 這卅年間共出版了九十五本十分暢銷的書，像 1865 年出版的《LE CIEL》(天空)一書便賣了十一

刷，有些書的銷售量甚至超過《昆蟲記》。除了寫書與觀察昆蟲之外，法布爾也是一位優秀的真菌學家和畫家，曾繪製採集到的七百種蕈菇，張張都是一流之作；他也留下了許多詩作，並為之譜曲。但是後來模仿《昆蟲記》一書體裁的書籍越來越多，且書籍不再被指定為教科書而使版稅減少，法布爾一家的生活再度陷入困境。一直到人生最後十年，法布爾的科學成就才逐漸受到法國與國際的肯定，獲得政府補助和民間的捐款才再脫離清寒的家境。1915年法布爾以九十二歲的高齡於荒石園辭世。

　　這位多才多藝的文人與科學家，前半生為貧困所苦，但是卻未曾稍減對人生志趣的追求；雖曾經歷許多攀附權貴的機會，依舊未改其志。開始寫作《昆蟲記》時，法布爾已經超過五十歲，到八十五歲完成這部鉅作，這樣的毅力與精神與近代分類學大師麥爾(Ernst Mayr)高齡近百還在寫書同樣讓人敬佩。在《昆蟲記》中，讀者不妨仔細注意法布爾在字裡行間透露出來的人生體驗與感慨。

科學的《昆蟲記》

　　在法布爾的時代，以分類學為基礎的博物學是主流的生物科學，歐洲的探險家與博物學家在世界各地採集珍禽異獸、奇花異草，將標本帶回博物館進行研究；但是有時這樣的工作會流於相當公式化且表面的研究。新種的描述可能只有兩三行拉丁文的簡單敘述便結束，不會特別在意特殊的構造和其功能。

　　法布爾對這樣的研究相當不以為然：「你們(博物學家)把昆蟲肢解，而我是研究活生生的昆蟲；你們把昆蟲變成一堆可怕又可憐的東西，而我則使人們喜歡他們……你們研究的是死亡，我研究的是生命。」在今日見分子不見生物的時代，這一段話對於研究生命科學的人來說仍是諍諍建言。法布爾在當時是少數投入冷僻的行為與生態觀察的非主流學者，科學家雖然十分了解觀察的重要性，但是對於「實驗」的概念還未成熟，甚至認為博物學是不必實驗的科學。法布爾稱得上是將實驗導入田野生物學的先驅者，英國的科學家路柏格(John Lubbock)也是這方面的先驅，但是他的主要影響在於實驗室內的實驗設計。法布爾說：

「僅僅靠觀察常常會引人誤入歧途，因為我們遵循自己的思維模式來詮釋觀察所得的數據。為使真相從中現身，就必須進行實驗，只有實驗才能幫助我們探索昆蟲智力這一深奧的問題……通過觀察可以提出問題，通過實驗則可以解決問題，當然問題本身得是可以解決的；即使實驗不能讓我們茅塞頓開，至少可以從一片混沌的雲霧中投射些許光明。」（見《法布爾昆蟲記全集 4》）

這樣的正確認知使得《昆蟲記》中的行為描述變得深刻而有趣，法布爾也不厭其煩地在書中交代他的思路和實驗，讓讀者可以融入情景去體驗實驗與觀察結果所呈現的意義。而法布爾也不會輕易下任何結論，除非在三番兩次的實驗或觀察都呈現確切的結果，而且有合理的解釋時他才會說「是」或「不是」。比如他在村裡用大砲發出巨大的爆炸聲響，但是發現樹上的鳴蟬依然故我鳴個不停，他沒有據此做出蟬是聾子的結論，只保留地說他們的聽覺很鈍（見《法布爾昆蟲記全集 5》）。類似的例子在整套《昆蟲記》中比比皆是，可以看到法布爾對科學所抱持的嚴謹態度。

在整套《昆蟲記》中，法布爾著力最深的是有關昆蟲的本能部分，這一部份的觀察包含了許多寄生蜂類、蠅類和甲蟲的觀察與實驗。這些深入的研究推翻了過去權威所言「這是既得習慣」的錯誤觀念，了解昆蟲的本能是無意識地為了某個目的和意圖而行動，並開創「結構先於功能」這樣一個新的觀念（見《法布爾昆蟲記全集 4》）。法布爾也首度發現了昆蟲對某些的環境次機會有特別的反應，稱為趨性（taxis），比如某些昆蟲夜裡飛向光源的趨光性、喜歡沿著角落行走活動的趨觸性等等。而在研究芫菁的過程中，他也發現了有別於過去知道的各種變態型式，在幼蟲期間多了一個特殊的擬蛹階段，法布爾將這樣的變態型式稱為「過變態」（hypermetamorphosis），這是不喜歡使用學術象牙塔裡那種艱深用語的法布爾，唯一發明的一個昆蟲學專有名詞。（見《法布爾昆蟲記全集 2》）

雖然法布爾的觀察與實驗相當仔細而有趣，但是《昆蟲記》的文學寫作手法有時的確帶來一些問題，尤其是一些擬人化的想法與寫法，可能會造成一些誤導。還有許多部分已經在後人的研究下呈現出較清楚的

面貌，甚至與法布爾的觀點不相符合。比如法布爾認為蟬的聽覺很鈍，甚至可能沒有聽覺，因此蟬鳴或其他動物鳴叫只是表現享受生活樂趣的手段罷了。這樣的陳述以科學角度來說是完全不恰當的。因此希望讀者沉浸在本書之餘，也記得「盡信書不如無書」的名言，時時抱持懷疑的態度，旁徵博引其他書籍或科學報告的內容相互佐證比較，甚至以本地的昆蟲來重複進行法布爾的實驗，看看是否同樣適用或發現新的「事實」，這樣法布爾的《昆蟲記》才真正達到了啟發與教育的目的，而不只是一堆現成的知識而已。

人文與文學的《昆蟲記》

　　《昆蟲記》並不是單純的科學紀錄，它在文學與科普同樣佔有重要的一席之地。在整套書中，法布爾不時引用希臘神話、寓言故事，或是家鄉普羅旺斯地區的鄉間故事與民俗，不使內容成為曲高和寡的科學紀錄，而是和「人」密切相關的整體。這樣的特質在這些年來越來越希罕，學習人文或是科學的學子往往只沉浸在自己的領域，未能跨出學門去豐富自己的知識，或是實地去了解這塊孕育我們的土地的點滴。這是很可惜的一件事。如果《昆蟲記》能獲得您的共鳴，或許能激發您想去了解這片土地自然與人文風采的慾望。

　　法國著名的劇作家羅斯丹說法布爾「像哲學家一般地思，像美術家一般地看，像文學家一般地寫」；大文學家雨果則稱他是「昆蟲學的荷馬」；演化論之父達爾文讚美他是「無與倫比的觀察家」。但是在十八世紀末的當時，法布爾這樣的寫作手法並不受到一般法國科學家們的認同，認為太過通俗輕鬆，不像當時科學文章艱深精確的寫作結構。然而法布爾堅持自己的理念，並在書中寫道：「高牆不能使人熱愛科學。將來會有越來越多人致力打破這堵高牆，而他們所用的工具，就是我今天用的、而為你們（科學家）所鄙夷不屑的文學。」

　　以今日科學的角度來看，這樣的陳述或許有些情緒化的因素摻雜其中，但是他的理念已成為科普的典範，而《昆蟲記》的文學地位也已為普世所公認，甚至進入諾貝爾文學獎入圍的候補名單。《昆蟲記》裡面的用字遣詞是值得細細欣賞品味的，雖然中譯本或許沒能那樣真實反應

出法文原版的文學性，但是讀者必定能發現他絕非鋪陳直敘的新聞式文章。尤其在文章中對人生的體悟、對科學的感想、對委屈的抒懷，常常流露出法布爾作為一位詩人的本性。

《昆蟲記》與演化論

　　雖然昆蟲記在科學、科普與文學上都佔有重要的一席之地，但是有關《昆蟲記》中對演化論的質疑是必須提出來說的，這也是目前的科學家們對法布爾的主要批評。達爾文在1859年出版了《物種原始》一書，演化的概念逐漸在歐洲傳佈開來。廿年後，《昆蟲記》第一冊有關寄生蜂的部分出版，不久便被翻譯為英文版，達爾文在閱讀了《昆蟲記》之後，深深佩服法布爾那樣鉅細靡遺且求證再三的記錄，並援以支持演化論。相反地，雖然法布爾非常敬重達爾文，兩人並相互通信分享研究成果，但是在《昆蟲記》中，法布爾不只一次地公開質疑演化論，如果細讀《昆蟲記》，可以看出來法布爾對於天擇的觀念相當懷疑，但是卻沒有一口否決過，如同他對昆蟲行為觀察的一貫態度。我們無從得知法布爾是否真正仔細完整讀過達爾文的《物種原始》一書，但是《昆蟲記》裡面展現的質疑，絕非無的放矢。

　　十九世紀末甚至二十世紀初的演化論知識只能說有了個原則，連基礎的孟德爾遺傳說都還是未能與演化論相結合，遑論其他許多的演化概念和機制，都只是從物競天擇去延伸解釋，甚至淪為說故事，這種信心高於事實的說法，對法布爾來說當然算不上是嚴謹的科學理論。同一時代的科學家有許多接受了演化論，但是無法認同天擇是演化機制的說法，而法布爾在這點上並未區分二者。但是嚴格說來，法布爾並未質疑物種分化或是地球有長遠歷史這些概念，而是認為選汰無法造就他所見到的昆蟲本能，並且以明確的標題「給演化論戳一針」表示自己的懷疑。（見《法布爾昆蟲記全集 3》）

　　而法布爾從自己研究得到的信念，有時也成為一種偏見，妨礙了實際的觀察與實驗的想法。昆蟲學家巴斯德(George Pasteur)便曾在《SCIENTIFIC AMERICAN》(台灣譯為《科學人》雜誌，遠流發行)上為文，指出法布爾在觀察某種蟹蛛(Thomisus onustus)在花上的捕食行為，以

及昆蟲假死行為的實驗的錯誤。法布爾認為很多發生在昆蟲的典型行為就如同一個原型，但是他也觀察到這些行為在族群中是或多或少有所差異的，只是他把這些差異歸為「出差錯」，而未從演化的角度思考。

　　法布爾同時也受限於一個迷思，這樣的迷思即使到今天也還普遍存在於大眾，就是既然物競天擇，那為何還有這些變異？為什麼糞金龜中沒有通通變成身強體壯的個體，甚至反而大個兒是少數？現代演化生態學家主要是由「策略」的觀點去看這樣的問題，比較不同策略間的損益比，進一步去計算或模擬發生的可能性，看結果與預期是否相符。有興趣想多深入了解的讀者可以閱讀更多的相關資料書籍再自己做評價。

今日《昆蟲記》

　　《昆蟲記》迄今已被翻譯成五十多種文字與數十種版本，並橫跨兩個世紀，繼續在世界各地擔負起對昆蟲行為學的啟蒙角色。希望能藉由遠流這套完整的《法布爾昆蟲記全集》的出版，引發大家更多的想法，不管是對昆蟲、對人生、對社會、對科普、對文學，或是對鄉土的。曾經聽到過有小讀者對《昆蟲記》一書抱著高度的興趣，連下課十分鐘都把握閱讀，也聽過一些小讀者看了十分鐘就不想再讀了，想去打球。我想，都好，我們不期望每位讀者都成為法布爾，法布爾自己也承認這些需要天份。社會需要多元的價值與各式技藝的人。同樣是觀察入裡，如果有人能因此走上沈復的路，發揮想像沉醉於情趣，成為文字工作者；那和學習實事求是態度，浸淫理趣，立志成為科學家或科普作者的人，這個社會都應該給予相同的掌聲與鼓勵。

楊平世　　2002.6.18 於台灣大學農學院

（本文作者現任台灣大學昆蟲學系教授）

第一章
米諾多蒂菲的洞穴

　　為了讓人們對這一章講述的昆蟲印象深刻，專業詞彙分類學家用了兩個可怕的人物來指稱這種昆蟲。其中一個是米諾多，這是米諾斯那隻在克里特島地下迷宮中食人公牛的名字。另一個是蒂菲，這是一個試圖登天的巨人——大地之子。忒修斯利用米諾斯的女兒阿麗亞德涅提供的繩子，終於抓住了米諾多，將牠殺死並安然無恙地走出了迷宮，從此讓他國家的人民永遠擺脫了被這半人半獸的怪物吞食的命運。蒂菲則被他自己堆起的群山劈裂，掉進了埃特納火山口。

　　他仍在那裡。他吐出的氣息化成了火山的煙，他一咳嗽，火山就會冒出岩漿；如果他想讓另一邊肩膀休息，就會引起西西里島的不安，因為他引發的地震能讓西西里島地動山搖。[1]

　　昆蟲的故事能喚起人們對一些古老神話的回憶，倒並不是件壞事。這些唸起來響亮、聽起來順耳的神話人物名字，並沒有帶來與事實互相矛盾的問題；然而那些根據構詞法拼湊起來的名字，卻總免不了名不符實的弊病。能將神話和歷史聯繫起來，得到一種意象朦朧的名字，才是最理想的命名。米諾多蒂菲就是個範例。

　　人們將一種個頭較大的黑色鞘翅目昆蟲叫米諾多蒂菲②

雄米諾多蒂菲
（放大1⅓倍）

，牠與糞金龜具有相近的血緣。這是一種和平而無害的昆蟲，但牠的角比米諾斯的公牛更厲害。在那些帶著甲冑的昆蟲中，沒有一種佩帶的武器具有如此大的威脅力。雄性的米諾多蒂菲胸前有三根平行的銳利長矛，假如牠有公牛般的體魄，恐怕連忒修斯在鄉間遇上牠時，也不敢迎戰牠那可怕的三齒叉。

　　寓言中的蒂菲企圖洗劫諸神的住所，他把連根拔起的山堆

成一根柱子。昆蟲學家眼中的蒂菲不會登天，卻會入地，牠能在泥土中鑽得很深。首先牠用肩膀把泥土撞得鬆動了，再用背脊去頂，讓小土堆震顫起來，就像埋在埃特納火山堆裡的蒂菲，一動火山就會噴發一樣。

我今天要研究的就是這種昆蟲。我想盡可能地深入到牠最秘密的行動中去，在長期研究的過程中所收集到的一些資料，使我想到米諾多蒂菲的一些習性值得花筆墨來詳細描寫。

但是寫這個故事有什麼意義呢，這種深入仔細的研究又有什麼意義呢？對此，我很明白，不要低估一粒胡椒的價值，也不要高估了成桶爛甘藍的價值，以及武裝艦隊讓決意拼命的人對峙的嚴重事態。昆蟲不奢望如此崇高的榮譽，牠只是經由變化多端的表現，向我們展示牠的生活。牠在一定程度上有助於我們理解人類這本最晦澀難懂的書。

這種昆蟲容易收集，飼養也花不了多少錢，再加上觀察起來不令人厭煩，牠比那些高等昆蟲更易於接受我們好奇的調查。再說高等昆蟲只會重複那些單調乏味的話題，然而米諾多蒂菲的本能、習性、構造等特點，有許多都是我們從未聽過的。牠能向我們揭示一個新的世界，彷彿我們是在與另一個星球上的生物進行討論。這就是為什麼我始終高度重視這種昆

蟲，努力不懈地與之建立聯繫的原因。

米諾多蒂菲喜愛露天的沙地，羊群前去牧場時所經之處會撒下一粒粒黑色的糞球，那就是米諾多蒂菲的糧食。如果沒有羊糞，牠也接受兔子細小的糞便，這種糞便更容易收集。兔子這種害羞的齧齒動物，也許是怕到處大小便會暴露目標，總是跑到老地方百里香叢中排便。

對米諾多來說，兔子的糞便是劣等的食物，當找不到更好的食物時才用它當便餐；但牠不用這種食物餵孩子，牠餵給孩子們的是羊糞。如果根據牠的愛好來為牠命名，恐怕應該叫牠集羊糞愛好者。米諾多蒂菲對牧羊群的偏好沒有逃過古代觀察家的眼睛，他們之中有人稱牠為羊金龜。

米諾多洞穴的洞口有個土丘，相當容易辨認。當秋雨滋潤了被酷暑的陽光烤乾的土地時，洞穴便開始多了起來。這時新生兒慢慢地從泥土裡鑽出來，生平第一次到地面上來享受陽光。與此同時，牠們花上幾週時間，在一些臨時小屋裡大吃大喝，然後大夥一起為過冬儲備糧食。

去參觀一下牠們的住宅吧，這很簡單，只要一把普通的小鏟子就夠了。秋末冬初時，米諾多蒂菲的城堡是一口直徑有手

指般粗的井，約一拃深，裡面沒有專門的房間，只有一個洞，洞壁的垂直度受地形和土質影響。洞主待在洞底，有時是雌性，有時是雄性，總是獨居一室，結婚成家之前，每隻米諾多蒂菲都過著隱居的生活，只顧自己過得舒適。隱士的上方有一根羊糞做成的柱子，把住所都占滿了，有時連牠的手心裡都會有糞便。

　　米諾多蒂菲是怎麼得到那麼多財富的？牠聚斂財富的方法很輕巧，免去了搜尋的煩惱，因為牠總是細心地把家安置在一堆美味的排泄物附近，以便在家門口就可採集。當牠覺得有必要時，特別是晚上，牠會在一堆糞球裡選出一粒中意的，然後用槓桿似的頭部伸到糞堆底下撬動糞堆，輕輕一推就把糞球滾到了井口，戰利品從井口滾入了井裡，隨後「橄欖」接二連三地落入井裡。這一切做來全不費功夫，因為糞團的形狀是圓的，滾動起來就像箍桶匠手下滾動的小酒桶。

　　當聖甲蟲打算到遠離紛亂的地下宴會時，便把自己的那份糧食揉成團，讓外觀呈球形，這種形狀最適合滾動。同樣精通滾球藝術的米諾多則免去這種準備工作，山羊已免費幫牠把糞便做成了便於攜帶的球形。對自己的收穫感到心滿意足的採集者終於回到家了。

　　牠將如何處置牠的財寶呢？當作食品，只要寒冷和由此導致的遲鈍不中斷牠的食慾，這是不言可喻的。但是，這些寶物還不僅當成食物，冬季時住在一個不太深的藏身所裡必須採取一定的防寒措施。快到十二月時，已經可以看到一些洞口的土丘堆得和春天時一樣大了，這相當於從一公尺甚至更深的井裡挖出的土，住在這種很深的洞穴裡的總是雌性，牠們在那裡可免受外面寒冷空氣的侵害，靠一些粗劣的食物維生。

　　像這樣能保持恆溫的住處還是很少見的。最常見的洞穴總是只有一位居民，不是一隻雄蟲，就是一隻雌蟲。洞穴幾乎只有一拃深，內部基本上都墊了一層用糞球壓成的厚莫列頓呢毯；這張纖維毯十分保溫，無怪乎隱士即使在寒冬臘月也活得很自在。米諾多在秋末冬初積糞，是為了嚴冬到來時，可以用氈墊將自己裹起來。

　　三月初，開始出現了一些埋頭築巢的夫妻，此時一直分頭住在淺洞穴裡的雌雄兩性結合在一起，將共同生活很長一段時間。牠們是在什麼地方相會並簽訂合作協定的呢？有件事首先引起了我的注意。在秋末冬初，甚至冬季，雌性和雄性的數量一樣多；可是，當三月到來時，我就幾乎再也找不著雌性了，以至於我對於在籠子裡飼養米諾多，進一步觀察其生活習性的打算失去了信心。在挖出的米諾多中，雄性十五隻，而雌性只

有三隻。一開始那麼多的雌性都到哪裡去了？

　　我開始搜查，用小鏟子去挖掘那些很容易挖開的洞穴，也許失蹤者秘密地隱藏在更難觀察到的洞穴底部。還是找個手腳比我靈活、身體比我強壯的人幫忙吧，用鏟子挖得深一些。我的堅韌頑強得到了回報，雌米諾多蒂菲終於被我找到了，數量如我希望的一樣多。牠們離群索居，沒有食物，住在一個很深的洞裡，洞穴的深度足以使任何沒有足夠耐心的人放棄挖掘。

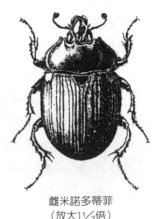

雌米諾多蒂菲
（放大$1\frac{1}{2}$倍）

　　現在一切真相大白了。在萬物復甦的春季，有時甚至是在秋末，勇敢的、未來的母親們在認識合作者之前便開始工作了。牠們選好地方，然後打一口井，假如說這口井還沒達到要求的深度，至少可以為以後更重要的工程開了個頭。在不引人注意的黃昏時分，求婚者來到或深或淺的洞穴裡尋找正在工作的姑娘，有時一下子來了好幾個，這種情況並不少見。當一位求婚者被選中，或許是透過比武決出勝者之後，其他幾位只好讓位，到別處去尋找伴侶，因為這裡留下一個就夠了。

　　這些和平者打起架來應該不會來眞的，牠們的爭端最多就是拌幾下腿，用帶齒的臂鎧在堅硬的甲胄上碰得吱嘎作響，或者用三齒叉把對手打翻在地。當其他競爭者離去後，這對米諾多蒂菲完成了交尾，牠們成了家，從此便確立了婚姻關係，這種關係將會維持很久。

　　牠們的婚姻關係是牢不可破的嗎？當這對配偶混在那眾多同類中時，還能相互認出來嗎？牠們之中是否存在忠貞不渝呢？如果說婚姻破裂的機會很少，對雌米諾多蒂菲而言是根本就沒有機會，牠已經好久沒離開過住所了。相反的，對雄性來說，機會倒是很多，分工決定了牠必須經常出門。不久我們就會看到，牠一生充當著糧食供應者的角色，是個推垃圾車的清潔工。牠從早到晚單獨將雌米諾多蒂菲挖出的土運到洞外，夜晚又單獨一人到住宅附近搜尋給孩子們做麵包的糞球。

　　有時一些洞穴靠得很近，收集糧食者會不會在回家時走錯了門，走進別人家裡呢？在回家的路上，難道牠就不會因爲遇見一位正在散步的未婚女子，而忘記了自己的髮妻嗎？牠是否會輕易離婚，這個問題值得考察，我試圖用以下的方法來找到答案。

　　兩對夫妻正在挖土時被我從洞穴裡取了出來，我用針尖在

牠們的鞘翅下部邊緣作了擦不掉的記號，以便區分牠們。我隨意將這四隻米諾多蒂菲分別放在一塊場地上，地上有兩拃深的沙土，這樣的土質只需一夜功夫就能挖好一口井。假如牠們需要糧食，有我為牠們準備好的一把羊糞球。我用一個很寬大的網罩罩在沙土上，既可防止牠們逃走，也可發揮遮蔭的作用，以利於牠們沈思。

第二天，有了圓滿的答案。罩子裡只有兩個洞穴，一個也不多，兩對夫妻像先前一樣重新組合在一起，兩個丈夫都找到了自己的妻子。次日，我做了第二次實驗，之後又做了第三次實驗，結果都相同。做了記號的一對在一個洞穴裡，沒有做記號的一對在另一個洞穴裡。

我又做了五次實驗，這四隻米諾多每天都要重新組織家庭。現在事情變糟了，有時四隻各住一個地方，有時兩隻雌蟲或兩隻雄蟲住在一起，有時一雌一雄住在一個洞裡，但組合的方式與先前不同了。我重複實驗的次數太多了，現在一片混亂，我每天的騷擾已經讓挖掘者氣餒了。一個搖搖欲墜老是要重建的家，結束了合法的婚約。在房子每天倒塌的情況下，正常的夫妻生活已不可能存在了。

不過沒關係，開頭的三次實驗似乎已經證明：米諾多蒂菲

的夫妻關係有一定的穩定性，儘管那兩對夫妻經歷了一次次的驚嚇，維繫著牠們關係的脆弱繫帶卻沒有斷，牠們彼此都能辨認對方，還能在我製造的混亂中重聚。牠們相互忠於對方，這種高貴品性在朝三暮四的昆蟲界實爲罕見。

　　牠們彼此是怎麼認出對方的呢？我們人類是根據面部的特徵，人與人除了有些共通處外，還有著形形色色的差別。那麼米諾多蒂菲呢？說實在的，牠們沒有面孔，在牠們堅硬的面具下也沒有表情；再說事情是發生在極黑暗的地方，此時眼睛根本派不上用場。

　　我們人類可以識別話語、音色、音調，而牠們是啞巴，沒有辦法呼喊。那就只能憑嗅覺了。米諾多尋找配偶的方法讓我想到了我的狗湯姆小朋友，求偶期的湯姆鼻子朝天，嗅著風吹來的氣味，然後跳上圍牆，連忙朝著遠方傳來的、極有魔力的召喚跑去；此外它還使我想起了大天蠶蛾，牠從幾公里外的地方跑來，向剛破繭而出的、正值婚嫁年齡的姑娘致意[1]。

　　然而這種對比還有許多不盡相同的地方。狗和大天蠶蛾在認識新娘前對婚禮儀式就已經很內行了。相反的，不善於頂禮

---

[1] 大天蠶蛾見《法布爾昆蟲記全集 7——裝死》第二十三章。——編注

膜拜的米諾多，卻直接了當地向牠已經接觸過的姑娘走去，透過辨別身體散發出的氣味把牠和別的姑娘區別開，而這特殊的體味是除了戀人以外別人聞不出來的。

這些散發物是由什麼成分構成的呢？關於這點昆蟲還沒有告訴我。很遺憾的，牠本該為我們講講，關於牠那了不起的嗅覺的有趣故事的。

那麼，在米諾多的家庭中是如何分工的？要知道這點可沒那麼容易，不是用刀尖就能辦到的。誰要是打算去參觀在家中挖掘的昆蟲，必須借助累人的鎬頭。米諾多蒂菲的家可不像金龜子、蜣螂和其他昆蟲的那樣，用小鏟子輕輕一挖就能挖開。這是一口深井，只有用一把結實的鏟子英勇地挖上整整幾個小時才能挖到底部，如果太陽稍微強烈一點，幹完這苦差事的人都要累癱了。

唉！我那可憐的關節隨著年齡的增長都生鏽了！有心想要探索隱藏於地下的一個有趣的問題，卻無力去探索！天氣還是那麼熱，我以前挖掘條蜂喜愛的、滲有溪水的斜坡時也是一樣炎熱。我對研究工作的執著依然如故，但是心有餘而力不足，幸好我有位幫手，他就是我的兒子保爾。他有力的臂膀和靈活的腰身幫助了我。我動腦，他動手。

　　全家人，包括孩子們的母親，每個人都熱心地幫助我們。這個時候眼睛越多越好，坑越挖越深時，就得隔著一段距離用眼睛盯著鏟子挖上來的微小資料，萬一一個人漏失了，另一個人也能發現。雙目失明的于貝爾靠著一位眼光敏銳的忠實僕人輔佐進行蜜蜂的研究。比起這位偉大的瑞士昆蟲學家，我的條件優越多了，我的眼睛儘管有點老花但還相當不錯，更何況還有孩子們敏銳的眼睛幫助我。我之所以還能繼續從事研究，應該歸功於他們。我應當為此而感謝他們。

　　一大早我們就來到了現場。我們發現了一個洞穴和一個大土丘，土丘呈圓柱形，這是被一次推上來的一整塊土。搬開土丘便露出了一口井，我把路上撿來的一根燈心草莖整個都伸進了洞穴，它將成為我們的嚮導。

　　土質很疏鬆，裡面沒有石子。這不僅對喜歡垂直挖掘的昆蟲來說是件討厭的事，對使用鏟子挖掘的我們來說更是討厭。土壤中沙的成分太多，只靠少量的黏土黏在一起。

　　如果不需要挖很深，挖起來應該很容易，可是在很深的地方難以操作工具，除非把地面整個挖開。有種方法效果很好，不會加劇土塊的震動。洞裡的主人可能討厭震動。

　　我們在以井口為中心一公尺寬的範圍內進行挖掘，同時把燈心草莖上的皮一點一點剝掉，然後將燈心草莖一點一點伸進洞裡。先伸下去一拃，現在又伸下去半公尺。隨著洞越挖越深，已無法用鏟子鏟土了，因為洞的寬度不夠；得跪著用雙手把洞裡的土捏成團，大把大把扔出洞口；洞挖得越深，挖掘的難度越大。這時要繼續挖下去就得趴在地上把上身伸進洞裡，盡可能地把腰彎下去，每彎一次就抓上來滿滿一把土。那根燈心草莖還在往下伸，仍然沒有碰到洞底的跡象。

　　我的兒子已經無法繼續了，儘管他年輕，身體的柔軟度很好，但是必須降低身下地面的高度，才有可能靠近深得讓人絕望的洞底。他在圓洞邊挖了一個凹槽，正好夠放下兩個膝蓋；這是一個臺階，一個通向深處的階梯。挖掘工作又繼續進行，這一次更有效率；然而，燈心草莖還在往下伸，而且伸下去相當深了。

　　向下再挖一級臺階，再用鏟子挖洞，土被鏟上來，洞深已超過了一公尺。我們是否已挖到底了呢？還沒有，那根可怕的燈心草莖還在往下伸，我們把臺階向下延伸後再繼續挖。成功屬於持之以恆者。那根燈心草莖終於在一公尺半的深度碰到了障礙物；草莖不再向下滑了。勝利啦！挖掘結束了，我們已經挖到了米諾多的臥室。

用小鏟子小心地剝去臥室外面的土之後，我們看到了裡面的宅主。先挖出來的是雄米諾多，再向下挖一點就發現了雌米諾多。這對夫妻被挖出來後，一個深色的圓點露了出來，這是糧食柱的末端。現在得小心地輕輕挖，我們沿著洞底邊緣把中間那塊土與周圍的土分開，然後用小鏟子小心地把中間那塊土鏟起來，完整地取出來。好了，我們現在擁有了那對夫婦和牠們的巢。一個上午精疲力竭的挖掘工作，讓我們獲得了這些財富。保爾背上冒出的陣陣熱氣，足以說明我們為此付出了多大的努力。

一公尺半也可能不是米諾多的洞穴的固定深度；許多原因都會使牠有不同的改變，比如昆蟲穿過的泥土濕度、土質、昆蟲的工作熱情，時間是否充裕等，此外還得看昆蟲是否臨近產卵期。我見過一些洞穴挖得比較深，也見過其他一些洞穴還不足一公尺深。在任何情況下，為了產卵，米諾多都需要一個非常深的居所。據我所知，還沒有一個挖掘者挖得這麼深。我們很快就會自問，是什麼迫使這個集糞愛好者把家安置在這麼深的地方。

在離開現場之前，我們得記錄一個事實，這個證據以後將會有用。雌米諾多正在洞底，雄米諾多在牠的上面，兩者間隔著一段距離，夫妻倆都嚇得動也不動，很難確定牠們當時在做

什麼。這個細節在挖掘別的洞穴時已見到多次，這似乎說明夫妻倆各自有著一個固定的位置。

更精通養育工作的雌米諾多占據了下層。只有牠在挖掘。牠擅長挖掘垂直洞穴，因為牠知道這樣既省工又可以挖得最深；牠是工程師，因此總是與坑道的工作離不開關係。

另一位是非技術工人，牠在後方，準備用帶角的背簍運土。之後這位女挖掘工變成了麵包師，牠把為孩子準備的糕點揉成了圓柱形；孩子的父親則成了小伙計，牠從外面帶回製作麵食的原料。這個家也像任何和諧的家庭一樣，母親主內，父親主外。這樣也許可以解釋，為什麼在那個管形的住宅裡，牠們的位置總是一成不變。將來會告訴我們這些猜測是否與事實相符。

現在，讓我們從從容容、舒舒服服地在家裡觀察那塊費了九牛二虎之力才從洞穴裡得到的土塊。土塊中裹著一個食品「罐頭」，形狀像根香腸，粗細長短和一根手指頭差不多，看上去顏色較深，很結實，有好多層，還能看出裡面是壓碎了的羊糞球。有時麵團揉得很細，讓那個圓柱形的麵團幾乎從頭到尾都很均勻；更多的時候那個麵團看上去有點像牛軋糖，細麵團裡夾雜著大顆粒。麵包師傅製作的糕點外觀時有變化，端看是

否時間充裕，時間夠的話就做得講究些，時間緊迫就馬虎些。

那圓柱牢牢地嵌在洞穴的死巷裡，那個地方的牆壁更加光滑，比井裡的其他地方更為平整。用小刀尖很輕巧地就能將那圓柱與周圍的地面剝離開來，那東西就像剝樹皮一樣被剝下來，就這樣我得到了這個不沾任何泥土污物的食物圓柱。

這項工作完成後，我們該來看看卵的情況了，因為這塊糕點必定是為幼蟲製作的。

由於以前我已從糞金龜那裡知道了牠們把卵產在「豬血香腸」底端一個特製的窩裡，這個窩就在食物中間。我期望能在香腸底部一個密封的房間裡，找到糞金龜的近親米諾多的卵。我得到的情報不對，我要找的卵不在預先估計的那個地方，也不在另一頭，它壓根就不在食物罐頭裡。

最後我們在食物柱的外面找到了卵。它是在食物柱的下面，就在沙土裡。一般情況下，母親們都擅長採取仔細周到的措施對卵加以保護，可是在這裡卵根本沒有任何保護，這裡連一間牆壁光滑的小房間也沒有。按理說來，皮膚柔嫩的新生兒需要這樣的屋子，然而現在這間小屋的牆壁卻很粗糙，凹凸不平，一點也不像母親建造的，倒像是個廢墟。幼蟲將在遠離食

物一段距離的硬床上孵化。為了取得食物，幼蟲得挖開並穿過幾公分厚的沙土天花板。

　　為了孩子，米諾多媽媽成了製作香腸的專家，然而牠卻不懂得把嬰兒的搖籃布置得柔軟舒適些。由於想觀察卵的孵化及幼蟲的生長過程，我把找到的卵盡量照原樣安置在一些容器中。我找了一根一頭封閉、直徑和洞穴相同的玻璃管，先在裡面放了一層新鮮的沙取代了原住處的地面，再把卵放在這張沙床上，上面再照樣蓋上一層沙做為新生兒為獲取食物時必須鑽過的那層天花板。食物則是從井裡剝出的那根香腸，這是牠們的慣用食品。再用棍子壓幾下，那塊空地就填滿了。最後再用一塊濕潤的棉花把玻璃管裡剩餘的空間填滿，這樣可以長久保濕，讓管子裡的沙土和母親產卵的洞穴深處的沙土一樣潮濕，並使食物保持柔軟的狀態，讓孩子能吃得動。

　　使食物保持柔軟，利用濕氣使食物發酵，散發出好味道來，這也許與米諾多把巢築在那麼深的地方不無關係。米諾多夫婦到底是怎麼想的？牠們把洞挖得那麼深難道就是為了自己享受？牠們鑽到很深的地下，難道是為了在暑氣逼人時，得到宜人的溫度和涼爽嗎？

　　這無論如何都說不通，牠們和其他昆蟲一樣體格健壯，喜

歡陽光，牠倆在沒成家之前，都是住在普通的朝南小屋裡，即使是嚴冬也不需要更好的庇護所。當需要築窩產卵時，那就是另一回事了。牠們鑽到了很深的地下，這是為什麼？

因為牠們的孩子將近六月時出生，炎熱的夏天能把土地烤得像磚一樣硬，而牠們的孩子得有柔軟的食物吃，就算把小香腸藏在地下一兩拃深的地方也會變硬，無法食用，幼蟲會因為吃不動堅硬的食物而死去。因此，重要的是把食物儲存在地窖裡，地窖必須是在最強烈的陽光也無法到達的深處，這樣才不會使食物乾掉。

其他許多罐頭製造者也知道過於乾燥的危害。牠們各有各的辦法，來應付這種危害。糞金龜住在大堆的騾糞下面，這是阻止快速乾化極好的屏障。再說牠們在秋天工作，那是個多陣雨的季節，而且牠們把食品製成粗豬血香腸狀，只食用中間部分，在那裡水分蒸發得很慢。因此，牠挖的洞只有普通深度。

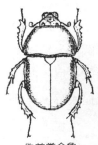

偽善糞金龜

金龜子也不重視深藏。牠們把孩子安置在離地面不深的地方，做為補救措施，牠們將食物堆成球狀，牠們知道圓形罐頭保濕性強。把食物做成卵形的蜣螂也屬於同樣的情況。還有

其他的昆蟲，如薛西弗斯蟲和裸胸金龜也一樣。唯獨米諾多潛入那麼深的地下。

有多種原因迫使牠這樣做。以下是第二個原因，它甚至比第一個原因更為重要。食驟糞的昆蟲全都找味道好又富有彈性的新

月形蜣螂

鮮原料；相對於這套加工麵包的方式，米諾多可是個奇怪的例外，牠需要乾燥乏味的舊原料。我從沒見過籠子裡的米諾多揀拾剛排出的糞球，野外的那些米諾多也一樣，牠們要讓糞便在太陽下長時間燻烤。

但是，為了適合幼蟲食用，得把堅硬的食物慢慢燉爛，讓它在充滿濕氣的環境中變得可口。嬰兒食品的調製要求在很深的地下作坊裡完成，因為夏季的乾旱不管持續多久，地下作坊也不會受到影響。集糞公會的其他成員不敢食用這種乾燥無味的食品，因為牠們沒有這樣一個軟化食品的作坊，然而在米諾多的作坊裡，乾燥無味的食品變軟了並散發出香味。米諾多壟斷了這種生產技術，而且為了將使命更完滿地達成，牠具備特強的鑽探本能。食物的性質把一隻長著三齒叉的食糞性甲蟲變成了一個出色的超級鑽井工。一塊硬麵包對牠的才能的形成，發揮了決定性的作用。

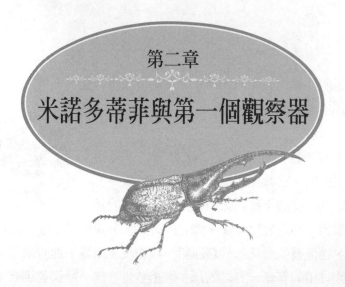

第二章

米諾多蒂菲與第一個觀察器

以前米諾多的表兄糞金龜讓我見識了非常罕見的事情：兩性的長久結合，那對真正的夫妻為了讓孩子過舒適的生活，齊心協力地工作。菲雷蒙和波西斯，以前我是這樣稱呼牠們的，牠倆以同樣的熱情建造房子和準備食物。菲雷蒙更強壯些，牠用臂鎧揉壓食物，把食物做成罐頭食品；波西斯則負責開發地面上的那個糞堆，選出最好的大豬血香腸原料，用臂膀抱著送到洞穴裡。真是好極了，妻子剝皮，丈夫擠壓。[1]

一片烏雲為這幅精美的畫面投上了陰影。我的研究對象住在一個籠子裡，每次去那裡探視都需要挖掘，當然得謹慎小心，但這就足以嚇壞那些工作者，讓牠們無法工作了。憑著極

①見《法布爾昆蟲記全集5——螳螂的愛情》第十一章。——編注

大的耐心，我得到了一組快照，以後憑著攝影師對事物邏輯性
的敏感，把這些鏡頭串成了生動的畫面。我希望了解得更多，
本想從頭到尾觀察這對夫婦的工作過程，但是我不得不放棄這
個打算，因為除非進行騷擾性的搜查，否則是不可能了解地下
室裡的秘密的。

　　今天我又萌發了完成那未竟之事的願望。米諾多能和糞金
龜媲美，甚至還技高一籌。我希望既能隨心所欲地監視牠在一
公尺多的地下活動，又不會分散牠的注意力。為此我得有雙像
大山貓般敏銳的眼睛，據說大山貓可以透視不透明的物體，而
我只能憑著想像才可能看清黑暗中的事物。我們去向米諾多請
教吧。

　　洞穴的走向使我隱約覺得，我的計畫並非異想天開。米諾
多築巢時挖的洞是垂直的，如果牠隨心所欲，不按規矩挖洞
穴，讓地道變得彎彎曲曲，那麼挖掘一個洞就得要一塊無限大
的土地，這可超出我的條件範圍。然而米諾多永恆不變的垂直
挖掘方向提醒我，不必為這樣一大塊空曠的沙地操心，只要把
土層再加厚就行了。在這種情況下，我想做的事是合理的。

　　我剛巧有個很久以前用來做化學實驗，後來一直用於昆蟲
實驗的玻璃管。它長約一公尺，直徑三公分，如果使它垂直豎

立，看來足以當作米諾多的洞穴。我用塞子把玻璃管的一頭塞起來，在裡面裝上細沙和潮濕黏土混合而成的沙土，然後將它交給挖掘者去挖掘。

為便於米諾多工作，管子必須保持垂直。為此，我在大花盆的土裡插了三根竹竿，把三根竹竿的頂端捆在一起，做成一個三腳架，這是建築物的支架。在花盆裡的土裡挖一個洞將玻璃管底部放進去，管的另一頭靠在三腳架上。然後用一個小罐子從上面套住管口，管口稍微露出一些；再在管口周圍鋪一層沙，這樣在管口周圍便有了一塊地方；昆蟲將可以在那裡忙牠們的事情，或用那塊地方堆放洞裡清出的垃圾泥屑，或在那裡採集食物。最後再用一個玻璃罩扣在罐子上，既可防止昆蟲逃出來，又可保持必要的濕度。再用繩子和鐵絲把整個裝置固定住，使它不會晃動。

別忘了一個很重要的細節，玻璃管的直徑大約比實際洞穴大一倍，如果昆蟲嚴格地順著縱軸垂直向下挖掘，這個寬度對牠來說綽綽有餘，牠將會得到一條洞壁有幾公分厚的隧道。但還是應該預期到，昆蟲不懂幾何學的精確性，也不知道有什麼條件限制，牠不會注意座標位置，有時往這邊偏，有時又往那邊偏。再說，穿過的土層阻力稍微大一點就會使牠產生偏離，以至於有好幾處挖到了管壁，使那些地方變成了一扇扇窗戶。

借助這些窗口我可以觀察裡面的情況，但是對於喜歡黑暗的工作者來說，這將是很討厭的事。

　　為了既能保留這些窗口，又免去昆蟲的煩惱，我用一些硬紙皮把玻璃管包了起來。紙皮輕輕一推就能滑動，拉開時，紙皮便重疊收攏起來。有了這個裝置，我就可以在不影響昆蟲工作的情況下，用手將紙皮撥開一點，借著些微亮光進行巡視，而昆蟲則在暗處。只要米諾多因挖掘失誤再為我多開幾扇窗戶，這個活動的、可開關的紙皮套，就能讓我從頭到尾觀察到玻璃管裡發生的趣事了。

　　我還採取了最後一項預防措施。如果我只是簡單地把那對夫婦安頓在罩著罩子的罐子裡，也許那塊很小的、可開墾的窗口無法引起隱居者的注意，我應該明白告知牠們正確的位置是在挖不動的那塊場地的正中。為此，我在玻璃管上部留了幾法寸空間；由於玻璃管壁無法攀登，我給牠安上了一部電梯，也就是說在管壁上鋪一層薄薄的金屬紗網。這項工作完成後，兩隻同時從天然洞穴裡被挖出來的米諾多被帶到了這個門廳裡，牠們將會在這裡找到牠們熟悉的環境——沙土。為了讓牠們喜歡上這個陌生的住處，我便在附近撒上一些食物，這下總該讓牠們滿意了吧，但願如此。

　　冬天的夜晚我在火爐邊沈思許久，用這麼一個簡陋的裝置，我將得到什麼收穫呢？這個裝置的外表確實不美觀，在設備精密的實驗室裡，它會受到冷落，它是鄉下人用粗俗的材料胡亂拼湊起來的作品。我同意這種看法，但是，別忘了設備的寒酸和簡陋，絲毫也不會妨礙它在追求真理中發揮作用。我這個用三根竹竿搭起來的建築物，伴我度過了一段美好的時光，它為我帶來了有趣的發現。

　　三月，正是昆蟲築巢挖洞的旺季，我在野外挖出了一對米諾多，將牠們放進我的裝置裡，倘若牠們在艱苦的挖井工作中需要用食物加油，罩子下面的管口附近還放著一些羊糞。在門廳裡留出空地的計謀獲得了預期的成功，牠使囚犯們立刻與那根可開墾的沙柱建立了聯繫。安頓下來不久後，剛從緊張不安中恢復過來的囚犯們，就努力地工作起來。

　　這對米諾多正在家裡全心投入挖掘工作時被我挖了出來，現在牠們在我家繼續進行剛才被打斷了的工作。我確實是以最快的速度，把牠們從不遠處的那個洞穴裡移到這個工地上來的，牠們的熱情還沒來得及冷卻下來，剛才在挖掘，現在又重新投入了挖掘。儘管經歷了一次似乎使牠們氣餒的動盪，這對夫妻還是不想休息，因為事情很急迫。

　　正像我預期的那樣，洞穴的挖掘偏離了中心，使得沙土洞壁的一些地方出現了空洞，露出了光禿禿的玻璃管壁。對於我的計畫來說，這些窗戶還不十分令人滿意，儘管有幾扇窗能見度還不錯，但大部分窗口都被沙土蒙上了一層霧，模糊不清。此外，這些窗不是固定的，每天都會出現幾扇新開的窗戶，而其他的卻關上了。這種不斷的變化是由於米諾多吃力地把土推到外面，與管壁造成磨擦，刷掉了管壁上某些地方的沙。當光線適宜的時候，我利用這些偶然出現的窗口觀察到了一些玻璃管裡發生的趣事。

　　以前我造訪天然洞穴時，花了九牛二虎之力才好不容易見到一閃而過的情景，現在卻隨時都能再見到，想看多少遍都行。母親總是在前方的工地上坐陣：牠獨自一人用頭部翻土，獨自一人用臂上的釘耙挖土，牠的丈夫不會來替換牠。做父親的總是在後方，牠也非常忙碌，但忙的是別的工作，牠的職責是把挖出來的土運到外面去。女先鋒在一邊往前挖，牠得在另一邊幫忙清理場地。

　　這種非技術性的工作並不輕鬆，從牠在田間堆起的土丘就能判斷。這是一大堆的小土塊堆成的，土塊呈圓柱形，大多都有一法寸長，只有透過觀察才會發現，這位清潔工搬運的是巨形土塊，牠不是一點一點往外運土，而是大塊大塊地往外推。

　　看到一個煤礦工人，被迫從幾百公尺深的井下，沿著垂直狹窄的巷道，靠膝蓋和胳膊往上推著沈重的煤車時，我們會怎麼想呢？米諾多父親的日常工作就相當於這種苦力。牠非常機智地完成了任務。牠是怎麼做到的呢？三根竹竿支撐的裝置將會告訴我們。

　　玻璃管上出現的窗子不時地讓我隱約看到正在工作的礦工。牠緊跟在挖掘者身後，把滾動的土塊摟到自己面前，用力揉，因為土是潮濕的可以揉合在一起，把土揉成團便於在巷道裡滾動。然後牠推著土團往前走，用三齒又把土團頂出去。如果偶爾出現的天窗願意滿足我們的好奇心，運土塊的情景看起來一定會很精彩；不幸的是天窗實在太少，而且很小，又模糊不清。

　　為了看得更清楚。我在實驗室一個較陰暗的角落裡安置了另一根垂直的玻璃管，直徑比第一根管子小。我就讓它保持原樣，不再加上不透光的套子。管子裡裝了一拃厚的沙土，其餘部分空著。如果昆蟲願意在這麼惡劣的條件下工作，觀察起來就方便多了。只要實驗的時間不太長，牠還是很樂意接受的。在產卵期臨近時，當務之急就是挖一個洞穴。

　　一對正在天然的地下長廊中挖掘的米諾多被我取出來，放

進了玻璃管裡。第二天，大白天牠們又繼續進行被中斷了的工作。我坐在那個半明半暗吊著玻璃管的角落裡看著牠們工作，我為眼前發生的事而驚嘆不已。母親挖掘，父親在一邊等著，當堆積起來的土堆妨礙工作時，牠便走過來，一點一點把土摟到自己面前，把鬆散的土塞到肚皮底下，富有彈性的泥土在後腳的擠壓下變成團狀。

現在雄米諾多鑽到了土團下，把三齒叉扎進土團，就像用長叉叉起一堆草放進穀倉裡一樣，牠用帶齒的、粗壯的前腳抓住那塊泥團，以防散開，然後使出全身的力氣來推。加油！土團移動了，升起來了，上升得很慢，這不假，但是畢竟在上升。既然玻璃表面那麼光滑，牠絕對不可能從那裡爬上去，怎麼辦呢？

我預先已經考慮到了這個無法克服的困難，於是往管子裡扔了一些黏土，黏土能在牠經過的道路上留下痕跡。

在前面滾動的土團也會在路面上留下痕跡，像在路面鋪上一層碎石子，讓道路可供行走。黏土在管壁上摩擦，留下了一個個小土塊，這些土塊就成了踏腳石，隨著泥團不斷向上推，泥團滾過的道路變得凹凸不平，昆蟲正好可以把這個當作攀登時的立足點，在萬不得已的情況下牠也只好將就了；道路並非

一點也不滑，為了保持平衡，牠得比在天然的洞穴裡花更大的力氣。牠來到離洞口不遠處，放下在洞裡做成型的土團，那土團穩穩地立在那裡紋絲不動。搬運工又回到洞裡，牠不是一下子跳下去，而是小心翼翼地，一步一步踏著剛才上來時用過的踏腳石往下走。第二個土團又推上來了，和第一個摻在一起，併成一個。接著又推上來第三個。最後一次把所有的土揉成一團推了上來。

這種分散運輸法很合理，因為在狹窄而凹凸不平的天然隧道裡，磨擦力很大。昆蟲不可能把一堆土團併成一團推上來；牠把那堆土分成好幾擔，然後再把一擔一擔的土堆積起來，捏在一起。

我猜想，集中泥土的工作，應該是在坡度較小的門廳裡進行的，通常前廳是在垂直井的出口處。也許泥團是在那裡漸漸被揉成一個很重的圓柱。在幾乎水平的道路上，泥團推起來很輕鬆，這時，米諾多最後用三齒叉推一下，把這個與土堆裡的其他泥團融合在一起形成的大土團推出洞外。

像大石頭和煤磚一樣的土塊擋住了家門口，米諾多用這些鑄成形的泥屑，構築了一個巨大的防禦系統。

在玻璃管壁上爬太困難了，以至於無法不使昆蟲氣餒。分散運輸的泥團留下的臺階，極易坍塌，被徒勞無功地尋找著立足點的跗節一碰就會脫落，管壁大部分的地方又變得光滑如初了。攀登者最後只得放棄為不可能的鬥爭，牠扔掉包袱，任其掉下。從此工程停止了，這對夫婦總算領教了這個陌生住處的險惡。牠們都想離開此地，試圖逃跑的行為表現出牠們的不安。我讓牠們獲得了自由。在這種對我而言非常良好，而對牠們來說極其惡劣的條件下，牠們讓我了解到了牠們所能告訴我的一切。

我們再回到大容器那邊去，工作正如常地進行著。掘井工程三月開始，四月中旬結束。從這個時候開始，我每天前去巡視時再也見不到土丘頂上出現潮濕的土團了，也就是說看不到有新掘出的泥屑痕跡了。要挖開這個井至少還得等兩三週。

根據野外觀察到的情況，我甚至認為再等一個多月也不算長。那兩隻被我非法監禁的米諾多，由於第一次工程遭到中斷，為了趕時間，牠們已經簡化了工程，再說管底是用軟木塞塞住的，當遇上這個無法克服的障礙時，牠們就無法繼續挖掘了。其他那些在自然條件下工作的米諾多，挖掘的深度不受限制，牠們早早就開始工作，時間十分充裕。才二月底，洞口就已經堆起了大土丘，不久後，那些土將相當於從不止一公尺半

深的洞穴裡挖出的土塊。挖這麼深的井，工期就得延長，就算不要一個多月，也得花上一個月。

為了恢復體力，兩位挖掘者在這麼一段時間裡吃些什麼呢？牠們什麼都不吃，絕對是什麼也沒吃，這是那個大容器裡的兩位客人告訴我們的。牠倆誰也沒有到洞穴外的院子裡尋找食物。母親一刻都沒離開過井底，只有父親上上下下。當牠上去的時候總是推著土團，在牠的推力和土團的撞擊下，土丘會震動和搖晃，我由此知道牠來了。但是牠自己沒上來，因為圓錐形的出口，被推出的土團封閉著。一切都是在秘密狀態下進行的，牠避開光線不暴露自己。同樣的，野外任何一個正在建設中的洞穴也都是封閉的，直至竣工為止。

說實在的，這還不能證明洞裡絕對沒有食物，因為父親夜晚可以出去，在附近揀些糞球放進洞裡，然後回家關好洞門，這個家因此就會有麵包堆放在地板上，這點食物可以維持好幾天。可是，應該放棄這種解釋，我的裝置以再明確不過的方式，證明這種解釋是行不通的。

考慮到米諾多對食品的需求，我已經在罐子裡放了一些羊糞。挖掘工程結束後，我發現那些糞球原封未動，數量與原來一樣多。就算父親夜裡外出尋食，牠能不看到糞球嗎？

我的農民鄰居，艱苦的土地耕作者，每天要吃四餐。早晨一起床就吃麵包和無花乾果，說是為了驅蛔蟲。在田裡，約九點鐘時，妻子為他送來點心、湯和輕食、鯷魚和橄欖。將近下午兩點，他來到樹蔭下，吃著從布袋裡取出的點心，有杏仁和乾酪。接著在最熱的時候打個盹。當天黑了回到家裡時，家庭主婦已經為他準備好了生菜沙拉和佐以洋蔥的炸馬鈴薯。總之他才做了一點工作，便吃了許多食物。

啊！米諾多比我們人類強多了！牠可以一個月甚至更長的時間不吃一點東西，而且還完成了超強的工作。牠總是精力充沛，精神抖擻。如果我告訴我的農民鄰居，在某個地方，工作者不停地幹著粗重的工作，整整一個月都不吃一點東西，他們一定不會相信，而且還會大大嘲笑我一番。如果我對他們說這的確是真的，那一定會得罪他們。

那也沒什麼了不起，就把米諾多告訴我們的事再講一遍好了。來自食物的化學能量不是動物活力的唯一來源。做為生命的激發物，還有比食物更高級的東西。是什麼呢？我怎麼知道！看來是已知的或未知的太陽散發物，經由身體的加工轉化成機械能，就像以前蠍子和蜘蛛那樣[2]，今天米諾多也是這樣

② 見《法布爾昆蟲記全集 9——圓網蛛的電報線》第二、二十三章。——編注

告訴我們，而且牠從事的職業的艱苦程度，讓這種說法更具說服力；牠不吃食物，卻能從事大量消耗體力的工作。

昆蟲世界充滿了神秘莫測的奧妙。帶著三齒叉的食糞性甲蟲，是不折不扣的齋戒者和卓越的工作者，牠引發了一個非常有趣的問題。在一些受另一顆恆星支配的綠色、藍色、黃色或紅色的遙遠星球上，生物是否只靠來自宇宙的輻射，便保持了旺盛的生命力，從而擺脫為食而忙的難堪，消除了食慾這引發暴力的罪惡根源呢？我們難道永遠無法解開這個謎嗎？我可不希望如此。地球只不過是通向另一個更美好世界的驛站，在另一個世界裡，真正的幸福應該來自不斷探索事物的奧秘。

我們還是從茫茫的星空中收回遐想，腳踏實地地回頭研究米諾多的問題吧。洞穴挖好了，我第一次看到雄米諾多大白天出來冒險。牠的出現提醒了我，現在牠們該築窩產卵了。牠非常忙碌地在罐子裡的院子進行勘察。牠在找什麼呢？看樣子是在為即將出生的孩子尋找食物。現在是我插手的時候了。

為了便於觀察，我把場地打掃乾淨，清理埋在土丘下那些原以為會有用，而最終卻一點也未動的食物。我把這些黏上了土的舊糞團扔掉，換上十二個新糞團，分散放在井口周圍。十二個糞團，正好分成四份，每份三個，這樣每天透過霧濛濛的

玻璃罩數起來就方便多了。我不時地在玻璃罩周圍的土坎上，適量地撒些水，以便讓那個罩子嵌得更緊，實際上，這樣也能使罩子裡面的空氣，像米諾多喜歡的地層深處的空氣一樣潮濕，這是獲得成功不可忽視的一個要素。最後還要建立一個收支賬簿，登記每天儲存的糞團數量。我第一次供應了十二個糞團，如果用光了，我還會隨時補充，以滿足牠們的需要。

這些準備工作很快就有了結果。當天晚上，我站在遠處窺視，正好趕上那位父親從家裡出來。牠走到糞堆邊，挑了一粒中意的糞團，使勁揉搓，使它變成了小酒桶的形狀。我悄悄走近牠，想看看牠要做什麼，那昆蟲因過度驚慌，馬上丟下糞團，鑽進了井裡。這個多疑的傢伙看見了我，發現有個巨大而可疑的東西在附近活動，只要有一點動靜就足以令牠擔心，並且中斷工作。只有等到完全恢復了平靜，牠才會再出來。

我現在得到了警告：要想親眼目睹牠收穫食物，須得有極好的耐心和涵養。我得好好記住，一定要謹慎和耐心。在後來的日子裡，我又繼續在不同的時間悄悄地等待機會，我堅持不懈地在暗中觀察，終於得到了成功的回報。

我一次又一次地看到雄米諾多滿載而歸，只見牠每次都是獨自出來覓食，雌米諾多從不露面，牠正在洞底忙於其他的事

務。原料的供應十分精打細算，看來在下面，食品的烹飪速度是很慢的，供應新原料之前，應該給主婦足夠的時間，處理那些已經送下去的原料，以免原料堆積堵塞通道，妨礙了作業。從四月十三日雄米諾多第一次出門起，十天時間裡我的記賬簿上記錄的統計數字是二十三粒，牠約每二十四小時運走兩粒。十天的收成總共是二十四粒糞球，用來烹製香腸，這就是一條幼蟲的口糧。

我們得想辦法看到這一家的秘密活動。關於這個課題，我有兩個辦法，如果能堅持下去，這些辦法就可以讓我們看到一些我們非常渴望見到的片段。我首先想到的是那個三腳架裝置。在那根裝著沙土的玻璃管的管壁上不同高度處，偶爾會出現一些窗子，我利用它們可以瞥見內部的情況。另一個方法是用那根垂直光滑的管子，就是我用來觀察米諾多推土塊爬高的那根管子，我把一對幾小時前剛從土中取出的、正在烹製食物的米諾多，移居到這根管子裡。

我料想這個方法不會有長久的效果。那兩隻昆蟲很快就因新住處的陌生環境而喪失了鬥志，進而拒絕工作。牠們憂慮不安，一心想要離開。不過沒關係，在築巢的熱情消退之前，牠們會為我提供有價值的資訊。我把這種方法和另一種方法得到的資訊彙整起來，就得到以下的資料。

　　那位父親出門，選好了一個糞球，糞球的長度大於井口的直徑。牠把糞球往井口邊挪，不是倒退著用前腳拖著走，就是直接用三齒叉輕輕地頂著往前滾。到了井邊，牠是否最後會推一把，讓糞球滾進深井呢？不，牠的方法不是讓糞球從上面重重地掉下去。

　　牠先爬進井口，然後用前腳抱住糞球，小心地把一頭塞進井口。到了離井底一定距離的地方，牠只要使過粗的糞球稍稍傾斜一點，使它兩頭支撐在井壁上就行了。這樣就形成了一塊可承受兩三個糞球重量的臨時樓板。這是父親將要進行工作的工作坊，牠不會干擾占據底層的母親。這上面是磨坊，製作糕點的粗麵粉就是在這裡磨成的。

　　磨坊主人的裝備精良。瞧瞧牠的三齒叉，堅硬的前胸上豎著三根尖銳的長矛，旁邊的兩根較長，中間的那根較短，矛頭指著前方。這部機器有什麼用呢？我們一開始會認為那是一件男性首飾，食糞性甲蟲公會的成員都佩帶首飾，樣式各有不同。但是對米諾多來說，三齒叉不僅是件裝飾品，而且是工作的工具。三根不在同一高度的矛頭形成了一個凹弧，裡面可以裝一個糞球。要在那塊不完整的而且會晃動的樓板上站穩，米諾多蒂菲得靠四隻後腳支撐在井壁上。昆蟲是怎麼固定住那個滾動的糞球並把它壓碎的呢？我們看看牠是怎麼做的吧。

米諾多微微彎下身子，把叉子插進糞球，糞球就這樣被卡在新月形的工具裡不動了。米諾多的前腳是自由的，牠用前臂上那鋸齒狀的臂鎧鋸開糞球，切成小塊。加工好的小糞塊從樓板的空隙裡掉下去，掉到了母親住的地方。從磨坊主人家掉下去的麵粉還沒有篩過，是粗糙的粉團，裡面夾雜著沒搗碎的糞塊。儘管麵粉磨得很粗糙，還是給正在精心製作麵包的母親幫了大忙，使牠可以簡化程序，一下子就可以把好的和壞的分開。當樓上的糞球包括那塊樓板全被磨碎之後，長角的磨坊主人又來到洞外，重新採收，然後又不慌不忙地重新開始牠的研磨工作。

工作坊裡的女麵包師一點也沒閒著，牠收集落在身邊的麵粉，進一步把麵粉碾細，進行加工。然後把麵粉按質地分類：這些比較軟可以做中間的心，那些比較硬可以作大圓麵包的外皮。牠轉過來轉過去，用扁平的胳膊使勁拍打原料，把糞料攤成一張餅，然後用腳踩實，就像葡萄酒釀造者榨葡萄汁那樣。變得堅硬結實的大塊麵餅將成為最好的儲藏品。大約經過十天的聯手加工，夫妻倆終於做成了圓柱形的長麵包。丈夫供應麵粉，妻子揉麵團。

四月二十四日，一切準備工作都已完成，丈夫從玻璃管裡出來，在玻璃罩裡逛來逛去。原來一見到我就嚇得鑽到井裡去

的膽小鬼，現在看到我卻沒什麼反應，食物也引不起牠的興趣。地面上有些糞球，米諾多每次碰到它們時都不屑一顧，只管逕自往前走。牠只有一個心願，那就是快點離開這裡。牠不安的步態和急得團團轉的樣子，以及不斷地試圖翻越玻璃圍牆的行為，正是這種心態的反映。牠從牆上摔下來，又爬起來，馬上重新開始爬，牠已經將那個牠永遠也不會再回去的洞穴拋在腦後了。

我讓那隻絕望的昆蟲折騰了二十四小時，牠嘗試逃跑的企圖一次一次失敗，已經變得精疲力盡了。現在我們來幫牠一把，讓牠獲得自由吧。不行，那樣會讓牠從我們的視野中消失，我們就無法知道牠煩躁不安地想離開的目的是什麼了。我有個很大的空罐子，我把那隻米諾多安置在裡面。那裡有很大的空間可供飛行，也有精選出的食品和陽光。儘管有這麼舒適的條件，第二天我發現牠仰躺在地上，腿部僵直，牠死了。這位完成了身為父親的義務的勇士，已經感覺到身體支撐不住了，這便是牠煩躁不安的原因。牠想離開，死在很遠的地方，以免讓自己的屍體污染家園，打擾遺孀之後要做的工作。我敬佩米諾多父親這種克己的精神。

假如這是一種孤立的，也許是由於住所不完善導致的偶然事件，那麼對於我容器裡的昆蟲之死，也就沒什麼可強調的

了。但是現在情況變得嚴重了，臨近五月時，我經常發現被太陽曬乾了的米諾多屍體，屍體是雄性的，很少有例外。

　　一個我多次試著用於飼養昆蟲的鐘形罩，為我提供了另一個很能解釋問題的工具。兩拃深的土層不夠厚，隱居者絕對不肯在那裡築窩，至於其他一般用途的工作，牠們仍會照常完成。然而自從四月底開始，雄性昆蟲陸續回到地面，一會兒上來一隻，一會兒又一隻，牠們在紗罩裡轉了兩天，想要離去。最後牠們倒下了，躺在地上，平靜地死去，牠們是老死的。在六月的第一週，我把籠子裡的土翻倒朝天。原來有十五隻雄米諾多，現在一隻不剩全死了；而所有的雌米諾多都還活著。法則是冷酷無情的：那些帶角的辛勤工作者鑽井時幫忙運土，之後則收集適當的糧食並磨成粉，等到這一切完成後，牠們將死在離家很遠的地方。

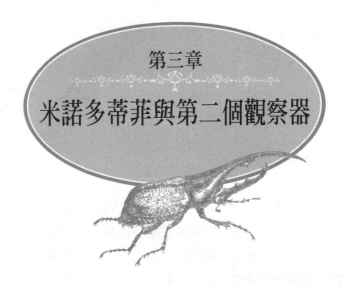

第三章
米諾多蒂菲與第二個觀察器

在玻璃管裡，用三根竹竿架起來的住宅，布置的與米諾多平常的洞穴那麼不同，這很可能是導致雄性過早死亡的部分原因。在玻璃管底部，唯一的一個圓柱形糕點已經做好了。這顯然還不夠，至少還要再做兩個才能維持目前的生活狀態，如果想讓家族興旺還得需要更多，多多益善。但是在我的裝置中沒那麼大的空間，除非把圓柱形麵包疊起來，堆成一根柱子。可是當母親的不會犯下這種錯誤，如果麵包疊得太高，將會妨礙孩子們出殼。當孵化期來臨時，那些在柱子底層的、已完全成熟的大哥們因急於得到陽光，會把家攪得天翻地覆，牠們得要擺脫那些還沒成熟、壓在上面的小弟弟。為了讓孩子們平安遷移，必須讓巷道暢通無阻，每一間獨立的巢室都應該相互靠攏，每間巢室都要有扇側門通往向上的那條道路。

　　從前，野牛寬胸蜣螂已向我們展示了牠爲那麼多幼蟲準備的、放在洞底附近的食品罐頭。[1]洞裡有個很短的前廳，使每個房間和垂直的長廊相通，牠把隔室集中在同一樓層上。也許米諾多也採用類似的方法。

　　再晚一些，那些丈夫都死了，我又到野外去挖掘，我用小鏟子果眞在中央那個小間的不遠處又挖到了另一個小間，裡面也有卵和糧食。在另一次挖掘中我也挖到了一些側室。洞中的正廳和側室的布局都一樣，底部的沙子裡埋著卵，卵的上面放著圓柱形的糧食堆。

　　顯然的，要不是因爲在漏斗形的洞底挖掘難度太大，超出了我的合作者的耐力與腰部彎曲度的極限，在春季的幾次挖掘中，一定還可以在一口井裡挖到更多的側室。共有多少間呢？四間、五間還是六間？我說不準，總之數量不會太多。我想應該是這樣，家庭的糧食採集者數量很少，牠們沒有時間爲眾多的後代留下糧食。

　　那個用竹竿搭起的三腳飼養裝置使我感到驚訝。那位父親離開洞穴並死去之後，我去察看了那個裝置，裡面有根圓柱形

① 見《法布爾昆蟲記全集 6——昆蟲的著色》第二章。——編注

麵包，就像我在野外挖出的那根一樣；但是這些食物中沒有卵，食物下沒有，別的地方也沒有。餐桌上已經擺好了菜，卻沒有食客，是不是那位母親厭惡在我強加給牠的這個不舒適的房子裡產卵呢？看來不是，如果麵包沒人吃，牠就不必預先揉好這個麵包；如果是因為拒絕在這間不完善的房子裡產卵，牠就不會去做那根無用處的麵包。

再說，在天然的條件下也會出現同樣的情況。我進行了十二次的野外挖掘，之所以沒有進行更多的挖掘，是因為挖掘的難度太大了。在十二次挖掘中，有三次糧倉裡沒有發現卵。雌米諾多沒有產卵，而食物卻存在那裡，製作方法和平時一樣。

我猜想，那位母親在感覺到卵巢中的卵完全成熟之前，會和牠的丈夫一樣，拼命工作準備糧食。牠知道牠那位帶角的帥哥，如此熱情的助手不久就會因年老和勞累而死去，在失去牠之前，得利用牠的熱情和力量。不久就會派上用場的食品罐頭，就這樣被搬進了儲藏室。這些因發酵味道變得更香的食品，將由產婦再度加工，牠將把食物搬到側室中存起來，但是這一次每一塊食物下都得放一枚卵。即將守寡的母親原來就採用這種方法，牠一個人還得繼續完成剩下的任務。父親現在可以死了，家庭不會因此而遭受太大的痛苦。

　　父親太早去世，也許是由於無所事事的失落感造成的，牠是個勞碌命，閒著沒事就會生病。在我的裝置裡的那個丈夫做完第一塊糕點就死了，因為作坊裡根本無事可做，玻璃管裡空下的地方不允許興建樓房，那會妨礙家人的進出。由於沒有空間了，妻子便停止產卵，無所事事的丈夫於是離家出走死在外面，是閒著無聊導致了牠的死亡。

　　在野外不受限制，米諾多可以根據孩子的數量決定在井下挖多少間房間。但這樣一來又出現了另一個問題，而且是最嚴重的問題之一。我親自當供應商時，昆蟲不必擔心飢荒，我每天都清楚下面存貨的情況，並隨時為牠們補充必要的貨物，把貨物撒在地面上。我那些囚犯的倉庫裡就算沒有堆滿貨物，也至少可以說存貨充裕。

　　在自由的野外，那就另當別論了。山羊沒那麼慷慨，牠可不會總在一個地方留下米諾多所需的大量糞球，據我以後的觀察證實，牠們需要的羊糞球是兩百多粒。一隻羊能留下三、四打羊糞球就算不錯了，這隻草食動物得趕路，牠會繼續到別處排便。

　　然而食羊糞者天生就不喜歡在外面遊蕩，我無法想像牠會前去遠處為孩子覓食。經過長途跋涉，牠哪裡還能找到回來的

路，又怎麼能用腳把看到的糞球一個個滾回家呢？就算牠能飛，有靈敏的嗅覺，能在遠處找到食物，那也沒什麼用。對這位節儉的消費者來說，牠只需很少的食物，再說吃飯不是當務之急；但如果是為了築巢，情況就不同了，這時牠必須盡快找到大量的糞球。米諾多很有智謀，的確是這樣，牠們把家安置在糞球最集中的地方。夜晚牠到住宅周圍巡視，幾乎是在家門口就可揀到糞球。但牠還是會到離家幾拃遠、熟悉的地方去揀糞，在那裡不可能迷路。可是總有一天糞球會被揀光，周圍會什麼也找不到。

一向討厭長途跋涉的揀糞者，由於無所事事，身體一直衰弱下去，逃離了從此無事可做的家。由於沒有原料什麼也做不成，運糞工兼磨糞工死在家門外的美麗星空下。我想這就是為什麼五月初在野外常能發現雄米諾多屍體的原因。這些死者是因工作的激情無處釋放而死，當生命變得無意義時，牠們便離開了塵世。

假如我的推測站得住腳，我應該可以延長這些絕望者的生命，免費為這些工作者提供牠們所需的糞球。我打算滿足米諾多的心願，為牠打造一座天堂，那裡盛產糞球，當舊的糞球被運往地下糧倉時，又馬上會有新的補充上來。而且，這塊幸福的樂土將是塊沙土地，保持著適宜的濕度，深度和一般的洞穴

一樣，寬度也允許牠們在洞底興建好多間相鄰的小屋。

　　我用自己的方法建成了這樣的一個建築。木工用一指寬的、水分蒸發掉後會變得薄一些的木板，爲我作了一個高爲一‧四公尺的正方形空心稜柱，三面用釘子釘死了，還有一面是三扇用螺絲鎖住的活動百葉窗。有了這個裝置，我就可以隨心所欲地觀察容器的底部、上部和中間，而不會震動到內部。四方形的洞口邊長爲十公分，底部是封閉的，上端是空的，四周鑲上了突出的邊，上面做成一個突出的平檯，當作自然洞穴四周的空地。平檯上罩著一個圓形的金屬紗罩。空心柱中間裝滿了適當壓實的潮濕沙土。平檯上也蓋上一指寬厚度的沙。

　　還有一個必須滿足的條件，那就是不能讓容器中的沙土變乾。木板的厚度能防止部分水分散發，但還不夠，特別是在炎熱的夏季。爲此，我把稜柱下面三分之一的部分插在一個裝滿土的花盆裡，用適度澆水的方法保持花盆中泥土的潮濕；水分透過木頭微微滲透到沙土中，如此便可防止沙土變乾；如有需要，這根柱子將要這樣放上一年。中間的三分之一部分則用厚布包起來，我幾乎天天用水壺往布上澆水。上面的三分之一部分露在外面，但由於我經常給平檯的那層土作人造雨，所以也能保持所需的水分。借助這些人工方法我得到了一個土柱，既不會太濕，又不會過於乾燥，這正是米諾多築巢所需的濕度。

如果憑著我的勃勃雄心行事，我非建造十個這樣的裝置不可。也正是因為有那麼多問題要解決，我才會冒出這種念頭，但是這個裝置很昂貴，超出了我的經濟能力。沒錢，這個帕努奇②曾報怨過的可怕困難打消了我的念頭，我只能做兩個，多了不行。

一旦裡面有了居民，冬天我就把它們放在一個小溫室裡；這個裝著沙土的容器體積太小，我怕它會凍結。

在天然的洞穴底部，米諾多不必害怕嚴寒，有層無限厚的圍牆保護著牠；然而在我發明的這個簡陋裝置裡，牠得忍受嚴寒的考驗。

春天到了，我把那兩根柱子放到離我家門口幾步遠的室外。它們並排放在一起形成了造形奇怪的塔門，家人打那裡經過時都會瞥上一眼。我堅持不懈地觀察，尤其是早上和晚上，夜工開始和結束的時候。我躲在塔門附近偷偷地窺探，監視和思考花費了多少時光啊！

---

② 帕努奇：哈伯雷的作品《巨人傳》中的人物，他淫蕩，恬不知恥、膽小，但卻很有思想，是朋達固埃的忠實伙伴。──譯注

現在就講講我看到的情況吧。十二月中旬，我在這兩個裝置中各放了一隻雌米諾多，這是從最符合要求的那堆中精心挑選出來的。在這個時期，雌性和雄性是分開住的，雄性住在比較淺的洞穴裡，雌性則鑽得比較深。有些健壯的雌性沒有合作者幫忙，卻也圓滿築成或幾乎築成了產卵所需的洞穴。十二月十日我從一公尺二十公分深的洞穴裡挖出了一隻雌米諾多，這個早熟的挖掘者不適合我的實驗。由於想看到工程進展的全部過程，我選擇了一隻從野外挖到的、小個子的雌米諾多做為實驗對象。

我在兩個裝置裡各挖一個淺淺的坑，做為洞穴的開始，這樣囚犯被放進後，很快便會習慣新環境；我再把數過的羊糞球撒在洞口周圍，之後事情就會自然地進行，我只需在必要時為牠們補充些食物就行了。冬季是在溫室中度過的，沒發生什麼特別的情況。一個小土丘隆起來了，幾乎只有一把土那麼多，大工程還沒開始。

二月中旬，杏樹開花了，這時氣候很溫和，既不像冬天那麼冷，也不像春天那麼暖，白天陽光燦爛，夜晚壁爐裡柴火燃燒時的火焰也有著特別的魅力。迷迭香圍院裡，已經盛開著百合科的花卉上，蜜蜂正在採集花粉，紅肚皮壁蜂嗡嗡叫，大灰蝗停在枝頭上搧動著大翅膀表達著生活的喜悅。這個萬物復甦

的美好季節應該適合米諾多的。

　　我爲我的囚犯主婚：我給牠們各找了一位伴侶，都是從鄉下帶來的、很棒的小伙子。新婚之夜夫婦倆馬上就積極地投入工作，夫妻作坊熱鬧起來了。以前，雄性獨自隱居在淺洞裡時，通常都是在打瞌睡，牠對揀糞不感興趣，也不想把洞穴挖得深些；就大部分雌性而言，牠們也不見得更勤勞，挖的洞很淺，門口的土丘堆得很低，牠們也不把糧食往家裡收。成家後牠們把洞穴挖得很深，並大量地積蓄財富，僅用了四十八小時，挖出的土塊就在莊園上堆成了一個寬一拃的圓土包。此外，十粒羊糞已經運進了地窖。

　　這項活動持續了三個多月，這期間牠們也停下來休息，休息時間時長時短，看來休息對磨坊主人和麵包師傅來說是必要的。雌性從來足不出戶，總是由雄性出去尋找食物，有時是傍晚，更多的時候是在深夜出去。

　　儘管我很留意在洞穴周圍撒上適當數量的糞球，但牠收穫的數量卻變化無常，有時一兩粒就夠了，有時，一夜工夫二十粒糞球就被揀光了。揀糞者似乎是受天候的影響，天氣轉陰，快下暴雨時，或者是我用人造雨幫那個裝置的平檯澆水時，揀糞工就變得特別賣力；相反的，天氣乾燥的時候，好幾個星期

過去了也沒進一點貨。

　　將近六月時，勇士預感到時日不多了，便加倍努力地工作，牠想在死以前給家人留下充裕的糧食。牠們只顧狂熱地儲存而常常沒有好好計算，慷慨的搬運工把糞球堆起來，壓緊，糧食太多了，以至於堵塞了洞穴，讓主婦的工作受到了妨礙。財富太多也是一種負擔，這個冒失鬼總算明白了這一點，牠把多餘的糧食推出了洞口。

　　六月一日，運到其中一個裝置裡的糞球總數已達二百三十九粒，這個數字清楚地證明了帶角昆蟲的辛苦。我計算糞球時的精確程度不亞於銀行的會計，這個統計資料證明了收成之好。我為米諾多得到如此多的財富而感到高興，但是，過沒幾天，一個非常意外的結果使我陷入了擔憂。一天早晨，我發現雌米諾多死了，牠死在地面上。看來這是規矩，夫妻中的任何一方都不得死在孩子的房間裡。孩子的父母都得死在遠處的露天地裡。

　　妻子死在丈夫之前，這種反常的死亡順序需要進行調查。我轉開三扇活動百葉窗的螺絲，察看裝置內部，我的防乾燥措施很成功，空心柱裡上面三分之一部分的沙土保持著恆定的濕度，防止了坍方。用濕布包起來的中間三分之一部分更潮濕，

就在那裡有個很大的糧倉，裡面堆滿了糧食；雄性在裡面，動作靈活，精神抖擻。插在大花盆潮濕泥土中最下面的三分之一沙土，可塑性和我的小鏟子在天然洞穴深處挖到的土一樣。一切看上去似乎都正常。然而在洞穴的底部沒有任何築巢的痕跡，也沒有做好的香腸，甚至連香腸的半成品都沒有，糞球完好地堆著。

這是確定的，妻子拒絕產卵，因此丈夫也不磨粉。既然不做麵包，麵粉也就沒有用處了。為了替孩子製作麵包而蒐集回來的糧食還是那麼多，我數得清清楚楚，二百三十九粒糞球分成了幾堆原封不動地放在那裡。這個洞穴不是筆直的，有著螺旋形的坡道，還有樓梯轉臺與各個小倉庫相連，那裡儲藏著糧食。井裡的每一層都有倉庫，即使丈夫死後妻子也有享用不盡的財富。在母親產卵之前，為孩子準備的糕點還沒做好之前，丈夫總是積極地揀糞，把很少的一部分放在底層，大部分放在各樓層的小室裡。

但是，沒有卵，這是為什麼？首先我注意到洞穴一直延伸到了一‧四公尺深的容器底部，在木板封住的底部突然停頓下來。在這個無法逾越的障礙物上，可以看到一些磨蝕的痕跡，雌米諾多蒂菲一定是挖到底部時，遭到了阻擋，牠的一切努力都白費了，於是牠回到了地面。牠精疲力盡，心灰意冷，再加

上找不到合適的住所，只能一死了之。

　　牠難道就不能把卵產在保持著和天然洞穴同樣濕度的稜柱底部嗎？也許不行。在我們那個地區，一九○六年是很反常的一年。三月二十二日和二十三日，天降大雪，在我的家鄉還從未見過下這麼大的雪，尤其是這麼遲來的雪。後來出現了持續的乾旱，田野變得像煙灰缸一樣乾燥。

　　由於我一直注意使容器保持適當的濕度，裡面的雌米諾多看來是避免了自然災害。然而沒有什麼能說明牠不會經由那塊土板，知道外面已經發生的或是將會發生的事。對氣候變化極為敏感的牠，預感到了可怕的乾旱將會對隱藏不夠深的幼蟲造成危害，由於無法達到憑著本能感覺應該達到的深度，牠沒有產卵就死了。除了可疑的氣候因素之外，我再也找不出其他原因可以解釋這些現象了。

　　我將另一對米諾多放進了另一個稜柱，兩天後我碰到了非常棘手的問題。那隻雌米諾多毫無理由地離開了家，牠鑽到平檯上的沙土裡就不動了，絲毫不管牠的丈夫在家裡等牠。一天中我七次將牠放回洞中，讓牠頭朝下鑽進井裡；然而，毫無用處，夜裡牠又固執地爬上來，重新到別處安家。牠盡力往土裡鑽，要不是罩子上的網紗阻止了飛翔，牠早就逃出去，到別處

去找伴侶了。是牠的丈夫死了嗎？根本沒有。我看見牠在洞穴的上層，像以前一樣精力充沛。

　　生性喜歡在家待著的雌米諾多，竟然一意孤行非要逃跑不可，是不是因為夫妻性情不合？有什麼不可能呢？女合作者要離開是因為男合作者不登對，牠們是我一廂情願湊合在一起的。那位求婚者沒有博得姑娘的歡心。照規矩到了婚嫁年齡的女子，應該自己選擇夫婿，由牠自己根據求婚者的品行決定要接受或拒絕；如果要長久生活在一起，就不能草率締結這種不可分割的關係。這至少是米諾多的觀點。

　　儘管其他大多數昆蟲都是一會兒好，一會兒散，見一個愛一個，用不著負什麼責任。生命何其短暫，牠們要盡情享樂，不去自尋煩惱。但是這裡存在著真正長久的夫妻關係，牠們同甘共苦，這樣的話如果兩口子互相之間沒有好感，又怎麼能勇敢地為孩子的幸福同心協力地工作呢？我們已經見到在相鄰的兩個洞穴中的兩對夫妻，被拆散後還能認出自己的配偶，重新結合在一起；眼前這對夫妻卻互相排斥，關係很微妙，這位任性的妻子在賭氣，不惜一切想要離家出走。

　　兩口子鬧離婚似乎還要無限期拖下去，雖經我多次調解，整整一個星期我每天都把那姑娘送回洞穴裡去，卻還是無效，

最後我只得把那個丈夫換掉，找了另一位來頂替。牠看上去不比第一位強也不比第一位差，從此一切又恢復了正常，工作進展很順利。巷道在延伸，土丘在加高，食物搬進了糧倉儲備，食品罐頭的加工正在積極地進行。

到六月二日，運到洞中的糞球共計二百二十五粒，這是一筆可觀的財富。不久丈夫老死了，我在離洞穴不遠處發現了牠，牠倒在那個來不及運回去的最後一粒糞球上，死神的魔爪伸向了老態龍鍾的積糞工，閃電般地將牠擊倒在運糧的路上。寡婦繼續料理著家務。六月間，牠靠自己的力量，在死者留下的一大堆遺產中，又添了十粒糞球。後來酷暑降臨了，熱得讓人不想幹活，老想打瞌睡，寡婦再也不出門了。

牠在陰涼的地下室裡做什麼呢？看來牠和雌蜣螂一樣，在監護著產下的卵。從這間屋子走到那間屋子，聽聽糕點裡有沒有動靜。現在去打擾牠是很不禮貌的，還是等到牠帶著孩子們出來吧。

我們利用這段較長的休息時間，來說說生活在那個總儲藏著食物的玻璃管裡的米諾多告訴我的點滴情況吧。卵的成熟大約需要四週時間。四月十七日得到的卵，五月十五日變成了幼蟲，孵化的時間這麼長，不是因為初春溫度不夠高，因為在一

公尺半深的地下，溫度變化很小。

此外，我們將會看到幼蟲也是從容不迫的樣子，牠們在蛻變之前還得要度過整個夏季呢。待在香腸中間氣溫宜人，在一個免受天氣變化影響，遠離外界衝突的地下室裡，生活多麼愜意啊，到外面尋歡作樂可是不無風險的呢。在這裡什麼也不用做，一邊吃東西，一邊打瞌睡有多舒服啊！何必太著急呢？用不著早早就去為生活操勞。米諾多似乎認為應該讓幼兒盡量多享點福。

剛剛在沙土裡誕生的幼蟲用嘴咬，用腳抓，用屁股頂，為自己打開一條通道，一天一天地向上移動，到達了堆放在上面的糧食堆上。我看見牠在飼養牠的玻璃管裡爬上爬下，挑選著身邊的食物，隨心所欲地東咬一口，西咬一口。牠屈起身子然後挺直，動來動去，輕輕搖擺著，牠很幸福。看到牠滿意和健康的樣子，我也感到很幸福，我可以觀察牠的成長直至最終。

兩個月後，牠穿過了疊成柱子的食物堆，忽上忽下的，就為了找到一個好位置安頓下來。這是一條漂亮的幼蟲，模樣端正，不胖也不瘦，看上去和花金龜幼蟲的樣子差不多，牠的後腳並沒有特別不尋常的地方。當初在研究糞金龜家族時，我著實吃了一驚。

糞金龜幼蟲的後腳比其餘的腳細，扭曲著，那兩條不適合行走的腳搭在背上，牠是個天生的殘廢。儘管米諾多和糞金龜是食糞性甲蟲類裡很相似的兩種昆蟲，但米諾多的幼蟲並不殘廢，牠的第三對腳的外觀和配備都和另外兩對腳一樣正常。為什麼糞金龜生來就有殘疾，而牠的近親卻很正常呢？像這樣的一些小秘密還是不去探究有比較好。

八月底幼蟲階段結束了。在幼蟲消化力的作用下，那個糧食堆，那根香腸儘管形狀和體積沒變，但已經變成了一個麵團，幾乎無法辨認出是用什麼做的了，用放大鏡也無法找出一個帶著纖維的顆粒。山羊已經把植物分解得很細了；這條幼蟲卻是台無與倫比的磨碎機，牠食用了山羊的糞便，將其進一步分解，從某種程度上來說就是研磨。在由四個部分構成的羊胃裡，都沒能被消化利用的營養物質，就這樣被牠提煉出來加以利用了。

按照我們的邏輯推理，這個滑膩的糞球倒是適合幼蟲築巢，牠應該渴望有個柔軟的墊子安置蛹。我們的猜測錯了，幼蟲回到了柱子的底部，鑽進沙土，在那裡蛻變，牠在沙土裡做了一個堅硬粗糙的盆子。如果粗糙的住宅不加以改善，牠們這種既不為未來的蛹著想，也不考慮自己柔嫩皮膚的反常做法，實在會讓我們感到相當吃驚。

　　隱居者的大肚子裡，已經儲藏了部分消化物的殘渣，殘渣要徹底清除，因為在變成蛹之前，絕對要把身體裡的穢物清除乾淨。幼蟲把這種在腸胃中經過精細加工的黏著劑，塗抹在沙土牆壁上。牠用圓圓的臀部做為抹刀把牆抹平，一遍又一遍地把露出的泥灰抹光，以至於原本粗糙的房間變得柔和光滑了。

　　蛹脫殼而出的一切都準備就緒了。至於蛹沒有什麼特別值得一提的，特別是雄米諾多的三齒叉，其形狀和體積已經和成年的雄性一樣了。最後，大約到了十月份，我得到了完美的成蟲。從卵到成蟲，整個生長過程持續了整整五個月。

　　我們再回過頭來觀察那隻儲備了二百五十五粒糞球的雌米諾多，其中二百二十五粒是牠丈夫死前從洞穴外揀來的，三十粒是寡婦自己揀的。當天氣變得炎熱時，牠絕不再到地面上去了，而是待在井底忙著家務。儘管我迫不及待地想知道牠家裡的情況，但我還是等待著，始終處於戒備狀態。最後，十月帶來了第一次降雨，這是勤勞的食糞性甲蟲求之不得的。在野外出現了許多新的土丘。現在是秋季，經過一個夏天變得像煙灰般乾燥的土地又恢復了濕潤，長出了綠草。牧羊人把綿羊趕到草地上放牧；這是米諾多的節慶，大批遷移的孩子第一次興高采烈地來到牧場上的羊群中間。

　　但是在我那個裝置的玻璃管裡，什麼也沒出現，再等也沒用，季節已經太遲了。我打開地下室，母親已經死了，而且腐爛不堪，這表明牠已經死了很久。我是在垂直長廊上部靠近出口的地方發現牠的。這個姿勢好像表示牠的工程已經結束，牠要上去死在外面，就像牠丈夫那樣。突然牠心力衰竭，最後倒在半路上，幾乎就倒在門口。我原本期待著更好的結局，想像著牠會在孩子們的陪伴下走出洞穴。勇敢的母親應該在一年中最後的好日子裡，看到幸福的孩子們，牠應該得到這種回報。

　　我沒有放棄這個想法。如果母親沒有和孩子們一起出來，其中應該也是有某些原因的，我們會弄清楚主要的原因。得益於我經常往大花盆裡的泥土上澆水，那個沙柱的底部濕度保持得最好，那裡面有八根香腸——八個精細加工製成的精美食品罐頭。它們被分放在不同的樓層上，每個罐頭經由一個短短的門廳和主要的走廊相通。一個罐頭就是一條幼蟲的糧食量。一窩產下的卵共有八枚。卵的數量有限，這點我早已預料到了，當養育費用昂貴時，母親們就明智地節制生育。

　　出乎意料的是圓柱形的食物中沒有成蟲，甚至連蛹都沒有，裡面只有幼蟲，而且身體健康，胖得幾乎像蛹一樣。牠們成長得如此緩慢，真讓人吃驚。當新一代成蟲離開出生的小屋，開始挖掘過多的洞穴時，牠們的母親一定會比我更加驚

喜。可是牠無法再等待孩子長大，決意在完全喪失能力之前獨自離開，免得擋住向上的通道。由於無情的衰老而引起的一次痙攣把牠擊倒了，牠幾乎倒在了家門口。

　　我沒有找出幼蟲階段延長的原因，也許應該把它歸咎於育兒室的衛生條件差，我採取的各種措施顯然還是沒有完全創造出幼蟲在潮濕的土壤深層裡所能得到的舒適條件。在一個太容易受溫度變化和大氣濕度影響的狹窄稜柱中，幼蟲的食慾不像往常那麼好，因此生長緩慢。總之，這些發育遲緩的幼蟲外觀很漂亮，我期待著冬末能看到牠們蛻變。牠們彷彿像嚴寒季節停止生長的小苗，等待著春天的激勵。

第四章
米諾多蒂菲的道德

　　現在該對米諾多的品德做一個概括說明了。嚴冬過後，米諾多開始尋找配偶，和牠一起在地下安家。丈夫儘管常常外出，有許多機會接觸到別的姑娘，但牠忠貞不渝，以從不減退的熱情，來幫助那位決心在孩子沒有獨立之前絕不出門的女挖掘者。連續一個多月，牠用帶著三齒叉的簍子把挖掘出來的土運到洞外，牠總是十分有耐心，從不因為攀登的艱難而氣餒。牠把較輕鬆的耙土工作留給妻子去做，把最苦的工作留給自己，從一條又窄、又高、又陡的地下長廊裡往外運土。

　　之後這位搬土工成了糧食收穫者，牠去購物，為孩子儲備糧食。為了幫妻子簡化剝皮、分揀、裝罐頭的工作，牠又成了磨粉工，在離洞底一定距離處研碎被太陽曬硬了的糧食，把它加工成粗粉，麵粉隨之落到妻子的麵包房裡。最後精疲力竭的

牠離開家，死在遠處的露天地裡。牠英勇地完成了身爲父親的義務，爲了能讓孩子過上幸福的日子，毫無保留地奉獻出自己的一切。

而雌米諾多則全心全意地操持家務，儘管牠還活著，卻足不出戶。古人把那些模範母親稱作「多米芒希」①，牠就像多米芒希，牠把麵包揉成棍狀，將一枚卵藏在麵包裡，從此便守護著牠的卵，直到破殼而出的孩子大批遷移。秋季到來時，牠終於回到了地面，身後帶著一群孩子。孩子們自由地四下散開，到羊群經常光顧的地方去大吃大嚼。忠於職守的母親現在已無事可做了，牠死去了。

米諾多父親的確不像有的父親那樣對孩子漠不關心，牠對孩子傾注了特別深厚的感情，卻忘記了自己。牠本可以去觀賞一下春天美麗的景色，跟同行一起宴飲，和女鄰居們嬉鬧一番。可是牠不爲明媚的春光所動，堅毅不拔地在地下工作，竭盡全力爲孩子們留下一份家業。當最後蹬腿時，牠可以對自己說：「我盡了自己的義務，我已經盡力了。」

這位勤勞的父親何以有如此高尚的獻身精神和如此高漲的

① 多米芒希：普羅旺斯俗語稱母親為「domi mansit」。——譯注

熱情為孩子謀幸福呢？事實告訴我們，牠的品德是一點一滴養成的，從平庸到優秀，從優秀到傑出。一些偶然的有利和不利的條件塑造了牠。牠像人一樣在實踐中學習，也和人一樣在變化、發展和完善。

在這個小小食糞性甲蟲的腦袋瓜裡，以往的教訓留下了深刻的印象，時間使牠成熟，使牠的行動更為周密。本能主要產生於需要，在需要的激勵下，動物塑造了自己；牠憑著自己的能力，把自己造就成了我們熟悉的這個樣子。牠有自己的工具和自己的職業，牠的習性、能力、技藝是在無限漫長的道路上，獲得的點滴經驗的總和。

這就是理論家對米諾多的評價，若不是他們用空洞、不實之詞取代了鏗鏘有力的事實，這種偉大的理論足以對任何一個具有獨立思考能力的人產生誘惑。在這方面我們應該請教米諾多，牠肯定不會向我們揭示本能的來源；牠會使這個問題始終成謎；但至少牠可以讓我們看見一絲光線，這絲光線再昏暗，再搖曳不定，也有助於我們在黑暗的洞穴中探索。

米諾多專門採集羊糞，為了孩子，牠需要被太陽曬乾、烤硬了的羊糞。這種選擇很奇怪，因為別的拾糞者都需要鮮貨，不論是金龜子、蜣螂、屎蜣螂還是其他的昆蟲，沒有一個像牠

這樣收集糧食。對所有的昆蟲來說，不論是大的還是小的，不論是建造梨形巢的昆蟲藝術家還是香腸製造者，都絕對需要富有彈性、原汁原味的原料。

持著三齒叉的米諾多需要的卻是普通的「橄欖」，脫了水的羊糞球。世上本來就存在著各種愛好，最好還是不要對這個問題加以探討。但是我還是想知道明明有來自羊或是其他動物的柔軟多汁的糧食，為什麼這個持著三齒叉的食糞性甲蟲偏偏要選被別人嫌棄的東西呢？如果牠不是天生就偏愛這道菜，又怎會放棄牠也應該有份的好東西，而接受這種劣質的、別人都不要的東西呢？

我們不必再堅持了。不管怎麼說乾羊糞球以某樣方式歸給了米諾多。一旦這份贈與被接受了，後來的事也就順理成章。似乎是「需要」這種促使進步的東西，使米諾多逐步承擔起了合作者的職責，過去的牠遊手好閒，這符合昆蟲的習性；現在的牠卻成了熱情的工作者，因為經過一次次嘗試，這個家族感受到了工作帶來的滿足。

牠把收穫物用來做什麼了？很簡單，當洞穴裡的潮氣使那些倒胃口的糧食軟化了時，就可以食用了。牠把糧食製成毯子，冬天可以躲在裡面避寒，但這只是這條毯子最次要的功

能，主要還是為了孩子的將來。

然而消化能力很差的幼蟲，從不肯直接啃咬未經加工過的食物，為了使糧食能被接受，吃起來味道好，就必須經過一番加工，使食物變得細膩、柔軟又香甜。在什麼地方烹飪呢？當然是在地下，唯有那裡能保持穩定的濕度，又不至於太潮濕影響衛生，為了保證食品的品質就得挖洞。而且這個洞必須挖得很深、很深，免得夏季的酷熱把食品烘乾了無法食用。幼蟲生長很緩慢，要到九月才能長成成蟲。牠必須在地窖裡躲過一年中最炎熱也最乾燥的季節，因為在那裡麵包才沒有變乾的危險。為了使幼蟲和糧食避開那似火的驕陽，一公尺半的洞穴並不算深。

母親有能力獨自挖掘這樣的井，儘管這口井要向下延伸很遠。當牠頑強地挖掘時，沒有人會來幫忙；但是挖出來的土必須及時運出去，使巷道裡始終留有空間，除了便於糧食的運輸，也為了便於孩子們遷移。

既要挖掘又要運輸，這對一個人來說是太辛苦了，這麼浩大的工程靠牠自己是無法在挖掘期內完成的。看著牠長年累月地幹活，雄食糞性甲蟲的腦子開了竅，牠心想：「我的三齒叉可以用作背簍，有我幫忙，工作會進行得更順利、更快，我來

幫助女挖掘工把挖出來的土運上去。」於是兩人合作的關係形成了，家庭建立了。其他方面也一樣急需牠的關心幫助，米諾多的食物硬梆梆的，得撕開、磨碎、輾成粗粉最後加工成糕點，原料經過精心地研磨之後還得揉製成圓柱形，再經發酵提高食品的品質，這些都是費時又細緻的工作。

為了縮短工期，充分利用溫暖的季節，米諾多雙雙配對。丈夫從外面帶回粗糧，在樓上把收穫物磨成粗粉。在底層的妻子得到了麵粉後清除其中的雜質，把麵粉堆成圓柱形，一層一層輕輕拍實，把丈夫供應的麵粉揉成團。揉麵粉團是牠的工作，而磨粉則是丈夫的工作，有了分工，工作進度就加快了，短暫的時間得到了最充分的利用。

到此為止一切都很正常，好像兩位合作者是在長期的學習中，經由實驗學會了這些的，並不時體驗到其中的幸福；好像牠們不會用其他方法行事似的。但是，現在事情變糟了，任何事物的背後都隱藏著與事物的表象相對立的東西。

剛做好的糕點是一條幼蟲的口糧，絕對只夠養活一條蟲。種族的興旺發達需要更多的孩子；可是，那位父親不知出了什麼事，牠常剛做完一塊糕點就離家出走了，這個小伙計撇下了女麵包師，客死他鄉。四月在挖掘野外的洞穴時，我總看到一

雄一雌的米諾多，雄蟲在屋子的上層，負責磨粉，雌蟲在底層，加工堆放在那裡的糧食。稍後，總是只剩下雌蟲的，而雄蟲卻不見了。

只要母親的卵還沒產完，牠就得在無人幫忙的情況下繼續工作。耗費了大量財力和體力之後，深洞總算挖好了，第一個蓄卵的巢室也準備好了，但是還得繼續築別的巢室，孩子生得越多越好。為了安置一個孩子，一向在家閉門不出的母親得經常出門。不愛出門的母親現在成了揀糞者，牠要到附近去揀糞球，把糞球帶回井裡儲存起來，揉成圓柱形的麵包堆起來。

丈夫偏偏在妻子生產的節骨眼上，離開了家。那是因為牠已年老體衰，而不是牠不想幫忙，是命運在作梗。牠遺憾地走了，無情的歲月奪走了牠的生命。你們也許會說：既然不斷的演化能讓你創立了至高無上的家庭，並發明夏季時在很深的地窖裡保存食品的方法，你有辦法磨碎糧食，軟化乾燥的食物，把它做成香腸使原料在裡面發酵改良，那麼這種演化怎麼就沒教你把壽命延長幾個星期呢？如果借助一種更合理的行為方式，這事情看來不是辦不到的。其中某個容器中的雄米諾多就一直活到了六月，並為牠的伴侶準備好了大量的糞球。

雄米諾多同樣有權利說：「山羊並不總是慷慨大方的，洞

穴周圍揀不到多少糞球。當我把能得到的糧食投入井裡之後，就會因無所事事而一天天衰老下去了。我那位生活在科學家的容器裡的同類之所以能一直活到六月，是因為牠身邊有著享用不盡的財富，能如願以償地進行儲蓄，從而使牠的生活變得溫馨，牢靠的工作使牠得以長壽。而我卻沒有牠那麼富裕，當我周圍那點可憐的糧食收穫完之後，我就無聊得要死。」

就算你說的有理，但是你有翅膀，你會飛，你何不去遠一點的地方呢？你好歹總可以找到點什麼，以滿足你採集的愛好吧。可是你根本沒這麼做。為什麼？因為時間沒有教會你到離家遠一點的地方進行探索。既然你無法把英勇頑強的工作再多延續幾天，也不會到稍遠一些的地方去搜尋；那你還如何能一直幫助你的伴侶直至完成工作呢？

如果真像人們說的，演化教會了你這項艱苦的職業，卻沒有教給你一些非常重要的，只要稍微學一下就很容易加以應用的具體方法。那麼，它什麼也沒教會你，既沒有教會你做家務，也沒教會你挖深洞和做麵包。你的演化是穩定不變的，你陷在一個無法延伸的圓圈裡，你現在是，將來仍然也是從前把第一個糞球推進地窖裡時的那個樣子。這等於什麼也沒說，我承認！不過學會不去企圖了解自己不知道的事，至少能使我們不安的好奇心得到平衡和安寧。我們觸到了深不可測的懸崖

邊，在這個懸崖邊應該刻上但丁[2]寫在地獄之門上的那句話：「將期望棄置一旁吧。」是的，我們這些人只不過登上了一個原子般的小球，就想要向宇宙進軍，還是放棄這種奢望吧。萬物起源的聖地將不會向人敞開。

我們探頭伸進生命之謎是徒勞的，我們永遠不會捕捉到真正的真理。理論的鉤爪不過是帶來一些幻想，這些幻想今天被看成是具有權威性的理論而備受推崇，明天又會被當成謬誤而被其他理論所取代，其他的理論遲早也會成為謬誤。真理，究竟在哪裡？它就像幾何中的近似線，我們懷著好奇心苦苦地追索，總是能靠近它卻從來無法觸及。它是不是永不可及呢？

如果科學是條規則的弧線，這個比方就是恰當的。但是科學卻像條不規則的曲線，時而前進，時而後退，時而向上，時而向下，這條線彎彎曲曲，它在向近似線靠攏，可是突然又遠離了近似線。它是有可能和那條線相交的，但是一不留神，我們卻又失去了完全把握真理的機會。

儘管透過諸多觀察，我們已隱約發現米諾多夫婦對孩子傾

---

② 但丁：1265～1321年，義大利詩人，中古到文藝復興過渡時期最有代表性的作家。——譯注

注了特別的熱情。我們還應該再追溯得更遠一些，在動物中找出一些類似的例子。禽鳥類和獸類幾乎都不能提供我們相似的例子。

如果這事不是發生在食糞性甲蟲的身上，而是發生在我們身上，我們肯定會說這是一種道德，是一種美德。這個詞用在食糞性甲蟲身上也許太誇張了，動物沒有道德，只有人才有道德。人類在純潔的良知上，聚集了人類在真善美的明鏡教化下形成的道德，並且逐步使之完善。

邁向最高境界的前進步伐是極其緩慢的。據說當第一個殺人犯該隱殺死他的兄弟之後曾有過思考，是他後悔了嗎？看來不是，他只不過是害怕比他更有力的拳頭。害怕遭受報應是明智的開始。

這種懼怕是有道理的，因為該隱的後代特別擅長製造殺人的武器。拳頭之後有了棍子、狼牙棒和投石器射出的石子；進步帶來了箭和燧石製造的斧頭；後來又有了青銅大刀、鐵矛、鋼劍；再後來化學參與了進來，它的殺傷力首屈一指。如今，中國滿洲里的狼群也許可以告訴我們，新式的炸藥給牠們帶來了多少橫飛的血肉。

　　將來還會帶給我們什麼呢？我們不敢想像。既然能用硝化甘油炸藥、雷汞引爆劑和成千上萬種的烈性炸藥把一座座山炸掉，那麼隨著科學的發展，不斷地研製出威力大上千倍的炸藥，難道人類就不會把地球給炸了嗎？可怕的震撼是否將會導致地塊爆裂的碎片騰空捲起，彷彿像旋轉的小行星一樣呢？那大概就是消失了的地球的遺跡吧？這可能是美好而又崇高的事物的終結，但同樣也應該是許多惡行和苦難的終結。

　　今天我們正處在唯物主義興盛的時期，現代物理學恰恰是要破壞物質，分裂構成物質的原子，將它分裂成無限小直至消失，使物質變為能量。看得見摸得著的只是物體的外表；事實上一切都是力量。假如未來科學能夠大致追溯到物質起源是些突然化為能量的岩層，就可能會把地球分解成能量區，那時吉爾伯特③的偉大文學構想就會得以實現：

　　翅膀和虛假從此都被剝去。
　　毀滅了的星球上時間沈睡著，靜止不動。

　　但是，別對這種劇烈的藥物抱持太大的期望，種我們的菜吧，像天真漢④奉勸我們的那樣，還是去給我們的甘藍地澆澆

③ 吉爾伯特：1836～1911年，英國詩人、作家。——譯注

水，順其自然地接受事物。自然這殘酷無情的乳母不懂什麼憐憫，當她對孩子撫愛之後，便抓住他們的腳像拉彈弓一樣把孩子甩出去，使他們撞在岩石上摔得粉身碎骨。這是減少過多孩子拖累的辦法。

死亡倒還說得過去，但是為什麼要讓人痛苦呢？當一條瘋狗威脅公共安全時，我們會殘酷地去折磨牠嗎？我們會一槍把牠打死，而不是折磨牠，我們會自衛。但是，以前法庭上穿著紅袍、神氣十足的法官，判處犯人五馬分屍的酷刑、火刑，或者讓犯人穿上浸過硫的上衣被燒死，他們想用可怕的折磨，讓犯人為他們所犯的罪行付出代價。此後道德有了很大的進步。今天明確的道德觀念迫使我們對待罪犯和對待瘋狗一樣寬容，我們要除掉他們，但不採用挖空心思想出來的、慘無人道的愚蠢方法。

看來從我們的法典上取消死刑的那一天將會到來，我們應該盡力幫助犯人棄惡從善，而不是處死他們。我們將會像與黃熱病和鼠疫病毒鬥爭那樣，與罪惡的病毒鬥爭。但是什麼時候

④ 天真漢：法國作家伏爾泰筆下的人物，他在德國一個男爵家長大，受老師的影響以為世上一切都趨於完美。經過一系列災難之後，他終於認識到世界並不完善，唯有工作能使人免除煩惱，因此他認為「還是種我們的菜園子要緊」。——譯注

才能做到對人的生命絕對的尊重呢？是否還需要幾百年，幾千年呢？很有可能，要使思想中的污泥沈澱，需要很長的時間。

　　自從地球上有了人類，即使是在家庭這個傑出的神聖團體裡，道德也沒能得到充分的體現。古代專橫的家長在家裡獨斷專行，把家人當成羊群來統治。他們掌握著孩子的生殺大權，隨心所欲，用孩子做交易，把他們賣做奴隸，養孩子是為了自己而不是為了孩子。原始立法在這方面殘酷得令人憤慨。

　　長久以來這方面有了明顯的改善，雖然沒有完全廢除古代野蠻的立法。那種把道德等同於對憲兵的懼怕的人，在我們之中還少嗎？我們難道沒有發現許多人養孩子，就像養兔子一樣，是為了從中獲利嗎？應該把善良的願望，用法律的形式嚴格規定下來，保護未滿十三歲的兒童，不落入工廠的地獄。為了掙幾個錢，可憐的孩子的前途都被斷送在那裡了。

　　即使動物不講道德，不靠工作致富，也用不著不斷地完善自己的思想，牠們也有自己與生俱來、亙古不變的戒律。這些戒律在牠們身上打下的烙印，成了生命的一部分，就像呼吸和吃飯一樣重要。在這些戒律中，首要的一條就是母親對幼兒的呵護，既然生活的首要目的是延續生命，就應該使初生的弱小生命的存在成為可能。這是母親應盡的職責。

　　任何一位母親都不會忘記自己的責任，最最遲鈍的母親至少也會把卵產在適當的地方，在那裡新生兒可以自己找到食物。最能幹的母親則會替嬰兒哺乳、哺食、供應食物、築巢、蓋房子和建設托兒所，牠們的傑作往往非常精美。但是總的來說，特別是在昆蟲界，父親往往不關心後代，牠們還沒完全擺脫舊有的習俗，這點人類也有點相似。

　　十誡要求我們尊敬父母。若不是十誡閉口不談父親對子女的義務，那就再好不過了。父親說起話來就像以前的專制家長，他把一切歸為己有，很少關心別人。直到很遲人們才明白，現在對未來負有責任，父親的首要職責是讓孩子做好與艱苦生活奮鬥的準備。

　　當在我們人類中這個問題還模糊不清時，那些低等動物走在了我們前面，靠著無意識的靈感，牠們一下子就完滿地解決了父權的問題，尤其是米諾多父親。假如米諾多在這些重大的問題上有表決權，就得修改我們的十誡。牠可能會模仿教科書裡所用的通俗形式寫上：

　　您應養育您的孩子
　　盡您所能英勇頑強

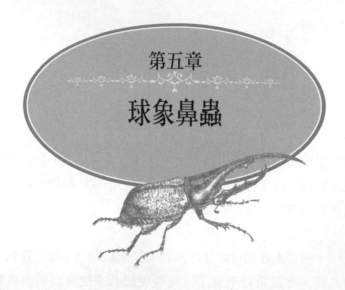

第五章

球象鼻蟲

　　在昆蟲中，赫赫有名的都是些草包，名不見經傳的倒眞有才能；才華出眾的默默無聞，服飾華貴外表漂亮的人盡皆知。我們以牠們的服飾和體格決定牠們的價值，就像我們以一個人服裝的質地、擁有的土地多寡決定他的價值一樣，絲毫不考慮其他的面相。

　　當然，要想被載入史冊，昆蟲最好得有點名氣，這樣既可以使讀者安心，使他們一下子就能確切地了解情況，又能使作者擺脫冗長的、令人乏味的描寫。另一方面，如果塊頭大容易觀察，體態高雅、衣著華麗能引起人們注意，那麼我們就沒有道理不注重排場了。

　　但是更爲重要的是，牠們的習性和創造性，這些才是昆蟲

研究中最富有吸引力的東西。在昆蟲界，那些身材最魁梧、外表最富麗堂皇的昆蟲往往是些蠢才，在其他地方也常存在這種弊病。一隻閃著金屬般光澤的步行蟲有什麼本事呢？牠除了在被殺死的蝸牛的口水中大吃大喝以外，沒別的本事。珠光寶氣的花金龜有什麼能耐？牠除了在薔薇花心裡打瞌睡外沒別的能耐。這些高貴者什麼也不會，牠們沒有技術也沒有專長。

我們需要的是獨特的創見、藝術品以及巧妙的方法。我們還是去找那些常被人遺忘的低賤昆蟲吧！不要嫌棄我們前往的地方。垃圾堆裡埋藏著連玫瑰也比不上的珍奇。不久前，米諾多不就讓我們了解了牠們的家庭倫理道德嗎？卑賤者萬歲！小人物萬歲！

有種比胡椒粒還小的蟲，將要向我們提出重大的問題；這問題充滿了趣味，但也許無解。這種昆蟲的正式名稱為塔普修斯球象鼻蟲[1]。如果您問我這個詞是什麼意思，我可以老實告訴你，我不知道。不過這不論對這些文字的作者，還是對讀者來說影響都不大。在昆蟲學裡，如果名字只代表以這個名字命名的昆蟲，不含其他的意義，這樣的命名便是最好的。

---

[1] 塔普修斯球象鼻蟲的原文是 Cionus thapsus Fab.。——編注

如果用一個意義含混的希臘語或拉丁語來影射昆蟲的生活方式，那麼在許多時候真實與名字都並不相符。專業詞彙分類學家比那些關心活昆蟲的觀察家更超前，牠們研究的是公墓，因此一些似是而非的東西和明顯的錯誤常常使昆蟲的檔案變得遜色。

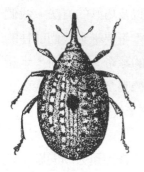

塔普修斯球象鼻蟲
（放大10倍）

現在，批評針對的是「塔普修斯」這個詞，因為球象鼻蟲開發的植物根本不是植物學家所說的塔普修斯毛蕊花，而是另一種叫深波葉毛蕊花的植物。這種植物長在公路邊，它不怕土地貧瘠和白灰。這種彎彎曲曲的毛蕊花生長在南方；它寬大的、毛茸茸的葉子鋪在地上，邊緣有著深深的鋸齒；多权的花莖上覆蓋著黃花，中間可見鬍鬚般的紫色雄蕊。

五月底，我打開雨傘放在這種植物下，做為採集工具。用拐杖敲打幾下黃色的花簇，會落下冰雹似的東西來，這就是我們叫做球象鼻蟲的昆蟲。牠圓滾滾的，像個小球，腳很短。牠的衣服看上去倒也高雅，一件網眼衫，煙灰的底色上點綴著黑點，還有兩條寬寬的黑絨飾帶，一條在背上，一條在鞘翅的底

端，這構成了這種昆蟲的主要特徵。其他種類的象鼻蟲都沒有這種標誌。牠的口器較長，壯實，彎向胸前。

我關注這個身上帶黑圓點的昆蟲已經很久了。我想了解牠的幼蟲，一切似乎表明了牠應該是生活在毛蕊花彎彎曲曲的蒴果裡，屬於靠著堅果裡的種子生活的那類昆蟲。牠應該習慣於生活在植物裡。然而，不論哪個季節，我剝開那種植物的蒴果時，從來也沒發現過球象鼻蟲和牠的幼蟲，或者是球象鼻蟲的蛹。這個小小的謎更增加了我的好奇心。也許這個小矮子會告訴我們一些有趣的事，我打算揭開牠的秘密。

碰巧在荒石園裡的石頭縫裡，有幾株彎曲毛蕊花開著薔薇形的花，雖然不多，但便於我把用雨傘從野外兜回來的球象鼻蟲移殖在上面。

這項工作完成後，從五月開始，我就可以在家門口對球象鼻蟲的活動進行觀察了，不必再擔心過路羊群的騷擾，而且隨便什麼時候都可以觀察。

我的殖民地很繁榮，移民在那些樹杈椏上安頓了下來，對新營地頗為滿意。牠們在那裡放牧，動手動腳互相作弄，許多象鼻蟲在交配，在明媚的陽光下盡情享受著生活的樂趣。結合

在一起的配偶一個壓在另一個的身上，突然兩側晃動引起了震顫，就像一條彈簧交替地繃緊、放鬆時發出的震顫。休息一會兒，又震盪起來，震盪一會兒又停下來，然後再開始。在這兩者組成的這部小機器中，誰是發動機呢？我看應該是雌性，牠看來比雄性略大一些。牠的震動可能是表示反抗，試圖擺脫對方的束縛，而對方不管牠怎麼震動還是緊抓不放。不過，牠們共同發動的可能性更大，那是牠們新婚時狂喜的震顫。

那些尚未結婚的球象鼻蟲把口器插進花蕾中，滿足地吃著。其他球象鼻蟲在細枝椏上啄出一個個褐色的小眼，從中滲出了糖液，螞蟻很快就會來把它舔食乾淨。目前所能看到的就是這些，沒有什麼能表明卵將產在何處。

七月，多數柔軟的綠色蘋果底下出現了一個棕色的小點，那很可能是球象鼻蟲產卵時留下的。我有些懷疑，大多數被啄過的蘋果裡都沒有東西，幼蟲應該在孵化後不久就離開了這座房子，因為始終敞開的大門使牠們可以暢行無阻。新生兒自謀生路，早早就到外面去冒險，這可不是象鼻蟲科的習慣，象鼻蟲的幼蟲一向以深居簡出而聞名。幼蟲沒有腳，胖嘟嘟的，又愛睡覺，牠害怕移動，牠就在出生的那個地方長大。

另一個情況更使我不解。在有些被象鼻蟲鑽了洞的蘋果

裡，有些橘黃色的卵，每組有五、六枚，甚至更多。這麼多的數量更發人深思。成熟的彎曲毛蕊花的蒴果比同類的其他植物的蒴果小，那些很嫩的蒴果裡有卵，柔軟的綠色蒴果幾乎只有半顆麥粒那麼大。在那麼小的蒴果裡沒有足夠的糧食供這麼多幼蟲食用，恐怕連一條幼蟲的需要都滿足不了。所有的母親都很有遠見，毛蕊花的開採者不可能在那麼小的倉房裡，安排六個或更多的嬰兒。由於上述種種原因，我首先懷疑我所看到的不是球象鼻蟲的卵，隨後的觀察也沒能消除我的疑慮。橘黃色的卵孵化了，從裡面鑽出的幼蟲在二十四小時內離開了產房。牠們從那個敞開的小孔鑽出來，散布在蒴果上，拔下蒴果上的絨毛，這些「草」足夠做牠們的第一餐飯了。牠們從蒴果上下來，到了枝杈上，剝去枝杈的皮，牠們漸漸地逼近附近的小樹葉，準備去那裡繼續用餐。等牠們長大吧，最後的蛻變將證明我所見到的確確實實是球象鼻蟲。

這些光溜溜的無足幼蟲，身體淡黃色，只有頭部是黑色的，另外在胸廓的第一體節上有兩個黑點。牠們全身裹著一層黏液，以至於我用鑷子去夾時，牠們會黏在鑷子上，很不容易甩掉。當幼蟲遇到麻煩時，會從肛門裡排泄出一種黏液來，看來牠身上的黏液就是從那裡來的。

牠們在嫩枝上懶洋洋地爬行，把樹枝的皮從頭到尾剝個精

光，直到露出木質部分。牠們還吃枝杈上的葉子，這裡的葉子
比低處的葉子小得多。當牠們找到一塊理想的放牧地時，便待
在那裡不動了，身體彎成弓形，靠黏液把身體黏在植物上。牠
們爬行時身體一拱一拱的，用具有黏附力的後部做為支撐，儘
管沒有腳，可是靠黏液的黏性牠可以牢牢地黏在樹杈上，即使
樹枝晃動也掉不下來。由於牠沒有能夠抓住物體的爪鉤，為了
在植物上散步時不掉下去，哪怕是刮來一陣大風也不被捲走，
牠想出了這種奇特的方法，以前我還不曾見識過呢。

　　這種蟲容易飼養。在一個廣口瓶裡放上一些能吃的植物嫩
枝，牠們繼續吃上一段時間的嫩枝後，就會造出一個漂亮的圓
泡，想必是要在裡面蛻變了。看著牠們工作，了解牠們採用的
方法，是我的主要研究目的，我沒有花多少努力就達到了這個
目的。

　　幼蟲身上黏糊糊的，不論是背面，還是腹面都裹著一層透
明的、黏性很強的黏液，用鑷子尖輕觸幼蟲身上任何一個部
位，都會冒出那種可以拉成長絲的黏液來。大旱天在火熱的陽
光下輕觸牠，牠也照樣會分泌出大量的黏液。生漆會被曬乾，
可是幼蟲身上的黏液不會乾掉，這對幼小的蟲子來說是寶貴的
財富，它讓幼蟲不怕風寒和劇烈的天氣變化，能牢牢地黏在牠
喜歡的、生長在野外陽光下的植物上。

　　那些分泌黏液的孔很容易被發現，只要讓蟲子在一塊玻璃片上爬行，就能發現一種像露珠般拖著絲的黏液，從牠的肛門處滲出，潤滑著尾端的那個體節，這種黏液是從消化道流出來的。那裡是否有個特別的黏液配製室？我不準備回答這個問題，因為現在我的雙手已無法準確無誤地進行解剖，眼力也不行了。儘管如此我也可以認定，這種幼蟲身上裹著一層黏液，就算源頭不是肛門，至少也是儲存在那裡的。這種黏液是如何分布到全身上下的呢？幼蟲沒有腳，牠靠後部支撐行走。此外，牠有很多體節，特別在背部有一圈圈微微突起的體節，腹部也有一層層突出的節狀。爬行時動作很靈活，當牠前進時，前部彎曲探路，就像滾滾的波浪此起彼伏井然有序。

　　波浪從後端產生，漸漸向前推進，直至頭部。緊接著第二層浪潮順著同一個方向湧來，然後是第三層、第四層，無限制地依次推進。波浪從一頭推向另一頭就是一步。只要波浪不斷，那個支撐點即腸端的小孔就在原位上，先是向前挪一點，然而隨著整個身體向前躍進，尾端又被甩在了身後，露珠般的黏液便依次塗在了正在爬行的幼蟲的腹部末端和背部末端，小小的黏液滴就這樣塗在了幼蟲身體上下兩面。

　　剩下的事便是把黏液分散塗抹開來，這得靠爬行來完成。推進的波浪使牠的體節時而靠近時而遠離，當體節相互接觸

後，再拉開間隙，黏液便漸漸從毛細管中滲出，不需要任何特別的方法，幼蟲在爬行中就能使全身布滿了黏液。每一個推動的浪潮，每向前一步都會使緊身衣黏上黏液。幼蟲從一個牧場爬到另一個牧場時，不可避免地損失掉的黏液就經由這種方法得到了補充，新滲出的黏液代替了舊的，黏液層始終保持著適當的厚度，不至於太薄，也不至於太厚。

黏液覆蓋全身的速度很快，我把一條幼蟲放在水裡，用畫筆洗掉了牠身上的黏液。黏液消失了，分解在水裡，我把這沐浴水放在玻璃片上，水分蒸發後留下了一灘像溶解性很差的阿拉伯樹膠似的痕跡。我把那條蟲放在吸水紙上晾乾，這時，用草稈碰牠一下，已沒有黏性了，幼蟲已經失去了黏液。

牠怎樣才能重新塗上黏液呢？這很簡單。我讓那條蟲隨意爬行幾分鐘，無需更多的時間那層黏液又出現了，蟲子黏在了觸到牠的草稈上。總之，蟲子身體上裹的是一種可溶於水的黏液，能很快分解在水裡，而且即使是在烈日下和乾燥的北風吹拂下也不易乾掉。

得到了這些資料後，我們來看看牠要在裡面蛻變的那個蛹室是怎麼建造的。一九〇六年七月八日，我的兒子保爾，我熱心的合作者，體諒我的雙腳不像以前那麼靈便，便把晨跑時摘

來的一棵布滿球象鼻蟲的毛蕊花簇帶給我。那上面的幼蟲多極了，有兩隻特別合我的意。當別的蟲子都在植物上放牧時，牠倆卻不安地遊蕩著，也不想吃東西。不用爲牠們擔心，牠們是在尋找一個適合的地方建造包膜帳篷。

我把牠們分別放在兩個玻璃管裡以便觀察。考慮到牠們需要植物飼料，我在玻璃管裡放了一枝毛蕊花。現在我手拿放大鏡從早到晚持續進行觀察，只要我還能頂住瞌睡，夜裡也借著微弱的燭光繼續觀察；非常奇怪的事就要發生了。我們按時間順序來描寫。

早晨六點：幼蟲並不去注意我給牠的樹枝，在玻璃上爬來爬去，把細細的前部射出去。牠輕輕地爬動時，背部和腹部就像波浪似地高低起伏，牠試圖把自己安頓得舒服些，做了兩小時這種練習之後，黏液不可避免地滲了出來，幼蟲總算找到了舒服的感覺。

上午十點：這時黏在玻璃上的幼蟲縮成了一個小酒桶狀，或者說像粒兩頭略圓的小麥粒。其中一頭有顆黑亮的點，這是縮在第一個體節皺褶裡的頭部，身體的顏色沒變，仍是混濁的黃色。

　　下午一點：幼蟲排出了半流質的糞便之後，緊接著排出一些很細的黑色顆粒。為了不玷污未來的房間，讓腸子為後面將要進行的複雜化學變化作好準備，幼蟲先將污穢物排掉。牠現在變成了淡黃色，先前的混濁體色不見了。牠把整個腹部貼在地面上。

　　下午三點：從放大鏡裡，我發現幼蟲的皮下，特別是背部在微微地搏動，像沸騰的水面在顫動，比平時跳得更快的背部血管舒張、收縮，這是發高燒所引起的。正在醞釀的內部變化使得整個身體都緊張起來。這是不是皮膚裂開前的準備呢？

　　傍晚五點：不是，因為那蟲子不再處於停滯的狀態。牠離開了牠的垃圾堆，開始激烈地運動起來，牠比任何時候都更加煩躁不安。會發生什麼奇怪的事呢？按邏輯推理，我覺得已隱約看出了其中的原因。

　　我們知道幼蟲進行自由活動的必要條件，就是身上的那層黏液不能變乾。如果黏液變乾，就會妨礙和阻止幼蟲爬行；當黏液呈液態時就相當於潤滑油潤滑著機器。但是這層黏液將成為球殼，流質將變成薄膜，液體將成為固體。

　　這種狀態的變化首先讓人想到氧化，可是最好別有這種想

法。如果液體變成固體確實是氧化作用引起的，那麼，生來身上就黏糊糊、始終暴露在空氣中的幼蟲，恐怕身上早就不是穿著黏稠光滑的緊身服了，而是穿著一層羊皮紙套。很顯然乾化是在幼蟲蛻變的最後時刻發生的，而且很迅速。在此之前發生乾化是危險的，而現在卻成了一種很好的保護手段。

為了使亞麻油固化，我們採用乾化劑，一種能作用於油，使油變為樹脂，進而成型的藥劑。球象鼻蟲也同樣擁有乾化劑，後面發生的情況就能證實這一點。由於牠身體內部的配料房的結構正在發生著劇烈的變化，幼蟲的肉體因高燒而顫抖時，也許就是在製造這種乾化劑；牠剛才長時間散步是為了把這種乾化劑散布在皮膚表面。這是牠幼蟲期的最後一次散步。

晚上七點：幼蟲又不動了，牠俯臥著。準備工作是否已經結束？還沒有。牠必須建造一個球形建築，在此基礎上幼蟲才能吹起牠的圓泡。

晚上八點：現在幼蟲的頭部周圍，以及與玻璃接觸的胸前和身體的其他部位，出現了一條純白的花邊，好像在這些地方覆蓋上一層雪。花邊呈馬蹄鐵的形狀，中間雪花狀的東西還在不斷堆積，看上去模模糊糊的。在花邊的底下是向四周輻射的纖細光束，由同一種白色物質構成的。這個結構表明幼蟲的口

器發揮了相當於噴霧器的細微作用。的確，除了頭部周圍，其他沒有一處出現這樣的白色物質。幼蟲身體的兩端參與了房屋的建造；前端負責打地基，後端負責建房。

晚上十點：幼蟲變短了。牠把尾部向支撐點，即固定在雪白墊子上的頭部靠攏了一些；牠彎腰、拱背，漸漸地成了球狀。那個正在建造的小圓泡還沒成形。乾化劑已產生了作用，最初的那層黏液已變成了一層皮，現在還比較軟，用背頂一下還會伸長。當小圓泡的容積夠大時，幼蟲將脫去身上的外套，在一個寬敞的空間裡自由地待著。

我很想親眼看見這次的蛻皮，但是事情進展得實在太緩慢了。時間已經很晚了，我已經困乏不堪，還是去睡覺吧，眼前看到的東西，足以使我想像出將會出現怎樣的情景。

第二天，當晨曦把大地照亮時，我跑去看我的那些蟲子。小圓泡已形成，這是個漂亮的卵形小泡，像用很薄的腸衣製作的，和裡面的小傢伙一點也不黏連。小圓泡的建造用了二十個小時，剩下的工作是用加襯裏的手法把小圓泡加固。透明的牆體可以讓人看見裡面的操作過程。

我看見那條幼蟲的小腦袋忽上忽下，忽左忽右，不時地用

上顎從肛門處取出一小點黏著劑。黏著劑黏在某個地方後，牠就細心地把它抹開推光，一點一點，一下一下地，把屋子內部抹上一層塗料。我怕隔著牆看不清楚，還捅破了一個小圓泡，讓幼蟲部分暴露出來。幼蟲照常繼續工作，沒有太多的猶豫。牠那種奇特的方法顯然無可挑剔。幼蟲把尾部做為存放混凝土加固劑的倉庫，腸腔末端對牠來說，就像是泥水工用抹刀取水泥砂漿的桶子。

　　我了解這種新奇的操作方法。以前，有一種大象鼻蟲，藍色薊草的宿主色斑菊花象鼻蟲，已經讓我見識過類似的工藝。牠也會排出一種黏著劑，牠用上顎沾取閘口上的黏著劑，很節省地用它黏接。牠還有其他材料可用：毛、薊草的毛和小花碎片。牠的黏著劑只用於加固以及為作品上光。而球象鼻蟲卻只用腸道滲出物，不用其他材料，因此牠建成的建築出

色斑菊花象鼻蟲
（放大2½倍）

類拔萃。除了色斑菊花象鼻蟲以外，我的筆記中還記載了其他的象鼻蟲，例如短喙象鼻蟲，牠會用尾部提供的一種很滑的黏液塗抹房間的牆壁。看來腸液在象鼻蟲科昆蟲建造用於蛻變的小屋時，得到了廣泛應用。但是沒有一種象鼻蟲如球象鼻蟲那麼出色。牠的工作如此有效率之處還在於牠的加工廠在那麼短的時間裡製造出了三種不同的產品：首先是黏性液體，有了

它，小蟲可以牢牢地黏在被風吹得亂晃的毛蕊花上；接著生產出一種乾化液，把黏液變成了羊腸膜；最後生產出一種黏著劑，加固那個透過皮膚裂開與幼蟲身體分離的小圓泡。球象鼻蟲的實驗室多麼了不起，牠的肛門是多麼變化多端啊！

一小時一小時地詳細記錄這些細節有什麼用呢？為什麼要做這麼幼稚的事情？一條幾乎不為專業人士所知的小蟲子的技藝對我們有什麼重要？

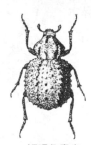

短喙象鼻蟲
（放大3倍）

可是，這些幼稚的舉動觸及了令我們不安的嚴重問題：世界是個受原動力支配的和諧作品呢？還是正好相反，是個在盲目衝突的事物相互作用，好歹能偶爾達到相互均衡的渾沌呢？應該用科學的方法，去探索這些小事情和其他一些可能對昆蟲學家仔細深入的研究有幫助的現象，這比做形式上的推論好得多。

球象鼻蟲為小圓泡加襯裏用了一整天的時間並不算多。第二天幼蟲蛻皮了，變成了蛹。我們用在野外拾取的一些材料做為牠的故事的結束。蛹殼常會出現在幼蟲啃過的那棵植物附近的草地上，在一些禾本科植物的莖和枯葉上。然而，這些蛻去

外殼、變乾了的蛹，通常原本是在毛蕊花的細杈椏上，九月時遲早會從裡面鑽出成蟲。那層腸衣包膜裂開時不是支離破碎的，而是分成整整齊齊的兩半，就像香皂盒蓋打開時的樣子。是不是隱居在裡面的昆蟲，用牙咬破外殼再將它從中間一分為二呢？不是，因為那兩個半球的邊緣很整齊，就像那裡本來就有條很容易開裂的環形裂紋，只要昆蟲用拱起來的背部撞擊幾下，就能開啟房間的那個圓頂蓋，獲得自由。

我在一些完好的包膜上發現了那條容易開啟的裂紋，這是一條很細的小球赤道線，昆蟲為了使牠的房間能夠開啟，是如何做準備的呢？一種叫海綠的開著猩紅色或藍色花的普通植物，它的蒴果也像個關著的小圓香皂盒，當它要播種時蒴果很容易開裂。不管是球象鼻蟲還是海綠的作品都是無意識下的產物。球象鼻蟲並不比海綠更強，牠事先也沒有周密的計畫。除了有些包膜的裂縫是整齊的之外，大部分的蛹殼裂開時，斷面殘缺不全，很不規則。從那樣的包膜裡出來的想必是些寄生蟲，那些野蠻的傢伙，由於不知道細接縫的秘密，出殼時只好撕破包膜。在還沒破洞的包膜裡我發現了寄生蟲的幼蟲，一條白色的小蟲黏在一根棕色的小香腸上，那是球象鼻蟲蛹的殘留物。入侵者已把剛剛降生、肉質非常鮮嫩的屋主搾乾了，我想那強盜一定是小蜂科家族的一員，牠們習慣於這種殺戮方式。

牠們的長相和吃相絕對別想矇騙我。我的養殖瓶裡養了許多小蜂，這種銅赤色的小蜂頭大，肚皮圓中帶尖，外表看不見產卵管。去向一些大師請教關於這種昆蟲的名字吧，這對我不會有什麼幫助。我不會問昆蟲：「你叫什麼？」而是問牠：「你會做什麼？」隱居在我的廣口瓶裡的無名食客，沒有小蜂科之王褶翅小蜂那樣的工具，牠沒有能夠穿透圍牆、將卵從遠距離送入物體的探針，因此牠的卵是在蛹殼還沒有建成之前就被置入球象鼻蟲幼蟲體內了。

這些被派去為過於龐大的家庭裁員的小強盜，所採用的方法五花八門，每一個公會都有牠們獨特的方法，而且特別有效率。那麼小的球象鼻蟲憑什麼充斥世界？別著急，牠們會受到控制，被扼殺在搖籃裡，成為小蜂科的受害者。就像其他昆蟲一樣，象鼻蟲這個心平氣和的侏儒也該貢獻出一些有機物質，這種物質不斷地從一個昆蟲的胃裡，轉到另一個昆蟲的胃裡，被加工得越來越細。

我們來概述一下球象鼻蟲的習性。在象鼻蟲科裡，球象鼻蟲的習性很特別，雌球象鼻蟲把卵產在彎曲毛蕊花的蒴果中，至此一切都很正常。其他的象鼻蟲科昆蟲也在毛蕊花、玄參和龍頭花這些屬於同一種類植物的果殼裡為孩子找尋住處。我們很快就將看到球象鼻蟲與眾不同的特點。雌球象鼻蟲選擇了毛

蕊花，它的蒴果特小，同樣的季節在附近的其他植物上結滿了
碩大的果實，能提供豐富的食物和寬敞的住處。可是牠寧願貧
窮而不要富裕，寧要狹窄而不要寬敞。

　　更不可思議的是，牠根本不考慮為孩子留下糧食，球象鼻
蟲把鮮嫩的果仁咬爛，並徹底清除掉，為的是在這個小球裡產
下六枚左右的卵，牠把卵巧妙地放入果子裡。除了那層果殼之
外就沒有東西可讓幼蟲吃了，連養活一條蟲的糧食都沒有。既
然麵包箱裡沒有麵包，家裡一無所有，幼蟲只能在孵化的當天
就離開這所房子。

　　這些大膽的革命者要著手改革象鼻蟲中存在的惡習，尤其
是閉門不出的傳統；牠們要到外面去冒險，去增長見識。牠們
去周遊世界，從一片樹葉爬到另一片樹葉上尋找食物。這種對
象鼻蟲科昆蟲來說很不尋常的大遷移並不是輕舉妄動，而是由
於飢餓，迫不得已而為之；牠們之所以要移民是因為母親沒想
到為牠們留下食物。

　　如果說旅行的樂趣能使牠們忘記那個溫馨的家，一個可以
安安靜靜消化食物的家，它也有不利的一面，幼蟲沒有腳，只
能一拱一拱地爬行。牠也沒有任何黏附工具可以使牠穩穩地停
在細樹枝上，稍有一點風吹草動牠就會從樹上掉下來。這種需

要激發了創造的才能，為了避免跌落的危險，旅行者往身上塗了一種黏液，讓身體能黏附在所經過的道路上。

這還不算。當幼蟲變成蛹的微妙時刻到來時，住宅是必不可少的，待在屋裡昆蟲才能平平安安地蛻變。流浪漢一無所有，牠沒有家，住在露天美麗的星斗下，但是牠會在必要時為自己建造一頂包膜帳篷，腸子會為牠提供原料，牠的同類中沒有誰會建造這樣的房子。但願討厭的小蜂，球象鼻蟲蛹的殺手，不要光顧這座漂亮的小房子。

從彎曲毛蕊花上的球象鼻蟲那裡我們發現，象鼻蟲科昆蟲的習性發生了一次劇烈的變革。為了更完整地說明這個問題，我們再來看看另一種被分類學家列為球象鼻蟲近親的昆蟲，比較一下這兩種昆蟲的異同。這位新的證人也開採一種毛蕊花，所以把牠們進行對照更具價值，這種昆蟲叫做「西那童塔普西高拉」，也就是毒魚草象鼻蟲。

我的那個研究對象身著棕紅色服裝，身體渾圓，個子和球象鼻蟲差不多。注意牠名字中的「塔普西高拉」，意思就是「塔普修斯」的居民。我對這個名字很滿意，這個詞用得很貼切，牠讓昆蟲新手能準確地找到這種昆蟲，無需其他材料，只要找到牠吃的那種植物就行了。

那種學名叫塔普修斯毛蕊花的植物，俗稱毒魚草，喜歡長在田野裡，在北方和南方均有生長。它的花序不像彎曲毛蕊花的花序分出支杈，而是在莖上長成唯一的一簇又多又密的花。花開過後便長出一些蒴果，一個一個挨得緊緊的，每個都有普通橄欖那麼大。這可不是球象鼻蟲幼蟲住的那種果殼，空蕩蕩的，不立即從殼裡鑽出來就會餓死。這些果殼裡滿是食品，足夠一兩條幼蟲吃食。蒴果中間有隔牆，把它分成兩個大小相同的包廂，兩個包廂裡都裝滿了種子。

我一時心血來潮，想統計一下毒魚草的種子庫裡有多少種子。我數了一下，僅在一個果殼裡就有三百八十一顆種子，一根普通的莖上就有一百五十粒蒴果，因此種子的總數是四萬八千粒。這種植物為什麼會結出那麼多的種子？傳宗接代只需少量的種了，顯然毒魚草是營養元素的聚斂者，它製造食物，要把賓客請來共用這豐盛的宴席。

得知這些情況後，毒魚草象鼻蟲自五月起，就來拜訪這蒴果累累的花莖了。牠在那裡產下幼蟲。有幼蟲居住的蒴果底部都有個褐色的點，一眼就能認出來。這個狹洞是毒魚草象鼻蟲產卵時用口器鑽出來的，必須鑽出這個洞才能把卵置入，通常在蒴果的兩個子房上各有一個洞。不久從子房裡滲出的液體凝固、變乾，封住了這個小洞，蒴果又封閉起來，和外界沒有任

何聯繫。

六月和七月，打開那些有著褐色痕跡的果殼，裡面幾乎總是有兩條胖嘟嘟的奶油色幼蟲，牠前頭隆起，後部狹窄，拱著腰像個逗號。牠沒有腳，在這座房子裡有腳也沒用。牠舒舒服服地躺著，嘴邊就有豐盛的食物，首先吃著又嫩又甜的種子，然後再吃胎盤——種子外面的果殼，果殼和種子一樣多肉，而且味道特好。毒魚草象鼻蟲在此生活得很好，牠無所事事，飽食終日。

真該有場災難來擾亂隱居者的恬靜生活。我用打開果殼的方法製造了這場災難，幼蟲立刻躁動起來，絕望得坐立不安，空氣和光線的進入讓牠們感到厭惡，至少需要一個小時牠們才能恢復平靜。這種幼蟲才不會像球象鼻蟲幼蟲那樣到外面去流浪呢，牠永遠也不打算離開自己的家。受到家族遺傳影響，牠特別喜歡待在家裡，永遠待在家裡不出門。

牠甚至不喜歡和別人做鄰居。同一個蘋果裡，隔牆的另一邊還有一位兄弟在啃食著，可是牠從不過去拜訪。對牠來說，把隔牆穿透是件很容易的事，現在這堵牆跟種子和胎盤一樣嫩。可是住在蘋果裡的兩條蟲互不侵犯，各居一邊，牠們從未透過那扇天窗有過任何關係，各自待在自己的家裡。

這個家如此舒適，以至於幼蟲變爲成蟲後在裡面居住很久。十二個月裡有十個月牠都不出門。四月，當植物長出新的嫩莖芽苞時，牠在那個已經變得像堅固的堡壘似的蘋果壁上挖了個洞爬出來，跑到新長出的、一天比一天高、花越開越多的莖上，享受明媚的陽光。牠們成雙成對，興高采烈；牠們在五月生了孩子，這些孩子又繼承了長輩不喜歡出門的傳統。

利用這些資料，我們來稍微進行一些研究。所有的象鼻蟲都是在產卵地度過幼蟲階段的，當幼蟲在臨近蛻變時，都會移居到地上。短喙象鼻蟲放棄了大蒜珠芽；橡實象鼻蟲離開了橡實；葡萄樹象鼻蟲離開了用葡萄葉或柳葉做的雪茄；龜象鼻蟲離開了甘藍的根。這些長大了的幼蟲的出走，並沒有違背象鼻蟲科昆蟲是在出生地長大的規律。

但是，最出人意料的是球象鼻蟲幼蟲的遷移，牠很小的時候就離開了牠出生的那間屋子——毛蕊花的蘋果，牠必須出走，到一根樹椏上自由地放牧。這就要求牠具備別人不具備的兩種技能：一是爲自己做一件帶有黏性的緊身衣，使自己能穩穩地行走，二是用來做蛹室的羊膜小圓泡。

球象鼻蟲爲什麼會出現這種反常的行爲呢？對此有兩種看法，一種認爲這是退化，另一種認爲這是演化。有人認爲雌球

象鼻蟲很早以前也一直遵守著部族的規矩，和其他食嫩果仁的象鼻蟲一樣，牠也鍾愛那種足以養活不愛出門的一大家子的大蒴果，後來由於疏忽大意，或是別的什麼原因，牠來到了小氣的毛蕊花上。牠忠實於古老的習慣，選擇了一棵和最初開發的那棵屬於同一類的植物；但不幸的是牠發現那種毛蕊花的果實太小了，連一條蟲都養不活。正是母親的愚蠢行為引發了這種退化。從此危險的流浪生活取代了平靜的居家生活，球象鼻蟲走上了滅亡的道路。

另外一些人則說，球象鼻蟲一開始分配到就是彎曲毛蕊花，但是幼蟲不習慣這個家，母親正在尋找更好的住處。慢慢的嘗試總有一天會讓牠找到的。我倒是時常看見牠在麻亞爾毛蕊花和塔普修斯毛蕊花上，這兩種植物的蒴果都很大。不過牠只是遠足路過這裡，正忙著大口地喝著果汁，並不是要在此產卵。為了孩子的未來，牠遲早會搬遷來此安家的。這種昆蟲正在演化。

如果用一些令人討厭、適於掩蓋模糊思想的說法，來給事實添油加醋，人們可以把球象鼻蟲說成是漫長的幾個世紀以來，為昆蟲的生活習性帶來變化的最好例子。這似乎很深奧，但是不是很清楚呢？我對此懷疑，當我看到一本書裡充斥濫用所謂科學的短語時心想：「當心點！作者對他所寫的事並不了

解，否則他就該在久經人們推敲琢磨的詞彙中，找到可以明白表達他的思想的詞彙了。」

人們否定了波瓦婁[2]具有詩人的靈感，但是他確實有見解，他的許多詩作告訴我們：

只有真正理解的東西才能清晰地表達出來。

很好，尼古拉！是的，他說話清楚，總是很清楚，他把貓叫做貓。我們應該像他一樣。那些把莫名其妙的話說成是優美的散文，讓人想到了伏爾泰嘲諷的俏皮話：「聽的人無法理解，說的人又說不清，那就是形而上學。」我再附加一句：「這就是高深的科學。」

我們還是只限於提出球象鼻蟲的問題吧，別指望一天工夫就能得到明確的答案。另外，說實在的也許並不存在什麼問題，也許球象鼻蟲的幼蟲天生就是流浪漢，而且將來仍然是流浪漢，是種不同於其他深居家中的象鼻蟲吧。我們還是到此為止吧，這是最簡單最明智的做法。

② 波瓦婁：1636～1711年，法國詩人、文藝理論家。1677年和拉辛同時被任命為國王的史官。1684年當選法蘭西學院院士。波瓦婁是他的姓，尼古拉是他的名。——譯注

第六章
埃爾加特與木蠹蛾

今天是懺悔星期二[1]，這是個帶有古代農神節精神的日子。此時我想到了一種古羅馬美食家非常喜愛的、新奇怪誕的菜肴，我希望我這道荒唐的菜肴也能成為名菜。我得找些美食家來見證，他們必須能夠以自己的方法品嚐那種除了博學多聞的人之外誰都沒聽說過的食物。這個重大的問題將在委員會上討論。

將有八個人參加，我的家人加上兩位朋友，恐怕這些人是我們村裡我唯一敢請來品嚐這麼怪誕的菜肴的人，他們不會因此認為我有不良的怪癖。

---

① 懺悔星期二：尼斯嘉年華會的慶祝活動長達數十日（2月底至3月初），而在懺悔星期二——四旬齋前一天達到最高潮，並在這個星期二將慶祝活動劃上休止符。——編注

　　其中一位是小學教師，他同意我的想法，而且也不怕萬一我們舉行這次宴會的事洩漏出去，可能會引來的風言風語，他名叫朱利安。他見多識廣，滿腹學問，思想開放，崇尚眞理。

　　另一位是馬里尤斯・圭格，他是位盲人木匠，生活在黑暗中的他，卻能嫻熟準確地操作鋸子和鉋刀，如同一位能幹的明眼人在白天做事一樣。曾經見過歡樂的光明和繽紛的色彩的他，年輕時就失明了，在黑暗的困擾中，他養成了一種達觀的人生態度，整天笑呵呵的。他有一個強烈的願望，那就是盡量去彌補自己只受過貧乏的初級教育的缺陷。敏銳的聽覺使他能辨別最細微的聲音，因工作而磨起老繭的手指觸覺特別靈敏。在我們交談時，如果他想知道某個幾何形的特徵時，他便會把手伸給我，他那攤開的掌心就是我們的黑板。我用食指在上面畫出要做的那個東西的形狀，一邊輕輕畫一邊做些簡要的解釋。這就夠了，他能用鉋刀和鋸子把領會到的表達出來。

　　星期天下午，尤其是這樣的寒天，當三根架起的木柴在壁爐裡燃燒，讓人忘卻了凜冽的北風時，他倆聚集在我家裡。我們組成了三人鄉村學校，在這個鄉村學校裡除了討厭的政治外，我們無所不談。我們談哲學、道德、文學、語言學，也讀科學、歷史、古幣學、考古學。話題隨著談興自然地變換著，爲我們的思想交流提供了食糧。今天的這頓晚餐，就是在這樣

的聚會上策劃出來的，這種聚會是我孤獨生活中最有魅力的一部分。這道特別菜的主要食材是木蠹蛾，一種在古代非常出名的美食。

當厭倦了日常食物之後，窮奢極侈的羅馬人不知該吃什麼好，便開始吃起蟲子來。普林尼告訴我們，羅馬人的飲食到了極端奢侈的地步，以至於認爲橡樹上的大肥蟲味道很好。那種蟲叫做木蠹蛾。

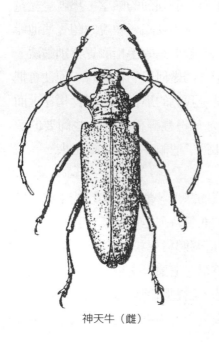

神天牛（雌）

這到底是什麼蟲子呢？拉丁語博物學家沒有明確說明，他只是告訴我們這些蟲子寄居在橡樹的樹幹上。這不要緊，有了這點資訊我們就不會搞錯了。他說的是一種大型天牛——神天牛的幼蟲，牠們常寄居在橡樹上。這種蟲的確長得白白胖胖；牠那白白的、肥香腸般的外表很吸引人。但是如果說木蠹蛾生活在橡樹上，依我看是有些偏頗。普林尼沒有對

此進行深入研究，他要說的是一種胖嘟嘟的幼蟲，而列舉的卻是橡樹蟲，是橡樹上最常見的一種外貌特徵類似的蟲。他忽視其他的蟲，也許他沒有將橡樹蟲和別的蟲加以區別。

我們不要局限於這篇拉丁語文章裡所提到的那種樹，我們順著老作者的思路繼續探索就會發現，其他一些蟲子也和橡樹上的那種蟲一樣，配得上木蠹蛾這個名稱，例如栗樹上的鹿角鍬形蟲的幼蟲。

能配得上木蠹蛾這個著名稱號的蟲子必須符合下列條件：胖嘟嘟的，個頭大，而且看上去不會惹人討厭。但是，經過分類學家的特殊加工，木蠹蛾卻與蛀空老柳樹的毛毛蟲扯上了關係，這種蟲呈酒渣

鹿角鍬形蟲（雄）

色，十分難看，令人厭惡。羅馬人絕不會粗俗到去吃這種噁心的蟲子。現代的博物學家所說的木蠹蛾，肯定不是古代美食家所享用的那種蟲。

　　除了那些經過作家鑑定，認為和普林尼所說的那種蟲子相近的天牛和鹿角鍬形蟲幼蟲外，我還知道另一種蟲子，依我看牠才是最符合要求的。我來說說是怎麼發現牠的。

　　缺乏前瞻性的法律，讓美麗樹木的殺手逍遙法外。這個蠢傢伙為了撈一筆，竟損害美麗的樹木，折斷樹梢，水源乾涸，土地變成了乾得冒煙的灰堆。在我家附近原來有片茁壯的松林，那是烏鶇、松鴉、斑鶇和其他過路客的樂園，我是其中的常客。後來林主僱人把這片小樹林給砍掉了，在這場大砍伐之後過了二十三年，我又回去過那裡。

　　松樹已經消失了，變成了柴火和木樑，僅留下一些難以拔起的粗根。在這些長期經風吹日曬的殘根上，可以看見被蛀食而形成的寬長廊，這表明了有群強壯的生物正在完成由人發起的死亡工程。應該去向群集其間的宿主們了解一下情況，林子的主人從小樹林獲得了經濟利益，而將他不重視的非物質利益的開發留給了我。

　　在冬季一個晴朗的下午，我們全家出動，我的兒子保爾用結實的切割工具剖開了一棵樹根。外表又硬又乾的木頭中間卻很柔軟，好像火種，在潮濕溫熱的腐殖質中有一大群拇指般粗的蟲子。我還從未見過這麼胖的蟲子，牠那象牙白的顏色看上

去很柔和，像緞子般光滑的皮膚摸起來很舒服。如果人們能克服飲食偏見，牠那半透明的、像灌滿了奶油的小胖腸似的外觀，甚至能引起食慾呢。一看到牠，我的腦子裡就冒出了這麼個念頭：這就是木蠹蛾，真正的木蠹蛾，牠比天牛的幼蟲要強得多。為什麼不試試這種備受稱道的菜肴呢？這麼好的機會也許永遠也不會再有了。

我們獲得了豐收。首先當然是為了研究這種外表看起來像天牛的昆蟲，其次才是考慮如何烹調的問題。既要弄清楚這到底是哪種昆蟲的幼蟲，也要了解這種蟲的味道如何。懺悔星期二正是擺出這種異想天開的宴席的好時機。

我不知道在凱撒大帝時代吃木蠹蛾時淋的是什麼醬汁，那個時代的美食家們沒有留下這方面的資料。雪鵐被人們用鐵鉤串了烤著吃，如果一旦用加調味料的複雜方法烹製，那簡直是糟蹋美食。對木蠹蛾這種昆蟲學意義上等同於雪鵐的美食，也應用同樣的方法來處理。把用鐵鉤串好的木蠹蛾放在很旺的火盆上的鐵架上烤，除了加一點必不可少的鹽做為烹調佐料外，不加任何其他的調味料。烤到變成金黃色，發出輕輕的爆裂聲，並滴下幾滴油，油滴到火上，燃起漂亮的白色火焰。木蠹蛾烤好了，趁熱吃吧。

在我的帶動下，我的家人勇敢地啃起鐵鉤上的肉來。小學教師猶豫著，老想著剛才看到的在盤子裡爬的蟲子，他挑了一串最小的，想起來不那麼可怕。比較不受想像的厭惡感影響的瞎子靜靜地品嚐著，一副心滿意足的樣子。

大家的感覺是一致的，烤肉滋潤、鮮嫩，味道極佳，吃起來有點像香草味的烤杏仁。總之，這道用蟲子做的菜是完全可被接受的，甚至可說是非常鮮美的。古代的美食家用很講究的方法烹製出來的木蠹蛾，簡直不知道該有多好吃呢！

蟲子的皮不太好吃，太硬了。這道菜就像羊皮紙裹著的小肥腸，裡面包著的東西很好吃，外面的袋子卻難以下嚥。我把這層皮送給我的小貓；儘管牠很愛吃香腸皮，卻拒絕了蟲子的皮。我那兩條吃飯時總是在我身邊的狗，也拒絕了那玩意，而且是斷然地拒絕了。倒不一定是因為皮太硬了，牠那貪食的喉嚨根本不存在吞嚥困難的問題；憑著靈敏的嗅覺，牠們聞出了那東西是塊不尋常的食物，絕對是牠們沒吃過的；因此聞了一下，便警惕地望而卻步了，彷彿我給牠們的是塊抹了芥末的麵包片，這對牠們來說太陌生了。這使我想起我們村裡的鄰居在歐宏桔市集上，見到水產攤位上一筐筐的貝類、一籃籃的龍蝦和一簍簍的海膽時，那種大驚小怪的天真模樣。「看！」他們說道，「這也能吃！怎麼吃啊？是煮還是烤？無論如何我們也

不會用牠來蘸麵包吃的。」

他們為有人吃這種可怕的東西而感到非常驚訝，轉身離開了海鮮攤位。我的貓和狗也像他們一樣。當然，狗也和我們一樣，第一次吃一種特別的東西時，先得學習。

普林尼對他所提供的關於木蠹蛾的點滴描述做了補充，他說：「用麵粉把木蠹蛾養肥，可使其鮮美。」這個食譜著實讓我感到吃驚，特別是對這位老博物學家習慣於這種飼養方法感到吃驚。

他向我們講述了一個叫做福爾維宇・伊爾皮努的人，他發明一種飼養蝸牛的方法，在當時備受美食家推崇。飼養池周圍以水環繞著，以防飼養物逃走，池中放些罐子做為窩居，然後把飼養物放在池子裡養肥，用麵團和燒酒餵養的蝸牛變得碩大無比。儘管我對這位古老的博物學家很敬佩，但我仍不敢恭維用麵粉和燒酒飼養軟體動物的方法，其中存在著幼稚的誇大。當人的分析能力尚未形成時，一開始總是難免會這樣，普林尼天真地重複著他那個時代鄉下人的幼稚想法。

我也同樣不信木蠹蛾吃了麵粉會長胖，但是，好歹這個結果比在池子裡養蝸牛還稍微可信一點。我要以觀察家一絲不苟

的精神來實驗一下這種方法。我把幾條松樹上的蟲子放在一個裝滿麵粉的廣口瓶裡，除此之外什麼吃的也不放。我等著看淹沒在細麵粉中的那些幼蟲迅速衰竭，心想牠們就算不會因氣孔阻塞而窒息，也會因缺乏適當的食物而貧血。

我大錯特錯了。普林尼是有道理的，木蠹蛾在麵粉中生長得很快，營養很充足。我看著牠們在這樣的環境下生活了十二個月。牠們在麵粉裡挖地道，在身後留下一團棕紅色的糊狀物，那是牠們的消化排泄物。牠們是否真的長胖了我不能肯定，但至少牠們氣色很好，完全和養在另一個廣口瓶裡的樹根上的木蠹蛾一樣胖。有麵粉就夠了，就算不會把牠們養肥，也至少可以讓牠們保持很好的狀態。

關於木蠹蛾和我那異想天開的烤肉串已經說得夠多的了。我之所以要進行這項研究，絕不是希望豐富飲食。不，那絕不是我的目的，儘管布希翁–薩哈罕說過：「對人類來說，發明一種新的菜肴比發現一顆小行星更重要。」松樹上大蟲子數量的稀少，和大多數蟲子在我們多數人的心理上引起的厭惡感，永遠都將阻礙牠成為一道家常菜。也許這將永遠是一則無需核對其真實性的趣聞而已，並非所有人都有對蟲子的美味做出評價的胃口。

對我來說，美食就更沒什麼誘惑力了，我滿足於儉樸的生活，不貪圖別的，吃櫻桃對我來說比吃美味佳肴更可口。我唯一的願望就是要澄清博物學上的一些疑點。我達到這個目的了嗎？也許達到了。

現在我們來關注一下蟲子的蛻變，力求得到成蟲的原形，以便確定我們的研究對象的身份，到此為止牠還隱姓埋名。飼養這種蟲子很容易，我把松樹上那些已經長得很胖的幼蟲，放在一些中等大小的花盆裡，我為牠們準備的食物是從牠們出生的那棵樹根上剝下的碎塊，特地挑選樹心上因腐爛變得像柔軟的火種似的木層。

幼蟲在豐饒的食物中自由自在地穿行。牠們懶洋洋地爬著，爬上爬下，有時停在一個地方，不停地吃食。只要保持食物新鮮，我就不用管牠們了。我用這種簡便的方法，讓牠們在兩年裡保持著極佳的狀態。這些寄宿者胃口一直很好，消化也很正常，牠們不知道什麼叫思鄉。

七月初，我突然發現有條幼蟲像熱鍋上的螞蟻團團轉，這是皮膚裂開前做的柔軟體操。體操在一間普通結構的寬敞屋子裡進行，屋裡沒抹水泥，也沒抹砂漿。那條胖嘟嘟的蟲子用臀部把來自食物或代謝物的粉狀木質物推到身邊壓緊，使其黏結

起來；由於我一直注意使木質保持適當的濕度，讓這種物質有可能被壓成一堵比較牢固而且非常光滑的牆壁，這是木質的灰泥飾用的糊狀物。

幾天後，在天氣異常熱的時候，幼蟲蛻皮了。牠們的皮膚在夜裡裂開，我沒能看見；但是第二天，我得到了新蛻下的那層皮。皮膚從胸廓一直裂到最後一個體節，昆蟲把頭一伸就蛻出來了。蛹是藉由繃直和縮緊身體從背部的小窄縫裡鑽出來的，因此那皺巴巴的羊皮袋似的皮蛻下後，幾乎完好無損。

出殼的當天，那隻蛹白得非常好看，勝過大理石和象牙，如同半透明的硬脂酸做成的蠟燭，牠的肉體似乎正在慢慢凝固成形。肢體的排列非常對稱，彎起來的腳像是交叉在胸前的雙臂，姿勢莊嚴呆板。我們的畫家也找不出比這更好的方式，來表現對命運之神順從這個主題了。一節一節連起來的跗節像兩條多節的長繩，沿著蛹的身體兩側向下垂，好像祭司的毛皮長披肩。鞘翅和翅膀雙雙合在一起構成了一個套子，蟲子的體形扁平，呈粗棒槌形，上面好像撒了一層滑石粉。觸角彎成優美的曲棍，然後滑向第一對步足的膝下，尖端貼在翅膀組成的棒槌形套子上。前胸兩側略向外擴展，很像修女戴的白色帽子。

我把造物主創造的這個可愛的尤物拿給孩子們看，他們

說：「這是一個領聖體的女教徒，一個披著面紗的女教徒。」這說法很具象貼切。如果牠不會腐爛，該是個多麼漂亮的寶物啊！尋找裝飾物的藝術家們從這裡就能找到完美的樣本。這個寶物會動，稍微受點驚動，背部就會扭動個不停，被扔在河邊曬的鮑魚也是這樣扭動的。受到驚嚇的人，發現自己處於危險時，就會這樣試圖去嚇唬別人。

第二天，蛹的身上罩上了一層霧，最後的蛻變開始了，這要持續半個月。到七月下旬，蛹身上的緊身衣終於裂成了碎片，那是昆蟲的肢體在裡面亂蹬時給撕裂的。成蟲出現了，牠穿著鐵紅和白色相間的服裝，很快顏色變深了，漸漸地變成了黑色。昆蟲完成了牠的生長過程。

我認出牠就是博物學家說的「埃爾加特」[2]，翻譯過來就是打鐵匠。如果有誰知道並告訴我，為什麼這個長著長角、喜歡住在老松根裡的昆蟲被稱作打鐵匠，我將不勝感激。

埃爾加特是一種了不起的昆蟲，個頭和大型的神天牛差不了多少，但是牠的鞘翅較寬，有點變形。雄性的前胸有兩個三角形的複眼閃閃發亮，那就是牠的紋章，牠的首飾；其實那只

---

② 埃爾加特：原文 Ergates faber，又名大薄翅天牛。——編注

是雄性的標誌而已。

這種昆蟲在夜間活動，我曾試圖提著燈籠去觀察這種帶著松木花紋的昆蟲在牠們的出生地進行交配的情形。大約在晚上十到十一點，我的兒子保爾手提燈籠跑遍了那片被毀了的小樹林，他一個個察看了那些老樹根。這次探險沒有結果，一隻埃爾加特也沒找著，既沒有雄性的，也沒有雌性的。這次失利沒什麼可遺憾的，因為罐子裡養的那些蟲子完全可以告訴我們有關牠們婚俗的趣事。

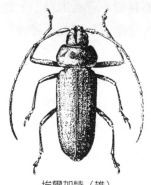

大金屬網罩下罩著一大堆從爛松木上剝下的碎塊，我把在實驗室裡出生的成蟲，一對一對單獨安置，供應給牠們的食物有梨塊、小串的葡萄、西瓜等，這些都是大型的神天牛愛好的食物。

埃爾加特（雄）

白天囚犯們很少出來，牠們蜷縮在木塊堆裡。晚上牠們出來散步，表情嚴肅，有時爬上網罩，有時待在代替樹根的木渣堆上，產卵期到來時牠們一定會到那裡去。牠們從不碰幾乎每天更換的新鮮食物，也沒吃過一口水果，這些食物可是一般的天牛最愛吃的。牠們厭食。

更嚴重的是，牠們好像厭惡交配。幾乎一個月的時間裡，我每天都去觀察牠們。多麼可悲的情人！雄性從不向雌性獻殷勤，雌性也從不會拋媚眼討好對方。牠們相互迴避，即使碰到一起也是爲了相殘。我發現在五個網罩裡，不論是雄性還是雌性都很冷漠。我有時看到牠們兩敗俱傷，打斷了幾條腿，觸角也多少有些損傷，殘肢的斷面那麼整齊，就像是剪斷的一樣。牠們那像鍘刀似鋒利的大顎解釋了其中的原因。假如我的指頭被牠夾住，也不能倖免，一定會被咬得鮮血淋漓。

這到底是什麼野蠻的民族，兩性相遇是爲了相互殘殺；牠們摟抱時粗野地抓住對方的身體，這哪裡是愛撫，這是宰割！雄性之間爲了占有姑娘而大打出手，相互毆打，那是再平常不過的事，這對大多數動物來說是一條規矩；但是在這裡雌性受到了嚴重的虐待，也許是開戰後，鐵匠自言白語道：好啊！你撕壞了我的翎毛，這回我要打斷你的一條腿。啪！針鋒相對的戰鬥繼續著，雙方的鍘刀都在運作，戰鬥的結果是雙方都成了殘廢。

在住所過於擁擠的情況下，失望地群集在一起的昆蟲之間發生這種野蠻爭鬥尚可理解，但是在寬敞的紗罩裡並不擁擠，裡面有足夠大的地方供兩個囚犯在夜間散步，網罩裡什麼也不缺，只是不能自由地飛翔。是因爲被剝奪了自由，性情才變得

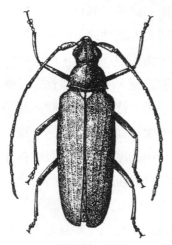

薄翅天牛（雄）

暴躁了嗎？牠們哪裡像普通的天牛啊！假如我把十二隻天牛放在同一個網罩裡，一起生活一個月，鄰里間也不會鬧矛盾，牠們會騎在同伴的背上，不時地用舌頭舔著同伴的脊背。種族不同，習俗也就不同了。

我認識一位松樹昆蟲的勁敵，也有同類相殘的野蠻傾向。牠就是薄翅天牛，牠也喜歡黑暗，長著長角。牠的幼蟲生活在年久裂開了的老柳樹上，成蟲很漂亮，淺栗色，長著很硬的觸角。和神天牛和埃爾加特一樣，牠也是天牛裡個子最大的一種昆蟲。

七月，大約夜裡十二點，空氣溫暖而且夜色寧靜，我發現牠們在柳樹的樹洞裡，更多的時候是趴在粗糙的樹幹上。雄性較常見，牠們趴在那裡動也不動，也不怕燈籠突然射來的亮光，牠們在等待雌性從朽木裡那些蜿蜒曲折的蛀洞裡出來。

薄翅天牛也裝備著有力的大剪刀和大顎鍘刀，這些武器為

剛成年的薄翅天牛替自己開闢出路時發揮過很大的作用，可是後來牠們卻濫用武器進行同類相殘，動不動就動武，割大腿和觸角。假如我不是把這些研究對象個別放在一個大圓錐形紙袋裡，我敢肯定，等我夜裡遠征歸來時，盒子裡恐怕就只有癱子、獨臂和跛腳了。這一路上，牠們的大顎切割器會瘋狂地工作著，差不多每隻昆蟲都會成為殘疾者，最輕的至少得斷一條腿。而待在大籠子裡，有老柳樹塊做為藏身處，有無花果、梨和其他水果為食物，這些野蠻的傢伙顯得寬容一些。三、四天以來，只要天一黑，我的囚犯們就顯得極度煩躁不安。牠們迅速跑到網紗的圓頂上，牠們在路上吵架，相互撕咬，用切割器傷害對方。雌性不在場，我去視察的時間也許還不到時候，那時還找不到雌性，因此我沒看到牠們的婚禮，但是我目睹了牠們的械鬥，這也多少讓我長了點見識。像松樹上的天牛科昆蟲一樣喜好割人腿的薄翅天牛，應該是屬於不會獻殷勤的昆蟲，我想像牠會毆打自己的配偶，使牠變得有些殘疾，而牠自己也同樣會遭到痛打。

如果那只是天牛科昆蟲之間的事，那麼這種醜行就不會有很大的影響。可是真糟糕！我們人類偏偏也有夫妻糾紛。昆蟲發生糾紛是由於牠們具有夜間活動的習慣，陽光可以使人性情變得平和，黑暗會使人墮落。然而人的思想愚昧帶來的後果卻更為嚴重，醉漢毆打妻子就是一種愚昧的表現。

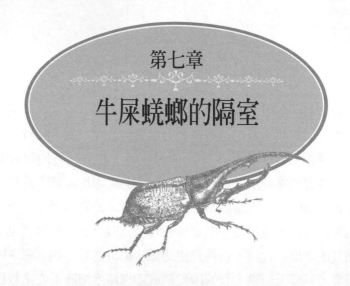

第七章

牛屎蜣螂的隔室

　　對昆蟲本能的研究在摸索中進行著。今天剛開了個頭，明天又得放下，不久後又繼續，然後再棄之一邊，這都取決於機會。每天的機會都不同，加上季節的更替常使得研究不得不中斷很長一段時間；如果期待得到的答案不再遙不可及，便於第二年再接再勵。此外，通常研究的問題是由一個偶然事件引起的，如果單獨地看也許沒什麼意義，意外出現的問題因為完全理不出頭緒來，所以無法引導我們提出一個正確的疑問。如何對沒有疑問的東西提出疑問呢？我們還缺乏材料來對這個問題正式加以探討。

　　收集零星的材料，用不同的方法加以檢驗，以證明其存在的價值，把材料組織起來對未知的事物進行分析，從而得出答案；這一切需要漫長的時間，何況適合進行研究的最佳時期很

短，常常幾年過去了，還沒得到完整的答案，總留下許多空白等待填補，而往往在已揭示的特點背後還隱藏著其他的特點，等著我們去揭示。

我深知應該避免重複，讓每次講述的故事完整些；但是關於本能的研究中，誰敢自信地說，他收穫過的土地上再也拾不到遺落的麥穗了呢？有時遺落在地裡的麥穗比已收穫的更有價值。如果必須等到把與研究課題有關的全部細節都收集完整才一次講出，恐怕誰也不敢把自己的點滴所得寫下來了。真理不時會從中顯露出來，就像那紛繁複雜的事物中的一點微粒。應該發表我們的發現，不管它是多麼的微不足道，將會有新的發現對它進行補充。把點滴的收穫彙整起來製成一張不斷擴充的表格，但這張表格總是因為有未知數的存在而留下空白部分。

再說由於年事已高，不允許我再做長遠的打算，明天不太靠得住，我得一邊觀察一邊逐日記載。這種並非甘願如此，而實屬無奈的方法，會把我們重新帶回以前研究過的主題。當我從新的研究中獲得新發現時，就得回過頭來對以前的東西進行補充，必要時進行修改。

我在對一些我更加感興趣的昆蟲進行研究時，穿插進行了一次不在計畫之內的簡單養殖，使我得到了一些有關屎蜣螂的

資料。前面有一章曾簡要地對牠做過介紹。[1]匆匆得到的偶然結果，啓發我對已簡介過的關於屎蜣螂的習性、本領、生長等情況繼續進行認眞的研究。那麼我們就再來說說屎蜣螂吧。這種帶角的小昆蟲，對牛糞的愛好近乎狂熱。

近來我飼養過以下的昆蟲，都是機會爲我所提供的。牠們分別是：牛屎蜣螂、牛糞屎蜣螂、福爾卡圖屎蜣螂、斯氏屎蜣螂、朗斯卡尼斯屎蜣螂、狐猴屎蜣螂。我沒有做任何挑選，只要數量夠多，我都收集起來。第一類尤其多，我爲此感到高興，因爲牛屎蜣螂是牠那個公會的首領，就算牠的服裝不像其他成員的那樣呈銅色而顯得比較貴重，至少牠那優美的雄性裝

飾是誰也比不上的。牠將是我的動物園裡備受關注的對象。牠將要告訴我的事，在別處已經說過了，沒有什麼特別之處。牠的故事將是牠整個部落的故事。

牛屎蜣螂（放大2½倍）

我是在今年五月收集到牛屎蜣螂和其他屎蜣螂的。在這個繁殖旺盛期，我發現牠們在羊糞下蠢動，很繁忙。這不是散在地上一串串的橄欖形糞便，而是比較大的糞餅。前者太乾燥又

① 見《法布爾昆蟲記全集5──螳螂的愛情》第九章。──編注

少得可憐，屎蜣螂看不上；後者像大奶油蛋糕，自然比別的食物更受開採者的青睞。

豐盛的騾糞用途也很廣，但是纖維較粗。儘管成蟲可以從中找到大量可吃的，但牠們卻很少會把騾糞做為嬰兒的飲食。對嬰兒來說，最好的供應商是羊，屎蜣螂顧客一窩蜂地湧向超有彈性的羊糞，牠們和金龜子、蜣螂、薛西弗斯蟲一樣非常內行。此外，如果羊糞糕缺乏，大家就會突然轉向纖維很粗的糞堆，進行一番精心的挑選。

飼養屎蜣螂並不難，不必用一個適宜快樂嬉戲的大籠子，大籠子反而不利於精確的觀察。一大群不同的昆蟲放在一起太嘈雜，我寧可把牠們分裝在幾個比較輕便小巧的容器裡。我可以把牠們放在我的實驗室裡，這樣更便於每天的觀察，也不怕受外界的干擾。把牠們的家安置在哪裡呢？我採用了有著旋轉式白鐵皮蓋的玻璃瓶，這是些用來盛裝蜂蜜、煮熟的水果、果醬、肉凍等食物的瓶子。當冬季食物匱乏時，食品罐頭就成了家庭主婦的寶貝。我把家裡的食品櫃洗劫一空，得到了十二個瓶子。瓶子的容量一般是一升。

在瓶子裡裝一半沙，再放一些羊糞糕。每個瓶子都收納一些雌雄搭配的屎蜣螂，按類別分開。當這些玻璃別墅客滿，房

客過於擁擠時，我只能用簡陋的花盆，按同樣的方法布置好，在上面蓋一塊玻璃。所有這些容器都放在我的實驗臺上。我的囚犯們對牠們的大宅感到滿意，那裡氣溫宜人，光線柔和，還有一流的食物。

為了使食糞性甲蟲滿意還需要什麼呢？除了交尾的狂熱以外什麼也不缺了。牠們不會放棄這種快樂的。五月中下旬，被禁閉起來的牛屎蜣螂絲毫未因出現了新情況而停止在百里香叢中的嬉戲。牠們熱切地相互尋找，相互調戲，結成一對對伴侶。這是尋找第一個問題的答案的最佳時機，屎蜣螂築巢時懂得夫妻合作嗎？牠們的夫妻關係像我們已列舉過的糞金龜、薛西弗斯蟲和米諾多那樣永久呢，還是短暫的交配之後便永遠分離？關於這些，牛屎蜣螂將會告訴我們的。

我小心翼翼地將兩對夫妻單獨搬到另一個廣口瓶裡，裡面裝滿了食物和新鮮的沙子。搬家進行得很順利，兩隻抱在一起的牛屎蜣螂一直連在一起，一刻鐘後牠們分開了，大事已完成了。食物就在旁邊，牠們在那裡休息了一會兒，然後誰也不再理睬對方，各自開始挖掘自己的洞穴，獨自鑽進洞裡。

大約過了一個星期，雄牛屎蜣螂又露面了，牠煩躁不安，竭力想往上爬。這對牛屎蜣螂的關係結束了，徹底結束了，雄

性想離開。不久，雌牛屎蜣螂也露面了，牠拱著旁邊那塊奶油蛋糕，挑選出最好的帶到地下去，牠在築巢。牠的丈夫根本不關心這種事，這事和牠無關。我又以同樣的方式訊問了其他的囚犯，不論是哪一類，所提供的答案都一樣。屎蜣螂部落不存在什麼夫妻關係。夫妻關係長久，相互忠貞不渝，眞有這樣嗎？我看不見，坦率地說根本就沒有。如果說糞金龜用牠的大「豬血香腸」證明曾有一些合作關係存在，在製作罐頭食品時雄性幫過忙；雄米諾多藉由深井讓我隱約看到，這位帶著三齒叉的助手把雌米諾多挖出的土推出洞外時所發揮的必要作用；至於薛西弗斯蟲丈夫的工作，我就無法解釋了，牠很節省食物，也捨不得花力氣往外運土。

在後一種情況下，就算雄性眞的發揮了一些作用，如看守糧食、助一臂之力、給雌性壯膽等，我不否認這些。但不管怎麼說，牠身為合作者的作用是很次要的，雌性似乎可以完全不需要幫助，在金龜子家庭裡就有這種規矩。再說牛屎蜣螂家族比薛西弗斯蟲更糟糕，這個侏儒根本不知道合作能形成雙倍的力量，用這種方法工作就相當於用兩套車拉糞球那樣省力。

牠們如何按照才能和技術分工的呢？透過一點一滴地累積資料，一遍一遍地觀察，是否總有一天我們會知道呢？我對此表示懷疑。我的一些朋友有時對我說：「既然您已經獲得了那

麼多詳細的資料，您應該站在分析的基礎上進行統合，從宏觀上歸納出本能的起源。」

　　他們給我提的是什麼建議啊！真是些冒失鬼！僅僅因為我搬動了海岸邊的一些沙子，就說我了解了深邃的海洋嗎？生活中有不可探知的奧秘。早在我們給小飛蟲下定論前，說不定人類的知識就已經從地球上的檔案裡刪去了。

　　築巢的問題也一樣複雜。巢這個詞是指所有有意識活動所建造的住所，其作用是蓄卵、保護幼兒生長。膜翅目昆蟲特別擅長築巢，牠們使用織物、蠟、紙和樹脂建造房子。牠們會用黏土造塔樓，用砂漿造圓屋頂，牠們能把黏土塑造成罈子。蜘蛛類可以與牠們媲美，回想一下某些圓網蛛的氣球形巢、表面帶星形邊的窩，狼蛛的圓球形袋子，迷宮蛛的拱頂迴廊，克羅多蛛的帳篷和透鏡狀的袋子，蝗蟲那聳立著泡沫煙囪的地窖，螳螂用黏液吹泡建成有彈性的建築。[2]雙翅目昆蟲和蝶蛾卻沒有這份柔情，牠們只是把卵產在嬰兒可以自己找到食物和藏身處的地方；鞘翅目昆蟲基本上也對築巢一竅不通。非常例外的

---

[2] 見《法布爾昆蟲記全集 5——螳螂的愛情》第二十章、《法布爾昆蟲記全集 6——昆蟲的著色》第十六章、《法布爾昆蟲記全集 9——圓網蛛的電報線》第一、十五、十六章。——編注

是，在帶護胸甲的鞘翅目昆蟲中，唯有食糞性甲蟲具有一套育
兒方法，可以與最有天賦的母親一較高下。牠們是怎麼想出這
種方法的呢？

憑著大膽的理論所勾畫出的冒險想法，我們斷定未來的科
學，將因爲擁有從纖維和細胞中提取的資料，可建立起一張動
物圖譜，然後根據動物在圖譜中的位置，我們就能推知牠的本
能，而不必再做任何觀察，就能用巧妙的公式推算出昆蟲的天
賦，就像根據對數表我們就能確定牠們的數量一樣。

這眞是太好了，不過請注意：我們是在研究食糞性甲蟲，
在畫出本能對數表之前還是先去諮詢牠們一下吧。屎蜣螂和蜣
螂、金龜子、薛西弗斯蟲有著姻親關係，牠們全都精通滾糞球
的技術。根據牠們在昆蟲圖譜中的位置，我們先試著根據圖譜
中所提供的資料，說出牠們在築巢方面有什麼本領。

牛屎蜣螂很小，這我同意，但是個子小的缺陷絲毫無損牠
的才能。攀雀、鷦鷯、小黃雀就是證明，牠們在鳥類中個子最
小，然而卻是無與倫比的藝術家。屎蜣螂的近親擅長建築優美
的卵形和梨頸狀的弧形巢。而牠呢？那麼小巧，那麼端正，應
該蓋得更漂亮。

　　好嘛，圖譜欺騙了我們，它向我們撒謊。屎蜣螂是個蹩腳
的藝術家，牠的巢是個簡陋得幾乎見不得人的作品。從我養在
廣口瓶和花盆裡的六種屎蜣螂那裡，我已得到了相當多的證
明。單單牛屎蜣螂就提供了差不多一百個巢，而我卻沒有找到
兩個完全相同的。出自同一個模型和同一個工作坊的產品，原
本應該是一樣的。

　　除了形狀不同以外，還或多或少表現出形狀的不規則。從
整體上很容易認出那個原形，築巢者就是按照那個原形笨拙地
進行加工的。這是個形狀像頂針似的羊皮袋，豎立著，底面呈
半球形，上面有個圓形的開口。

　　有時昆蟲在容器中間的土堆裡築巢，這時每個方向受到的
阻力都相同，形狀就比較精確。由於屎蜣螂喜歡把巢建在堅硬
而非蓬鬆之處，牠通常靠著廣口瓶內壁築巢，特別是在瓶底。
如果支撐物是垂直的，巢穴就呈縱向切開的短圓柱形，靠著玻
璃面的部分光滑而又平坦，而其他幾面則是突出的。如果支撐
面是水平的，這種情況是最常見的，這時巢的形狀有點像個橢
圓形的糖球，下面是平的，上面突出呈拱形。屎蜣螂的巢不但
形狀不規則而且凹凸不平，沒有任何標準，除了倚靠玻璃的部
分之外，其餘各面都很粗糙，外表覆有一層沙子。

　　牛屎蜣螂的工作步驟可以解釋巢穴外觀不雅的原因。臨近產卵期時，牛屎蜣螂在地上挖一個不太深的圓柱形洞穴。牠用頭部、脊背和帶齒耙子似的前腳挖洞，將身邊鬆散的泥土推開，壓實，這樣好歹可以得到一個寬度適宜的巢。現在得把洞穴裡會坍塌的牆壁抹上水泥。昆蟲從井裡爬回到地面，在家門口那塊大糞餅上捧起一捧糞餅砂漿，重新返回井裡，把砂漿攤開，抹在沙土牆壁上。牆壁被抹上了一層混凝土，其中的礫石是牆壁上原有的，水泥則是用羊糞做的。經過抹刀反覆來回抹了幾次後，地窖的牆壁全塗上了混凝土；黏附著沙粒的牆壁不再動不動就坍塌了。房間準備好了，只差往裡面移民，以及把房間裝飾一番了。最裡面先留出一些空間做為孵化室，卵被產在孵化室的牆壁上。接下來是為幼蟲找尋食物，採集工作非常謹慎。以前牛屎蜣螂蓋房子時只顧著開採糞團外黏黏的部分，顧不得地面的骯髒。現在，牠從一個像用鑽頭鑽出的長廊鑽到糞團中間。為了品嚐乳酪，商人會用一根空心的圓柱形探頭，插到乳酪的深處，拉出來時探頭裡便裝滿從深處提取出的樣品。屎蜣螂為孩子採集食物時，似乎也是採用這樣的探頭。

　　牠在準備開採的那塊牛糞上鑽一個很圓的洞，然後直達糞團的中心，那部分沒有接觸過空氣，保留著很純的香味，而且更柔軟。牠只在那裡採集，然後把採集到的糧食一塊一塊抱回家放在儲藏室裡，揉成塊並適當地壓實，直到把卵的袋子裝滿

為止。最後用塗抹牆壁的那種沙和糞攪拌成的混凝土，將袋子封起來，以至於從外面觀看這個袋子時分不出前後。

為了鑑定這個作品及其優點，必須把它打開。洞穴後部有個很大的橢圓形空間，這是產卵室。卵黏在牆壁上，有些在房間的底部，有些在側面。卵是白色的，呈小圓柱形，兩頭是圓的。剛生下的卵有一公釐長，被產卵管置在牆上的卵只有一個支點，卵的尾端黏在牆上，其他幾面懸空著。

如果稍加留意，人們就會對這麼小的卵產在這麼大的房間裡感到驚訝。為什麼要為這麼小的卵建造那麼大的房子呢？仔細觀察一下房間內部的牆壁就會引發另一個問題。牆上塗了一層發綠的稀糊，半流質並有亮光，這種物質不論是內部還是外表，都和昆蟲提取建築材料的糞團不同。

在金龜子、蜣螂、薛西弗斯蟲、糞金龜等以糞為食並在食物中精心蓄卵的昆蟲的巢裡，都能看到類似的砂漿。但我還從未見過塗抹的面積像屎蜣螂的巢裡這麼大的，保存得這麼完整的砂漿層。我一直因這種糊狀的塗料而感到困惑，聖甲蟲為我提供了第一個例子，剛開始我以為這是食物中滲出的液體，只不過是毛細管作用使它聚集在表面，而不是別的什麼作用。這是我多次觀察塗著這種塗料的地方後得出的解釋。

　　我錯了，眞相非常值得注意，今天屎蜣螂讓我有了進一步的認識，我要重提這個問題。這種發亮的漿液，這種半流質的膏狀物，是自然分泌物還是母親製造的一種保護液呢？

　　一種具有決定意義、十分簡便的方法，將爲我們提供答案。我眞該一開始就做這個實驗。可是我以前卻沒有想到，因爲，越簡單的事情往往到最後才會想到。事情就是這樣。

　　我用屎蜣螂的方法把羊糞裝進一個雞蛋大的容器裡，塞緊。用一根非常光滑的玻璃棍在糞堆裡，鑽出一個約一法寸深的圓柱形洞穴，然後把玻璃棍取出，再用糞餅把口封上，並蓋上一個密封蓋以防乾掉。聖甲蟲那個梨形的孵化室很大，屎蜣螂的更是大得有點過分了。

　　當玻璃棍取出時，洞穴的內壁爲不透明的墨綠色，沒有任何閃光的滲出液。如果這眞是毛細管現象產生的結果，半流質的塗層將會出現。如果這種糊狀物不出現，內壁就會保持這種不透明的狀態。我等了兩天以便空出時間讓毛細管現象發生作用，如果眞的有毛細管作用的話。

　　我現在再來觀察洞穴，洞壁上沒有發亮的糊狀物，仍然保持著原先那種不透明狀。三天後，我又進行觀察，還是沒有任

何變化，用玻璃棍鑽出的這個洞一點滲液也沒有，反倒有點乾。如果有毛細管現象和液體外滲，就不會是這種結果。

塗滿了整個房間牆壁的糊狀物是什麼呢？答案是明顯的，這是雌牛屎蜣螂分泌出的一種特殊的粥樣物質，是牠為新生兒準備的乳製品。

小鴿子費勁地把喙伸進餵食牠們的親鳥口中，親鳥先是餵從牠胃裡分泌出的乳狀物質，稍後便餵略加消化的軟米粥，小鴿子以父母吐出的、有助於腸胃消化的食物維生。屎蜣螂幼蟲一開始也差不多是這樣被餵養的，為了讓嬰兒易於消化，母親在自己的肚子裡準備了一種稀稀的、營養豐富的奶膏。

對母親來說，口對口餵食是不可能的，因為牠還得建造別的隔室，牠得待在別的地方。更嚴重的是，牠一次只產一枚卵，兩次產卵的間隔較長，卵的孵化也比較遲，如果牠像鴿子那樣給孩子餵食，就沒有那麼多時間，因此一定得另想他法。

為嬰兒準備的粥被塗在嬰兒室牆壁上，塗得到處都是，以便新生兒在身邊就能找到大量的「麵包片」。在那裡大孩子吃的麵包放在一邊沒有經過加工，羊排泄出來時是什麼樣現在還是什麼樣。然而新生兒吃的「果醬」卻是預先在母親的胃裡用

同樣的原料精製而成的。我們將會看到嬰兒首先細細地舔食身體周圍的果醬，然後才勇敢地啃食麵包。我們人類嬰兒的飲食也是這樣逐漸變換的。

我真希望能親眼看著那位母親把粥吐出來，抹在牆壁上。我的願望沒能實現，因為這些工作是在一個狹窄的地方進行的，我無法看到裡面製作糕點的過程。再說，那位母親一旦暴露在光天化日下，就會馬上停止工作。

就算我沒有親眼看到那個過程，至少那種物質的形態和用玻璃棍挖出的洞穴所做的實驗，都清楚地告訴我，屎蜣螂在育兒方面確實可以和鴿子媲美，只不過所用的方法不同。其他一些精通在糞堆裡建造孵化室的食糞性甲蟲，也同樣會告訴我這樣的方法。

在昆蟲界，除了食蜜蜂吐出的食物是蜂蜜之外，並非所有的昆蟲都是這般溫柔的。採牛糞的昆蟲讓我們了解了牠們的習俗，牠們之中有的兩性合作並建立家庭；有的為哺乳做好事先準備，這是母親最操心的事，牠們把腹部變成了乳房。生活中的確有許多意想不到的事。那些最善於理家的主婦，偏偏被安置在垃圾堆裡。確實，從垃圾堆到鳥類的崇高境界之間，存在一個質的跳躍。

　　屎蜣螂的卵自產下後大了好多，長度幾乎增加了一倍，體積是原來的八倍，這樣的生長速度對食糞性甲蟲來說是很普遍的。不管是誰，當他記錄下任何一種昆蟲剛產下的卵的尺寸，過一段再記錄下剛孵化出的幼蟲的尺寸時，他都會因昆蟲那異常的生長速度而感到吃驚。例如聖甲蟲一開始在孵化室裡住得還算寬敞，後來牠的身體幾乎把整個巢都占滿了。

　　我腦海中產生了第一個想法，這個想法既簡單，又有誘惑力：卵會吸收養分。由於被濃烈的氣味所包圍，卵吸入的氣體使柔軟的緊身衣膨脹起來。牠之所以會長大是因為吸入了食物的氣味，種子也同樣會在肥沃的土壤中膨脹。我第一次遇到這個複雜的問題時，就是這麼想的。但是這是不是事實呢？啊！如果坐在烤肉店門前聞著烤肉散發出的陣陣香氣就可以填飽肚子，對我們之中的一些人來說，世界豈不是變了樣！這真是太美妙了。

　　屎蜣螂、蜣螂和其他一些在房間的牆上抹糞漿的昆蟲欺騙了我們，牠們用會長大的卵讓我們產生了這樣的幻想。後來米諾多向我證實了這一點；牠迫使我徹底改變了以前的想法。米諾多的卵並不是裹在散發氣味的食物中的袋子裡，而是位於香腸的外面，在很下面的地方，周圍都是沙。它並沒有吸入任何氣味，但是，牠和那些住在食物堆中的卵長得一樣快。

　　除此之外，剛出殼的米諾多幼蟲胖得讓我吃驚，牠比剛產出的那枚卵大了六、七倍；而且，在接觸被沙子隔開的食物之前，牠得先穿過沙層。然而幼蟲在這段時間內仍維持著異常快的生長速度，彷彿從卵裡帶來的物質中又增添了新的物質。

　　在乾燥的沙子裡，沒有任何理由說是散發的氣味讓卵和新生兒獲得了長高和長胖的營養物質。是什麼讓卵和新生兒生長得那麼快速呢？隆格多克大毒蠍爲我們提供了一個很好的開端，當牠從幼蟲的形態蛻變成成蟲時，我們發現牠的長度突然增長了一倍；接著，在牠還未補充任何食物之前，牠的體積就已增至原先的八倍，這是因爲牠的身體內部正進行著一次新的、更高等的排列組合，而非有了新的物質的補充。[3]

　　動物能在物質總量不變的情況下體積變大，這一切都取決於分子的結構，分子的結構會因生命活動的進行而變得越來越精細。卵殼裡所容納的密集物質，逐漸擴張成體積較大的生命體，成了在這個生命體中發揮著各種不同作用的器官。這就如同工業產物火車頭，比起廢鐵熔化後鑄成的鐵錠體積大的多。

　　如果外殼是可膨脹的，那麼卵就會在不斷重新組合和膨脹

③ 見《法布爾昆蟲記全集 9——圓網蛛的電報線》第二十三章。——編注

的內部物質的推動下擴大。幾種食糞性甲蟲就屬於這種情況。如果卵殼是硬的，考慮到膨脹作用，卵殼較大的一頭便會形成一個氣室，這個多餘的空間可以為內部物質的擴張提供必要的空間。鳥類就屬於這種情況，牠是在一個固定大小的鈣質外殼裡生長的。不論是哪一類卵，都會發生膨脹，不同的是，軟的卵殼讓我們從外表就可以感知到內部的變化，然而堅硬的卵殼卻無法讓我們發現內部的任何變化。

孵化的動作並不會終止身體進食前的不斷生長。幼蟲，剛孵化不久的幼蟲，仍繼續在長大。牠在平衡的生物狀態下，完成自身的穩定，牠經由進一步的膨脹使自己完善。蠍子已經告訴過我們這個道理了，米諾多的幼蟲和許多其他的昆蟲也一再證明了這一點。以前我們看到蝗蟲剛從小套子裡出來時翅膀很小，很快地翅膀便展開成了寬大的機翼。

在食糞性甲蟲的故事中，我改變了兩種想法。首先是關於抹在產房牆壁上的糊狀物的解釋，其次是關於卵產下後體積增大問題。我剛剛更正了自己的解釋，但我並不為自己犯過的錯誤感到羞愧，因為只需想一下就想達到真理的源頭是件困難的事。只有一個辦法可以不犯錯誤，那就是什麼也別做，尤其是不要動腦筋。

第八章

牛屎蜣螂的幼蟲和蛹

　　五月是各種屎蜣螂築巢的季節，特別是牛屎蜣螂。這時母親們鑽到糞餅下的淺土層裡，從上面的糞餅中提取建築材料和食物。父親不關心家庭，繼續過著快活的日子。在沒有父親幫助的情況下，母親們建造房子，然後產卵，最後把產房裡裝滿食物。再說建造那個簡陋的作品，幾乎不需要高雅的帶角者的幫忙和合作。最多也就蓋五、六間房子，每蓋一間需用兩個工作天，這就是一位母親全部的工作。剩下的許多時間，牠們都用來享受春天的快樂。

　　大約經過一週時間小幼蟲便孵化出來了，牠長得怪怪的，背上有個糖麵包似的大瘤，只要牠試著用腳站立並行走，那個瘤的重量就拖累牠，使牠跌倒。在瘤的重壓下，幼蟲老是踉踉蹌蹌，老是要摔倒。以前我們已見過聖甲蟲背上的布袋，裡面

儲存著砂漿，用於堵塞食品罐頭上意外出現的裂縫，並保證食

牛屎蜣螂的幼蟲
（放大3倍）

物不被迅速風乾。[1]屎蜣螂幼蟲那個有著類似作用的倉庫卻大得太過分了，牠把這個儲藏室變成了一塊怪誕而又巨大的圓錐型碑，類似一幅諷刺漫畫。這是化裝舞會上的瘋狂笑料嗎？這種變形是否合理，是否以後會有它的用途呢？未來會告訴我們的。

　　我不想再多說了，因爲找不到能夠表現這種怪異東西的詞彙。請讀者參考小寬胸蜣螂的幼蟲，在第五冊裡我曾粗略地描寫過。這兩個駝背很相似。

　　由於控制不了瘤的重心，牛屎蜣螂幼蟲側臥著舔食周圍的糊狀食物，牠們分散在房間的各個角落，天花板上、牆壁上、地板上到處都是。當牠們把一塊地方徹底舔乾淨之後，便利用長得很正常的腳挪動一下位置，然後又躺下來，繼續細細地舔食。房間很大而且糧物很充裕。牠們在短時間內以這些「果醬」爲食。

---

① 見《法布爾昆蟲記全集5──螳螂的愛情》第四章。──編注

　　糞金龜、蜣螂和金龜子的大孩子們，用很短的時間就把糊在小屋牆壁上的食物吃完了。食品供應量很少，只能算是幼蟲的腸胃準備接受粗糧前的開胃菜；然而牛屎蜣螂的幼蟲很弱小，像個侏儒，牠們要吃一個多星期這種食物。與嬰兒的身材不相稱的大產房正好能滿足幼蟲揮霍的需要，最後牠們才吃真正的「圓麵包」。大約一個月過去了，除了剩下卵囊壁之外，所有的食物都吃光了。

　　現在那個瘤的偉大作用顯現出來了。為了觀察而準備的一些玻璃管，讓我得以觀察到變得越來越胖、背部越來越凸的幼蟲的工作情況。我看見幼蟲鑽進變得搖搖欲墜的隔室的一頭，在那裡做了個箱子準備在裡面蛻變。牠的瘤裡積攢的消化物成了砂漿，這位糞土建築師將用儲存在瘤裡的垃圾為自己建造一個精美的傑作。

　　我用放大鏡監視著牠的活動。牠把身子蜷起，首尾相接，將消化道關閉。牠用大顎咬住尾部射出的糞團，糞便的收集工作做得乾淨俐落，因為糞便已模壓成形，射出的劑量也控制得很好。幼蟲把脖子輕輕一扭，就將礫石放定位，牠把一塊塊礫石細心地一層一層砌起來，用觸鬚輕輕地拍打砌好的磚塊，看看是否穩當，黏接得牢不牢，砌得整齊不整齊。牠在建築物中轉圈，房子隨之加高，看上去就像一位泥水工正在砌著小塔。

　　砂漿用完了。有時放上去的糞塊會掉下來，幼蟲再用大顎去取砂漿，但是在還沒取來之前，牠先用液體將糞塊黏住。牠的尾部會及時滲出一種幾乎看不見的黏液，這是一種黏著劑，瘤提供建築所需的材料，而腸道必要時會提供黏著劑。

　　一個外形優美的橢圓形小屋就這樣建成了，裡面光滑得像抹過黃泥。小屋看上去像一個雪松毬果，構成松毬的每一瓣鱗片都是來自瘤上的礫石。這個毬果不大，和櫻桃核差不多；但看上去那麼標緻，那麼漂亮，簡直可稱得上是昆蟲界最精美的傑作。

　　牛屎蜣螂並沒有壟斷這個珠寶店，在牠的家族中，個個都精於此道。最小的福爾卡圖屎蜣螂的作品幾乎只有一粒胡桃那麼大，可是牠也和同伴們一樣都是建造雪松毬果形盒子的高手，這是家傳的本領。儘管家族成員的身材服飾和工具有所不同，大家卻都同樣掌握著這種本領。野牛寬胸蜣螂、黃腿小寬胸蜣螂等昆蟲蛻變時，也是安全地躲在像屎蜣螂幼蟲建造的那種盒子裡。牠們也告訴我們，本能是不受外形支配的。

　　七月的第一週，我把已受到牛屎螳螂幼蟲破壞的隔室徹底毀了。由於隔室的內部已被吃空，幼蟲便啃咬牆壁。拆掉這座破屋就像剝掉熟透了的核桃殼外表皮那麼容易，剝掉外殼之後

就能得到一顆種子，也就是得到一個蛹，蛹的外表相當乾淨，和外殼沒有任何黏連。把珠寶砸爛之後，裡面那個半透明的蛹，好像是塊水晶雕刻。我有幸得到了一隻雄性的蛹，由於牠額頭上帶著那個自衛武器，我覺得更具意義。

牠的角很像漂亮的牛角麵包，向後側斜架在肩膀上，鼓突的角是無色的，就像在生殖液中的培養體；在角的根部變成深色的是眼睛，現在還看不見，但是將來會看見的。牠的額頭平展，向上抬起，從正面觀看牠的頭部就像吻部很寬的公牛頭，粗大的角像原牛角[2]。

假如早在法老時代，藝術家們就認識初生的屎蜣螂，肯定早就把牠做為宗教的象徵了。牠的形象完全可以比得上聖甲蟲，而且比聖甲蟲更勝一籌，聖職的象徵意義正體現於牠的獨特之中。牠頭胸部的前部邊緣豎著一根犄角，和另外兩根一樣粗壯，外形像根末端為錐形的圓柱體，這根角朝前生長，插在星月形的額頭中間，比額頭微突出一些。這真是新穎美妙的布局。象形文字的鐫版工恐怕會以為，那是做為伊斯蘭教象徵的嵌著地球一角的星月形呢。

---

② 原牛角：原牛的角，原牛產於德國森林中，十七世紀滅絕，為歐洲家牛的祖先。——編注

　　屎蜣螂的蛹還有其他一些奇怪的特徵。腹部的左右兩側各裝備著四根像水晶刺似的觸角，牠全身佩帶著十一件武器，前額兩件，胸廓上一件，腹部八件。古老的動物熱衷於這種奇奇怪怪的角飾，地質時代有些爬蟲動物，上眼瞼長著一根尖刺；屎蜣螂更大膽，牠除了背部的一根長矛外，在腹部兩側還插了八根尖刺刀。額頭上長角還說得過去，也比較常見，但是其他的刺有什麼作用呢？沒什麼作用。這只是一時的新鮮，那是少年時佩帶的寶物，成年後將不會保留絲毫的痕跡。

　　現在蛹成熟了，額頭上的附屬物一開始完全是透明的，在透明中透出一條紅棕色的圓拱形曲線，這是真正的角在形成、硬化和著色。相反的，前胸和腹部的附屬器官仍保持著透明狀。這是些不結果實的袋子，裡面沒有能生長的種子，身體憑著一時的狂熱製造了它們，後來又看不上眼了，或許是無能為力，只好由它枯萎，變得毫無用處。

　　到了蛹脫殼時，隨著成蟲身上那件薄薄的緊身衣的撕裂，這些奇怪的角都成了碎片，和舊衣服一起脫落了。我希望多少能在昆蟲身上找到一些脫落物的痕跡，我用放大鏡在以前長刺的部位徒勞無功地尋找了半天，什麼也沒發現，光滑代替了凹凸不平，空白代替了實質。那些附屬的甲冑，曾經那麼讓人抱有希望，現在蕩然無存，一切都消失了，就像是蒸發掉了。並

不是只有牛屎蜣螂的蛹在脫殼時會把身上的附屬器官一起脫
掉，牠的部族的其他成員的腹部和前胸也有這種附屬器官。其
中狐猴屎蜣螂的成蟲在前胸飾有四個排成半圓形的小圓點，旁
邊的兩點孤零零的，中間的兩點靠得較近，這兩點正好就是蛹
胸廓上那兩根觸角的根部，也可以把它看成是消失了的附屬器
官的縮影。可是，最好別這麼想，因爲邊上的兩點比中間兩點
更發達，而在那個位置原來並沒有角。不論是對這種屎蜣螂還
是對其他的同類來說，蛹身上的防身武器只是個騙局，最後什
麼也長不成。

有些和屎蜣螂血緣相近的食糞性甲蟲
的蛹也長有角，如黃腿小寬胸蜣螂，這是
我唯一有幸就這個問題做過一些觀察的蟲
子。牠的蛹前胸有根漂亮的角，腹部的左
右兩側各有四根一排的尖刺，就像屎蜣螂
家族成員一樣。不過同樣的，在成蟲身上
這些刺徹底不見了。

狐猴屎蜣螂
（放大3倍）

可見，以前成功地飼養從蒙貝利耶帶來的野牛寬胸蜣螂
時，如果我抓住機會，或許我會早發現牠變成蛹的時候，胸廓
上和腹部的那些防身武器。由於以前觀察時沒有這種打算，而
且我也想盡量不去打擾那對外地來的夫婦，所以就放棄了那次

機會。

　　最後要注意的是，寬胸蜣螂、小寬胸蜣螂和屎蜣螂三種昆蟲，都在變成蛹前建造了一個帶著鱗片的小房間，外觀像赤楊果或雪松毬果。由此我們可以不太冒險地肯定：建造類似建築的三個不同的建造者，其蛹都戴著全副甲冑，前胸長著角，腹部兩側呈冠冕狀分布著八根尖刺。但我們不能由此認定是這些防身武器決定了那個小匣子的形狀，而不是小匣子決定了防身武器的存在，這些奇怪的特點相伴著而相互間沒有影響。

　　對事物光做簡單的描述是不夠的，我們還想進一步研究牠們長這麼多角的目的。這是不是對舊習俗一種模糊的回憶呢？古代將過剩的精力用在奇怪的創造活動中，而如今那種創造已被逐出了我們這個更加穩定的世界。屎蜣螂是不是已經過時了的古老帶角動物的少數代表呢？牠是否象徵著衰亡的過去呢？

　　這樣的猜測沒有任何有力的根據，從生物出現的年代先後來看，食糞性甲蟲還很年輕，牠屬於出現最晚的昆蟲之一，所以不可能退回到模糊的過去，退回那適宜富於想像力的先驅者發明創造的過去。那些地質層，甚至是富含雙翅目昆蟲和象鼻蟲的湖沼層，至今還不曾提供一點有關牛糞開發者的遺跡；因此較為謹慎的做法是，不要把屎蜣螂看成是古老帶角祖先衰退

的產物。

　　過去說明不了什麼，我們還是轉向未來。如果說胸廓上的角不是模糊的古老記憶，那也許是個許諾，它代表著一次缺乏自信的嘗試，經過幾個世紀的努力將會使角變硬，成爲永久的武器。它讓我們目睹了一個新的器官慢慢地逐漸形成；它向我們展示了一個尙不存在於成蟲前胸的，但將來有一天會存在，並正在獲得生命的構件。我們親眼看到了物種的起源，現實告訴我們未來是如何產生的。

　　牛屎蜣螂希望自己的脊背上早晚會長出一根長矛來，牠要用這個正在形成的作品做什麼？至少它可以做爲雄性賣俏的裝飾物。這東西對一些奇怪的、以腐爛植物爲食的金龜子而言是件時髦的配件，在那些帶著護甲的鞘翅目昆蟲中，有些龐然大物自願在牠們平和的肥胖身體上，佩帶上樣子可怕的戟。

　　瞧瞧這位生長在拉丁美洲安地列斯群島炎熱氣候中腐爛樹根的宿主——海克利斯③獨角仙，這個平和的大個子與牠的名稱很相配，牠身長三法寸，若不是爲了在沒有這個奇怪裝飾的雌性面前顯示自己的美，前胸那把具有危險性的長矛和額頭上

③ 海克利斯是古希臘詩人荷馬所著《伊利亞特》史詩中的大力士。——編注

那個帶齒的千斤頂對牠有什麼用呢？也許長矛和千斤頂在施工時能幫上忙，就像米諾多用三齒叉叉糞球和搬運泥屑一樣。一種我們不知有何用途的工具，在我們看來總是顯得特別。由於從未和安地列斯群島的海克利斯打過交道，我一直對牠那可怕的工具的作用存有一些猜測。

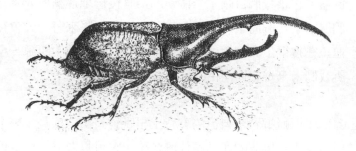

雄海克利斯獨角仙

那麼，如果我的大籠子裡的實驗對象持之以恆，也許會長出類似的粗野裝飾物來。這是牛糞屎蜣螂，牠的蛹額頭上有個粗粗的角，那是唯一一根向後彎的角；在牠的前胸同樣有個角向前傾，兩個角尖靠近，看起來像把鉗子。昆蟲是因為缺少了什麼，而沒有從小就長出像安地列斯群島上的金龜子佩帶的那種奇特的裝飾物呢？牠缺少的是持之以恆的精神。牠使額頭上的附屬器官成熟起來，而使前胸的附屬器官因貧血而萎縮；牠試圖在背上長根尖頭木椿，卻也和牛屎蜣螂一樣沒能成功。牠缺少在婚禮上顯示自己的美貌和威脅敵人的絕好機會。

其他的昆蟲也沒能獲得成功。我
飼養了多種不同種類的昆蟲。牠們變
成蛹時，胸廓上都長著角，腹部有著
冠冕狀分布的八根尖刺；牠們誰也沒
有利用這些優勢，當牠們脫掉舊衣服

牛糞屎蜣螂（放大3倍）

蛻變成成蟲時，這些附屬物也隨之全部消失了。在我家附近小
範圍內有六種屎蜣螂，在全世界則有幾百種。原生的或富有異
國情調的全都有著同樣的身體結構，很可能牠們年輕時背部都
長有附屬器官，儘管氣候條件不同，有的地方炎熱，有的地方
溫和，但沒有一種能夠使那個角變硬，成爲一個穩定的角。

未來難道不能使那個輪廓清晰的作品完善嗎？表象越是對
這個問題加以肯定，我們越是要自覺地向自己提出這個問題。
我們用放大鏡來觀察牛屎蜣螂的蛹額頭上長的角，然後再細心
地觀察牠前胸的長矛。起初除了外部輪廓之外，兩者之間沒有
差別，彼此看上去都是透明的，裡面都充滿著透明液，顯然都
是正在形成中的器官。正在形成的腳看起來也不見得比前胸和
額頭正在形成的角更明顯。

是不是因爲時間不夠，胸廓上那個附屬物才沒能變成堅硬
的角永久地長在昆蟲身上呢？蛹生長得很快，不到一週就成熟
了。如果額頭上的角能在這麼短的時間成熟，那麼爲什麼胸部

的角成熟需要更多的時間呢？我們用人工的方法延緩蛹的蛻
變，給那個萌芽多一點生長的時間。我覺得降低溫度，保持幾
週，如有必要的話保持數月低溫，從而減緩蛹的生長速度，就
能夠得到這樣的結果。

這個實驗應該能成功。但我沒能做成，因為我沒有辦法得
到低溫，並在較長的時間內保持恆溫。若不是條件缺乏使我放
棄了那個實驗，我會看到什麼呢？看來那也只能放慢昆蟲蛻變
的進程，不會有其他的結果。前胸的角一直處於停止發育的狀
態，遲早總會消失的。

我能這樣說是有道理的。屎蜣螂變態時的隱居所不深，在
那裡很容易受到溫度變化的影響；再說，四季變化無常，尤其
是春天，在普羅旺斯，五、六月如果刮起北風來，會讓氣溫下
降，彷彿冬天就要來臨。

除了季節變化還有北方氣候的影響，屎蜣螂生長在很寬的
緯度範圍內。北方的屎蜣螂比起南方的較少得到太陽的恩惠，
如果在蛻變期天氣多變時，牠們能夠忍受持續幾週的降溫天
氣，降溫會延緩蛻變的發生，那牠們也應該會難得地以一種偶
然的方式，使昆蟲胸廓上的自衛武器變成硬角。在蛹蛻變的時
期，某個地方的氣候是溫和抑或寒冷，並不是人為的。

　　但是蛻變期延長會給器官的形成帶來什麼影響呢？預期中的角會成熟嗎？根本不會，在燦爛陽光刺激下那個觸角會萎縮，現在也照樣不能倖免。昆蟲的檔案中從未提到過前胸長角的屎蜣螂。要不是我把蛹身上這個奇怪的東西公之於眾，根本就不會有人想到屎蜣螂的蛹還佩帶著防身武器，天氣的影響並沒有任何的作用。

　　再追究下去，問題可複雜了。屎蜣螂、蜣螂、米諾多等昆蟲的觸角是雄性的專利，雌性沒有角或者只有變得很小的角。我們應該把這些觸角看成是裝飾物，而不是工作工具，雄性為了交配而如此裝飾自己。除了米諾多在搗碎乾糞球時用三齒叉來固定糞球以外，我還沒見過其他昆蟲用觸角做為工具呢！額頭上的觸角和長柄叉、前胸上的突脊和星月形都是雄性耍帥佩帶的珠寶，僅此而已。雌性不需要用類似的方法去吸引追求者，只要是雌性就足夠了，珠寶完全可以省略不用。

　　現在這倒成了引起我們思考的問題。雌屎蜣螂的蛹額頭上無刺，胸廓上有個透明的觸角，和雄性的觸角一樣長，一樣有指望。如果後者的觸角是個尚未完成的裝飾物，那麼前者的觸角也應如此，因此兩種性別的都想美化自己，都同樣熱衷於使胸廓長出觸角來。

我們看見的可能是一類動物的起源，可能不只是一種屎蜣
螂的起源，而是一組屎蜣螂的起源。我們看到的可能是到目前
爲止被食糞性甲蟲擯棄的怪異特點的開始，不管是雄性還是雌
性都不想在自己的背上插上一根尖頭樁。更特別的是，在屎蜣
螂家族中外表顯得較寒酸的雌性，總是和雄性一樣有種怪癖，
愛把自己裝扮得怪裡怪氣。這樣的願望不禁讓我產生懷疑。

由此可見，如果將來永遠不可能造就出一個前胸帶著觸角
的食糞性甲蟲，那麼這位對現有習慣進行挑戰的革命者，將不
是那個無法使蛹的胸廓上的附屬器官成熟的屎蜣螂，而是另一
種新型的昆蟲。創造力讓舊有的模式報廢，代之以根據變化無
窮的圖稿重新塑造出來的新模型。那個工作坊並不是讓活人穿
著死人舊衣般吝嗇的舊貨商店，而是一個生產獎章的工作坊。
在那裡每個獎章上都烙著一個特殊的記號；在那裡有著豐富的
造型，有著無限的財富，無需吝嗇地把舊貨修修補補變成新
的；在那裡所有舊的模子統統被打碎、報廢，而不是做些毫無
意義的修修補補。

這些裝模作樣的、總是在長成之前就萎縮了的觸角意味著
什麼？我並不爲自己的無知而感到羞愧，我承認自己對此完全
一無所知。如果說我的回答裡沒有艱深的用詞，這至少有個優
點，那就是在那裡面充滿了眞誠和直率。

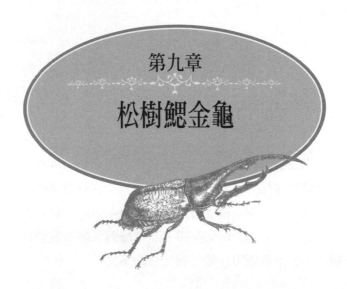

第九章

松樹鰓金龜

在開始寫松樹鰓金龜之前，我有心要發表異端邪說；這種昆蟲正式的名稱是縮絨鰓金龜。對於術語分類法不應過分苛求，這點我很清楚。隨便發出一種什麼聲音，把它配上拉丁語詞尾，您將會得到一個與昆蟲學家的標本盒上貼的許多標籤相似的詞。如果這個野蠻命名指的確實是那個昆蟲而非其他昆蟲，聽起來不悅耳倒還情有可原，但往往這個從希臘語或其他語彙的詞根中找出的詞都具有其他的意義，而昆蟲研究的新手總希望從中得到一些啓示。

結果他倒了大霉。那個詞彙告訴他的盡是些難以捉摸卻又無關緊要的意義，因而往往使他陷入迷茫，將他引向一些和我們觀察到的事實沒什麼關聯的現象。有時有的詞彙會給人一些荒誕離奇的暗示，甚至會造成明顯的理解錯誤。如果只是想要

名稱聽起來順耳就行了，那麼用一些從詞源學的角度無法分析的詞語豈不是更好！

　　如果說有的詞彙不會一下子就讓人想到它的本意，「縮絨」就應該屬於這樣的詞彙，這個拉丁語詞彙的意思是縮絨工，就是將呢絨浸濕，讓呢絨變得柔軟，並對呢絨進行整理的人。這一章的研究對象鰓金龜和縮絨工有什麼關係呢？我們枉然地絞盡腦汁，也不會想出一個可被接受的答案。

　　普林尼在他的著作中用「縮絨」命名一種昆蟲。在某一章裡，這位偉大的博物學家談到了一些治黃疸病、發燒、水腫的藥物。這部藥典包羅萬象，裡面有黑狗的長牙，紅布包紮的鼠嘴，從活動物身上取出後放在羊皮袋中的綠色蜥蜴右眼，用左手掏出的蛇心，用黑布紮起來的包括毒針在內的蠍子尾骨，三天中病人不能看見藥物也不能看見製藥的人；此外還有許多其他的荒謬行為。我合上書本，為人們採用如此愚蠢荒謬的治療方法感到驚駭。在這些打著醫學幌子的、荒誕不經的醫方之中，也用了「縮絨」一字。文中寫道：「將縮絨金龜子一分為二，一半貼於左臂，另一半貼於右臂可退高熱。」

　　古代的博物學家所說的縮絨金龜子究竟是何物呢？我並不十分明白。「白點」這個修飾語，倒是比較符合身上帶有白點

的松樹鰓金龜的特徵，但還是不太確定。在普林尼的那個時代，人們的眼睛還無法觀察到這種昆蟲，牠太小了，牠只配讓小孩子用一根長線拴著轉圓圈玩，不配得到文明人的關注。

這個詞彙看樣子是來自那些愛用怪詞的鄉下觀察者，那位學者接受了鄉村中的說法，說不定還是富有童眞的想像之作，他本人並未經過認眞的考證，就這麼將就著用了。當這個古色古香的詞彙出現在我們的面前時，現代的博物學家接受了它，這就是我們最美麗的昆蟲之一成了縮絨工的由來。經過幾個世紀，這個奇怪的名字就成了約定俗成的用法了。

儘管我尊重古老的語言，這個詞彙還是令我不悅，它用在這裡顯得荒謬可笑。按常理應該糾正分類名詞目錄中的謬誤。爲什麼不把這種昆蟲叫松樹鰓金龜，以紀念牠喜歡的那種樹，那個牠要度過兩三週空中生活的天堂呢？這很簡單，而且是很自然的事。爲了尋找眞理總需在荒謬的黑夜裡長久徘徊，科學證明了這一點，即使用數字科學也能證明。如果請您試著用羅馬數字來把一串數字相加，您會被複雜的符號搞得思路不清而放棄了計算，您會發現零的發明在計算方法上是多麼了不起的革命。這也像哥倫布的蛋①一樣，實際上簡單得很，但是貴在

---

① 哥倫布的蛋：意指事情雖簡單，但要動腦想才知道。——編注

能想到。

在人們還未將這個不合時宜的「縮絨」拋至九霄雲外之前，我們還是用松樹鰓金龜這個名字吧。用這個名稱沒人會弄錯，我們的昆蟲只出現在松樹上。牠儀表堂堂，可與葡萄根犀角金龜媲美。就其裝束而言，如果說牠不像步行蟲、吉丁蟲和花金龜那樣穿著貴重豪華的金屬外衣，至少也具有不多見的高雅風度。在黑色或栗色的底色上散布著厚絲絨狀的散花白點，既樸素又大方。

雄性的短觸角尖上有七片重疊在一起的大葉片做爲頭飾，有時打開呈扇形，有時合攏，打開或合攏端賴昆蟲的情緒決定。人們一開始可能會把這個漂亮的葉飾看成是一個高度完善

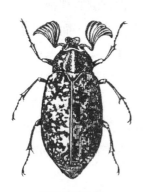

的感覺器官，能嗅到微弱的氣味，感知人幾乎聽不見的聲波，以及其他一些連人類的感官也無法感知的東西。雌性提醒了我們不要在這條道路上愈行愈遠，母親的職責要求牠必須有著非常敏感的感官，那麼牠至少也應該和雄性一樣敏感，然而，牠的頭飾卻很小，只由六個小葉片組成。

雄松樹鰓金龜

　　雄性那巨大的扇子有什麼用呢？松樹鰓金龜那個七片大葉片組成的器官，其作用就像神天牛晃動的長觸角、屎蜣螂額上的全副甲冑和鹿角鍬形蟲大顎上的叉枝。到了論及婚嫁的年齡，牠們便以各自的方式想出五花八門的點子來裝扮自己。

　　美麗的鰓金龜出現在夏至前後，和第一批蟬出現的時間差不多。由於牠總是出現得很準時，因此被列入了昆蟲曆，昆蟲曆的準確性不見得比四季年曆差。當夏至到來時，太陽遲遲不落山，把麥子都烤黃了。這時，鰓金龜會準時爬到牠的樹上。即使是在像聖約翰節②這個承襲自太陽節慶的日子裡，孩子們在村莊巷道上點亮火把的準時性，也不會比鰓金龜出現的日子更準確。

　　這個時節的每天傍晚，如果風平浪靜，昆蟲都會造訪院子裡的松樹。我看著牠們的變化，尤其是雄性默不作聲地飛起來，但不乏激情，牠們轉啊轉，把觸角上的翎飾張得大大的。牠們向樹杈飛去，雌性在那裡等待牠們。牠們一批批飛過，天空的最後一點亮光正在消失，牠們在白蒼蒼的天空中劃出了一條條黑線。歇了一會兒，牠們又飛起來，重新開始繁忙的巡查。在持續了十五天的狂歡夜晚後，牠們在樹上做什麼？

② 聖約翰節：6月24日，此時會施放煙火、點燃營火。——編注

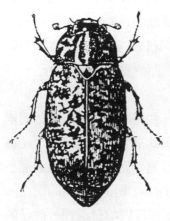

雌松樹鰓金龜

牠們做的事情很明顯：向姑娘們求愛，不斷地向姑娘表達自己的敬意，直至夜幕完全降臨。第二天早晨，雄性和雌性通常都待在低處的枝杈上。牠們一直待著，動也不動，對周圍發生的事也漠不關心，有人用手抓住牠們，牠們也不飛走。大部分昆蟲的後腳吊在樹上，慢慢地啃著松針，牠們嘴裡含著松針，靜靜地打瞌睡。黃昏來臨時，牠們又開始嬉戲。

要觀看牠們在高高的樹上嬉戲幾乎是不可能的。我們還是試著觀察被囚禁的昆蟲如何嬉戲吧。早晨我抓了四對松樹鰓金龜，放在一個大籠子裡，裡面放了一根松枝。我沒能見到我期望看到的情景，因為牠們被剝奪了飛翔的自由，最多有時可以看到一隻雄性靠近牠覬覦的對象。牠打開觸角上的扇葉，輕輕地抖動著，也許是想知道自己是否討得了對方的歡喜，牠做出瀟灑的樣子，炫耀著自己的觸角。這番展示毫無用處，雌性無動於衷，彷彿對此毫無興趣，囚禁生活的愁悶難以排解。我沒有看到更多的情況。交尾看來應該是在深夜進行的，以至於我錯失了良機。

　　有一個細節特別引起了我的興趣，雄松樹鰓金龜會發出一種音樂；雌性也一樣。求婚者是用這種方法吸引和召喚對方的嗎？另一方聽到戀曲之後是否也用同樣的戀曲來答覆呢？正常情況下，這樣的事在樹冠裡也會發生，這很有可能，但是我不能肯定，因為我從沒聽到過這樣的音樂，不論在松樹林裡還是在大籠子裡。

　　這種聲音是從昆蟲的腹部發出的，腹部輕輕晃動，一下子抬起，一下子降下，尾部的環節依次摩擦著靜止的鞘翅的後部邊緣。在摩擦面和被摩擦面上都沒有特別的發音器，我用放大鏡尋找了半天，也沒發現專門用來發聲的細小條紋。兩個摩擦面都是光滑的，聲音是怎麼發出來的呢？

　　濕手指在坡璃片，或是玻璃窗上劃過時，我們可以聽到一種較宏亮的聲音，和鰓金龜發出的聲音不乏相似之處。此外還有更好的方法，為了在玻璃上產生摩擦，用一塊橡皮在玻璃上摩擦，發出的聲音更像昆蟲發出的聲音。如果還注意到音樂的節拍，人們一定會誤以為那就是昆蟲發出的聲音，因為模仿得太像了。

　　那麼，鰓金龜發聲時運動著的柔軟腹部，就相當於手指尖和橡皮，光滑的鞘翅就相當於玻璃板。這塊板又薄又挺，極易

震顫，鰓金龜的發聲方法實在是再簡單不過了。

其他的鞘翅目昆蟲中，有少數也具有同樣的特長。像西班牙蜣螂和食松露的包爾波賽蟲，這兩種昆蟲的腹部輕微晃動，輕輕摩擦鞘翅後部邊緣時都會發出聲音來。

神天牛有另一種發聲的方法，同樣是運用摩擦。例如大型天牛移動頭胸部至連接胸部的關節上，那裡有個突出的圓柱形，緊緊地套在前胸腔裡，形成了一個牢固而又可活動的關節。在突出物上有個小盾片形的凸面，非常光滑，沒有任何紋路。這就是一個小發音器。天牛的前胸腔內也很光滑，其邊緣在小凸面上摩擦，有節奏地擺動，前進、後退，這樣也就發出了一種和濕手指摩擦玻璃相似的聲音。但是，我自己移動死昆蟲的前胸時，卻無法讓牠發出這種聲音。即使我聽不到任何聲音，但至少能感覺到手指下被摩擦的那一面正在強烈地顫抖著。差一點聲音就要出來了。還差什麼呢？拉動琴弓，這只有活昆蟲才能辦到。

小天牛——櫟黑神天牛和柳樹宿主柳紅頸天牛的發聲原理都是一樣的。薄翅天牛和埃爾加特這些天牛科昆蟲，沒有嵌入前胸腔的突出關節，或者說牠們只有一個最基本用來連接各部位的關節，因此這兩種夜間活動的大昆蟲都不會發聲。如果說

我們已經了解了鰓金龜簡單的發聲原理，那麼牠們發出的聲音的用途仍是個謎。雄鰓金龜是否用聲音做為求婚的信號呢？有這種可能。然而在松樹上，儘管我利用有利的時機進行了非常認真的觀察，卻從未聽到過牠們發出聲音，我也沒聽到過籠子裡的昆蟲發出聲音，那麼近的距離不可能妨礙到聽覺的。

要想讓鰓金龜發出聲響，只需將牠用手指捏住，並且輕輕撩撥一下就能達到目的。牠的發聲器會突然發出聲音來，直到您把牠放開，才會停止。這時牠可不是在歌唱，而是發出一種哀怨聲，是對不幸命運的抗爭。在這個奇特的世界裡歌曲表達的是痛苦，而沈默表達的卻是歡樂。

其他用腹部或前胸演奏音樂的昆蟲也是如此，在洞底的糞團上，雌蜣螂被逮住時會呻吟、哀號；被抓在手心裡的包爾波賽蟲以單調憂鬱的歌曲來表示反抗；被抓住的天牛會發出狂叫，當危險過後牠們全都不再做聲了。同樣在很安靜的時候，牠們也總是保持沈默。除了被我惹得衝動起來時叫幾聲之外，我還從沒聽到牠們之中有誰的發聲器發出聲音來。

其他一些具有極其完善的樂器的昆蟲，唱歌是為了解悶，給交尾增加些氣氛，歡慶快樂的生活和太陽節。在危險時刻，大部分昆蟲都會停止演奏抒情曲，白面螽斯受到一點點驚擾就

會關閉八音盒③，把用發聲器彈奏的揚琴罩起來；蟋蟀則是把抬起的翅膀放下，停止發出震波。

　　相反的，蟬在我們的指間絕望地叫，短翅螽斯用小調奏出哀鳴曲。哀傷和喜悅的表達方式是相同的，以至於很難說出發聲器官確切的作用是什麼。平安時昆蟲會表達自己的快樂心情嗎？遇到煩惱時牠會哀嘆自己的不幸嗎？牠用叫聲來威懾敵人嗎？昆蟲的發聲器是否會在必要時發出聲音，以此進行自衛和發出威脅嗎？如果天牛和蟬遇到危險時會發出叫聲，為什麼白面螽斯和蟋蟀卻都不叫呢？總之，昆蟲發音的真正原因尚未被人們了解。同樣的，對昆蟲感知聲音的能力我們也沒有更多的了解。昆蟲能聽見人們聽到的聲音嗎？牠對我們所說的音樂是否特別敏感？別指望有任何人能解決這個難題。我做過一個值得詳述的實驗。我的一位讀者對我講述的昆蟲故事非常感興趣，寄給我一個八音盒，希望這個八音盒能有助於我的聲學研究。八音盒的確發揮了作用。我們現在就來講述那次實驗，並借此機會感謝為我寄來漂亮禮物的那位慷慨的讀者。

　　這個小八音盒的節目豐富，奏出的音樂總是清脆悅耳，依我看它應該會引起昆蟲聽眾的注意的。最符合我的計畫要求的

③ 八音盒：樂器名，多為方匣，內具發條，能重複奏出固定曲調。──編注

曲目之一是〈角鎮的鐘聲〉④。我是否能以這個曲子作誘餌，
吸引鰓金龜、天牛和蟋蟀的注意力呢？

　　我從天牛開始，這是一隻小櫟黑神天牛，我趁牠向遠處的
女伴獻殷勤時播放音樂。牠細細的觸角朝著前方，動也不動，
好像在詢問著。就在這時響起了悠揚的〈角鎮的鐘聲〉的樂
曲，叮叮咚咚。那昆蟲完全不動，一副沈思的樣子，牠那聽覺
器和觸角沒有一絲顫動，也沒有一點彎曲。我又在不同的時間
不同的日子試過幾次，這些嘗試沒有發揮一點作用，這蟲子沒
有晃動觸角表示讚賞，也絲毫沒注意到我的音樂。

　　在松樹鰓金龜身上得到的結果也一樣，牠觸角尖的扇葉完
全保持著在安靜狀態下的姿勢。蟋蟀也不例外，按說牠那柔軟
的細絲在聲波衝擊下應該很容易晃動的。這三個實驗對象對我
的刺激方法完全無動於衷，絲毫看不出牠們有什麼感覺。

　　從前，一門大炮在法國梧桐樹下轟鳴，一刻也沒使樹上的
蟬演奏的交響樂停頓下來；後來，歡慶節日的人群的嘰嘰喳喳
聲，旁邊放焰火的劈劈啪啪聲，也未妨礙正在織網的圓網蛛織

④〈角鎮的鐘聲〉：法國作曲家 Rober Plan Quette，1877年的喜歌劇作品。
　　——編注

出幾何圖形；⑤如今清脆的〈角鎮的鐘聲〉樂曲也未能打動這些無動於衷的昆蟲。按說我們可以由此做出判斷了，可是我們真的能夠下定論了嗎？那恐怕太早了吧。

這些實驗只能讓我們推論昆蟲的聽覺與人類的聽覺不同，就如同牠們複眼的視覺和人眼的視覺也不同。物理器械麥克風聽得見，如果可以這麼說的話，它聽得見我們聽不到的聲音；但是，它可能聽不到很強的嘈雜聲，在隆隆的雷聲下它會出毛病，變得效果很差。那麼昆蟲這種更加脆弱的玩意又將會如何呢？昆蟲對我們的音樂聲和嘈雜的喧嘩聲一點也沒有感覺，牠有屬於牠們那個微小世界的聲音，除了那些聲響之外，其他的聲音都沒有意義。

七月中上旬，籠子裡的雄松樹鰓金龜蜷縮在角落裡，有些把自己埋進土裡，牠們因衰老而平靜地死去了。此時，那些雌性正忙於產卵，或者換一種更具象的說法，牠們在忙於播種。牠們用鈍犁形的腹部末端挖土，有時整個鑽進土裡，有時把洞挖到齊肩深，二十枚卵一枚一枚分別被放進碗豆大的小圓洞裡。除此之外，牠們沒有給予卵更多的關照。這真像是用挖洞

---

⑤ 蟬與圓網蛛的故事見《法布爾昆蟲記全集 5──螳螂的愛情》第十六章、《法布爾昆蟲記全集 9──圓網蛛的電報線》第七章。──編注

的小鏟子播種。

　　這使人想到了非洲的豆科植物花生，為了使它那帶有榛果味的含油種子發芽，它將花柄彎曲，伸進土裡。這還使我想到了生長在我家鄉的一種叫雙果野豌豆的植物，它能結出兩種莢果。一種是朝天莢果，裡面結有大量的種子，另一種莢果長在地下，種子顆粒較大，莢果裡常只有兩粒種子。其實兩類種子是一樣的，它們長出的植物，結的果都一樣。

　　土壤濕潤就是種子發芽的全部條件。播種已經由野豌豆和花生自己完成了。就母親對幼兒的呵護來說，植物堪與動物媲美，松樹鰓金龜並不比那兩種巢菜屬植物更強。松樹鰓金龜把種子播在土裡，這就是牠所做的一切，牠確確實實只做了這些。比起對孩子們關懷備至的米諾多，牠可差得太遠了。

　　兩頭圓的橢圓形卵長四公釐半，呈不透明的白色，好像裹著一層堅硬的、酷似雞蛋殼的白堊外殼；然而，這是一種假象，卵孵化後留下的是一層透明的、又薄又軟的膜。表面看到的白堊色是透過透明膜顯現出來的內部顏色。孵化是在卵產下一個月後的八月中旬完成的。

　　我該如何餵養幼蟲並看到牠們第一次進食呢？根據我分析

那些幼蟲經常光顧的地方來看，將新鮮的沙和隨便什麼樹葉的腐爛碎渣攪拌在一起就行了。新生兒在這樣的環境中成長壯碩起來，我看見牠們東挖一條短廊，西挖一條短廊，抓起小片腐葉吃得津津有味，看上去一副心滿意足的樣子。如果我有時間繼續飼養牠們三、四年，一定可以獲得蛻變成熟的幼蟲。

但是把時間花在這樣的飼養上是沒有意義的，到田野裡去挖掘幾次我就可以得到長得肥大的幼蟲。牠們胖嘟嘟的，形如彎鉤，前部呈乳白色，尾部的腸道裡積存著「寶物」，因而外表看起來呈土褐色，腸道儲藏的糞便不久後將用來塗抹牆壁、拌砂漿建造蛹室。這些大腹便便、形如彎鉤的鰓金龜，和花金龜、犀角金龜以及細毛鰓金龜的幼蟲一樣惜糞如金，把糞便儲藏在棕色的腹腔內，到時可用來建造隔室。

我是在沙土地裡抓到這些大幼蟲的。那裡生長著稀稀疏疏的禾本科植物，遠離除柏樹之外成蟲從來不碰的含樹脂的樹木。照規矩來說，牠們在松樹上玩耍之後，從遠道來此產卵。成蟲很節儉，只吃些松針，而牠們的孩子需要泥土裡濕爛了的各種腐葉。因此牠們決定放棄新婚的樂園。

一般鰓金龜的幼蟲貪吃植物的嫩根，是農作物的大敵。松樹鰓金龜的幼蟲幾乎不危害樹木，一些腐爛的側根和正在腐爛

的植物碎渣就能滿足牠的需要。至於成蟲，牠們吃樹上的綠松
針，但不是濫吃。如果我是松樹的主人，是不大會在意這點損
失的。那麼多的葉子吃掉幾口、拔掉幾根算不得什麼嚴重的
事。還是別去打擾牠們吧。牠們是夏季黃昏時的點綴，是夏至
的美麗珍珠。

第十章
沼澤鳶尾象鼻蟲

　　結果植物曾經是、現在也仍然是人類的主要食物。在東方神話中所講述的古代天堂裡沒有其他食物，那是個幸福的樂園，有清澈的溪流和各類水果，其中有被視做不祥之物的蘋果。另一方面，我們的窮苦人家很早就會利用草藥的功效解除痛苦，有的有確實的藥效，而有的也可以說大部分的藥效是人們想像出來的。人類對植物的認識，與對人類疾病的產生和食物的需求的認識，有著同樣古老的歷史。

　　相反的，人類對昆蟲的認識，卻是全新的，古人不了解這些小動物，根本不屑看牠們一眼。這種蔑視並未結束。我們模模糊糊地知道一些蜜蜂和蠶的工作，也聽說過螞蟻的本領；我們知道蟬會唱歌，但是對這位歌唱家卻沒有一個明確的認識，而將牠和別的昆蟲混淆。我們也許會漫不經心地看一眼美麗的

蝶蛾，我們對昆蟲的了解也就僅限於這些。我們之中，如果不是這一行的，有誰敢冒險說出一種昆蟲的名字，即使是最爲人知的昆蟲名字呢？

對田間的昆蟲觀察較多的普羅旺斯農民，充其量也只能叫出大千昆蟲世界中十幾種昆蟲的名字。他們掌握了極爲豐富的植物詞彙，某些在人們想像中只有植物學家才認識的草，他們卻很熟悉而且能說出準確的名稱。

素食昆蟲通常固守著養育牠們的植物，因此將植物學和昆蟲學知識結合在一起，就能消除新手的許多顧慮。昆蟲開發的植物會說出開發它的昆蟲的名字，比如說，誰不知道沼澤鳶尾呢？它的綠色刀葉和一束束的黃花倒映在溪水中。漂亮的綠蛙、雨蛙，把牠們的喉部鼓成像風笛似的袋子，在下雨前呱呱地叫。

我們靠近些。在鳶尾那被六月的熱氣蒸得開始成熟的蒴果上，我們將看到奇怪的一幕。一群身材矮胖結實的紅棕色象鼻蟲抱在一起，分開，又抱在一起；牠們是在接吻，正忙著交尾。這就是我們今天研究的對象。

牠沒有通俗的名字，但是歷史卻強加給牠一個奇怪的名字

——假菖蒲鳶尾象鼻蟲，按字面意思解釋就是盲人草上唯一的指甲。對單詞進行探查剖析的語法學家，他的解剖刀就像生理解剖刀一樣經常有特殊的發現。我們來解釋一下這個莫名其妙、根本沒有任何意義的詞彙。

那種有助於失明者，也就是說有助於眼疾的植物是菖蒲屬植物，古時候醫生用這種植物治療某些眼疾，它的葉子像利刃劍，和沼澤鳶尾有些相似。沼澤鳶尾是假的盲人草，外表頗似那種有名的藥用植物。

至於說唯一的指甲，鳶尾象鼻蟲的跗節——六個跗節可以為此作出解釋。牠的六個跗節上都只有一個小爪，而通常一般應該有兩個爪。這個奇怪的例外的確值得說明，但不論如何大家都喜歡用「鳶尾象鼻蟲」這個名字，而不是「盲人草上唯一的指甲」。不求華麗的俗稱不會使人茫然，而且直截了當地指明了那種昆蟲。

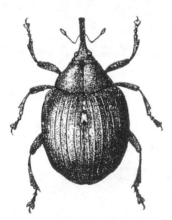

沼澤鳶尾象鼻蟲（放大8倍）

六月，我採了一些沼澤鳶

尾的莖，上面結著一束束已經長大了的蒴果，一直保持著鮮綠的色澤。鳶尾上有開採者象鼻蟲。被囚禁在鐘形網罩裡的象鼻蟲和在溪邊時一樣繼續工作著，牠們或獨處或成群結夥，都占據著有利的位置。牠們把口器伸進綠色植物皮下不停地吸吮著，慢慢地喝著，當牠們喝夠了，把口器取出時，那個井眼裡就會冒出一層黏液，不久就會凝固，為那個被吸乾了的地方做上記號。

另一批昆蟲來了。牠們吃著鮮嫩的蒴果，並將蒴果層層剝開，直至露出種子。別看牠們那麼小，卻是些貪婪的食客；如果好幾隻在一起聚餐，能吃掉一大片蒴果，但是牠們不傷及種子，這是留給幼蟲的食物。許多象鼻蟲在散步，牠們不思飲食。牠們相聚在一起，互相調戲一會兒後，便進行交配。

我沒能見到牠們產卵，再說牠們的產卵方式想必和別的象鼻蟲沒有什麼不同。看來雌象鼻蟲是用口器挖一口井，然後轉過身，插入產卵管，把卵產在裡面。我看過一些剛孵化的幼蟲。幼蟲就生活在一粒顆粒飽滿已開始變硬的種子內。

七月底，我打開當天從溪邊摘來的蒴果。大部分蒴果裡都有三種形態的昆蟲：幼蟲、蛹和成蟲。蒴果的三個果室中各有十五粒種子，形狀扁平，一粒挨著一粒。每條幼蟲的配額是三

粒相鄰的種子。除了殼太硬吃不動以外，中間的部分全被吃光
了。種子的兩頭只受到輕微的損害，因此相鄰的三顆種子形成
了一個三隔間，中間是一個圓環，兩頭像小酒盅。

　　每個果室裡有十五粒種子，頂多可以接待五條幼蟲。足夠
的食物和獨立的小間，幼蟲住在裡面才能避免相互干擾。但是
根據統計，在蒴果的每一個果室外面都有大約二十個洞眼，每
個洞上都有個小瘤，不是膠質的，就是棕色物質構成的，這些
洞代表著被象鼻蟲的口器鑽探過的次數。

　　有些洞是象鼻蟲取食時留下的，這裡是殖民者攝取食物的
小酒店；另一些洞眼則是用於產卵的，卵從這些洞眼被一枚一
枚放進了食物中間。從內部根本分不出哪些是酒店，哪些是嬰
兒室。因此光憑那些洞眼的數量，很難準確地說出蒴果裡有多
少卵。假定兩種洞眼各占一半，在果室上的二十個洞眼中，有
十個是用於產卵的，那麼裡面的幼蟲就比蒴果能夠養活的數量
多出了一倍。多出來的那些怎麼辦？

　　這使我想起了豆象，牠在豆莢上播撒的卵太多，和豆莢裡
儲存的糧食數量根本不成比例。[1]同樣的，在鳶尾上，產卵者

---

① 見《法布爾昆蟲記全集 8──昆蟲的幾何學》第二章。──編注

也不考慮食物的配額，使蘋果裡原本已經很稠密的居民變得更稠密，使原本就已經夠擁擠了的果室變得更加擁擠，這個狂熱的生育者沒有考慮未來，盡其所能拼命生育。

塔普修斯毛蕊花只要有一顆種子發芽就能傳宗接代，可是它竟結出八萬多粒種子。人們對此表示理解，因為它的莖葉是一個足夠一大群消費者享用的食物寶庫。可是人們卻不能理解豆象、鳶尾象鼻蟲和其他某些昆蟲，牠們沒有嚴重裁員的危機，卻還是過度生育，不管是否有必需的生活來源。

由於鳶尾蘋果中沒有足夠的地方，果室裡的十位賓客最多只有四、五個能倖存。至於其他賓客的消失，千萬別從同類相殘上去尋找原因，儘管以這種毒辣的手段進行生死較量的例子數不勝數。但是象鼻蟲的幼蟲太謙和了，不可能擰斷搗蛋者的脖子。我寧願接受關於豆象的解釋，後來者發現好位置已被占領，寧可自己死去也不會為了趕走別人而鬥毆。富裕的糧食和生存的希望屬於先安頓下來的豆象，飢餓和死亡屬於後來者。

八月，鳶尾的蘋果外面開始出現成蟲了。鳶尾象鼻蟲的幼蟲不像豆象幼蟲那麼有能耐；儘管牠們有著堅韌的牙齒卻不能為遷徙做任何準備，得由成蟲來為牠們開通一條出路，那是一個穿過堅硬的種子外殼和厚厚的蘋果壁的圓洞。九月蘋果的殼

終於變成了栗色，裂成了三瓣，蘋果房搖搖欲墜。在它倒塌之前，最後的占領者們急著搬遷，一個個從小圓天窗撤走，牠們將在附近隨便找個隱蔽所過多。後來，春天復返了，開著黃花的鳶尾重新開始結果。

離我們的昆蟲活動地點不遠處的植物中，除了沼澤鳶尾之外，還有三種鳶尾。在附近山上的岩薔薇和迷迭香中有許多矮鳶尾，開著各色的花，有紫色的、黃色的或白色的，也有的開著三色混雜的花，那種植物只有一掌寬的高度，但是它的花朵絲毫也不比別的植物的小。

在同樣的山坡上，雨水充足、土壤潮濕的地方，鳶尾長得密密麻麻的，像鋪著漂亮的地毯。雜鳶尾瘦長，葉子纖細，開出的花特別漂亮。在我觀察昆蟲的小溪附近還長著火腿鳶尾，皺巴巴的葉子呈波浪形，散發出一股大蒜火腿的氣味。它的種子呈美麗的橘黃色，這是它不同於其他鳶尾的特點。

總之，不算那些可能已經移植到附近花園裡的外來品種，光這裡就有四種土生土長的鳶尾供象鼻蟲享用了。不管是哪種鳶尾結的果實都相同，它們一樣碩大，並富含種子，儲存的糧食該不會有很大的差別。而且這些植物都在同一個時期開花，數量之多足以大面積地繁殖。但是，象鼻蟲總是選擇沼澤鳶

尾，我從沒在其他三種鳶尾的蒴果中發現過牠們的幼蟲。爲什
麼放著那麼多的品種不享用，偏偏認定一種呢？這種選擇可能
是由成蟲和幼蟲的口味決定的。成蟲吃的是肉質果殼，而幼蟲
吃的只是尚未變硬、多汁的種子。是否任何一種鳶尾的蒴果都
符合成蟲的口味呢？這有待考證。

　　我把從不同的鳶尾上採來的蒴果放在鐘形罩下，有沼澤鳶
尾蒴果、矮鳶尾蒴果、火腿鳶尾蒴果和雜鳶尾蒴果，它們全被
混在一起。我還加進了兩種外來的蒴果，白鳶尾蒴果和劍形鳶
尾蒴果。與其他品種很不同的是，它們的莖是鱗莖，而一般的
鳶尾的莖是根莖。

　　結果，所有這些蒴果都和沼澤鳶尾蒴果一樣大受歡迎，象
鼻蟲在它們的殼上穿孔，剝掉外殼，在上面開了許多天窗。按
照慣例，我選的那些果子和長在溪邊那種很像，消費者根本看
不出任何差別。牠們毫不猶豫地從一個果子吃到另一個果子，
牠們滿懷熱情地吃著，新菜肴的味道絲毫沒有破壞牠們的味
覺。對牠們來說，不管來自哪種鳶尾的蒴果都很可口。可別以
爲這種偏離常規的行爲是因囚禁的苦悶引發的，在園子裡高高
的白鳶尾莖上，我發現一群象鼻蟲在吃著綠色的蒴果，這些第
一次出現在我的荒石園裡的象鼻蟲，是從何處長途跋涉來到這
裡的？潮濕岸邊的殖民者是如何得知，在我這塊乾燥多石的地

方，有種正開著花的漂亮鳶尾可以開發呢？即使是新長出的蒴果，牠們也一點都不肯放過，食物太合牠們的口味了。因此我無法利用這個意外的收穫了解到什麼，是否這種奇特的植物適合牠們產卵呢？

除了鳶尾以外，有沒有其他相近的植物的蒴果是牠們所喜愛的呢？我試過三角形的菖蘭果和呂德爾阿福花及賽拉西非如斯阿福花這兩種阿福花的圓形蒴果，都徒勞無功。象鼻蟲不喜歡它們，頂多也只是把口器插進俗稱雅格布棍子的黃色阿福花的綠色小球裡嚐一下味道，就抽出了口器。那種菜不對牠的口味，而且就連飢餓都無法戰勝本能的厭惡感。牠們寧可餓死也不去碰那些非傳統的食物。

當然在菖蘭和那兩種阿福花上，我也沒能得到任何關於象鼻蟲產卵的情況。成蟲更有理由拒絕將自己認為難吃的食物充作孩子的食物。我用好幾種鳶尾做實驗，除了沼澤鳶尾以外，情況也不見得樂觀。難道應該把這種拒食行為歸咎於囚禁生活嗎？不，因為在鐘形罩內沼澤鳶尾的蒴果裡照樣有幼蟲。在築巢產卵期絕對要戒除任何非傳統的飲食，這是對古老習俗不可動搖的遵守。的確，我從沒見過象鼻蟲在沼澤鳶尾蒴果以外的地方安過家，即使其他鳶尾外表多麼誘人，尤其像矮鳶尾，多肉，而且到了春天數量還特別多呢。

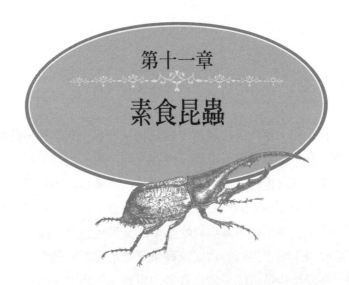

第十一章

素食昆蟲

只有活人、文明人才懂得吃的學問。只有人類才講究飲食的排場。他們講究烹調，有著精湛的廚藝；他們藉著高級餐具襯托出用餐的莊重氣氛，在餐桌上擺出一副權威的架勢，還講究一些規矩和禮儀；他們在宴席上一邊嚼著肉，一邊還要聽音樂、賞鮮花，讓用餐成為一項高雅的活動。昆蟲可沒有這些怪癖，牠們吃東西就是吃東西，不管怎麼說，這也許才是不損害自己最正確的方法。牠們只管吃著自己的食物，這就夠了。牠為了生存而進食，而我們之中的某些人也一樣，活著首先是為了吃。

人的胃是個無底洞，什麼能吃的東西都能吞下去。素食昆蟲的胃則是個精細的工作坊，牠只接受精心選定的食物。每位光臨素食宴會的賓客都只吃牠愛吃的植物，水果或蘋果，根本

不屑其他的，即使那些食物具有同樣的價值。

　　相反的，葷食昆蟲超越了對食物狹窄專一的限制，什麼肉都吃。金步行蟲覺得毛毛蟲、螳螂、鰓金龜、蚯蚓、蛞蝓以及任何獵物都合牠的口味；節腹泥蜂爲幼蟲捕抓各類象鼻蟲和吉丁蟲，不論類別；而豆象只吃豌豆和蠶豆；黑刺李象鼻蟲只吃黑刺李；色斑菊花象鼻蟲只吃薊草的天藍色毬果；榛果象鼻蟲只吃榛果；剛才提到的鳶尾象鼻蟲只吃沼澤鳶尾蒴果；還有其他一些昆蟲也是這樣。素食者是視野狹窄的專家，而葷食者則不加限制，兼容並蓄。

　　過去，我曾試圖變換過葷食昆蟲的幼蟲的飲食，並獲得了成功，這使我感到很快樂。我爲以象鼻蟲維生的昆蟲供應蝗蟲；爲吃蝗蟲的昆蟲供應雙翅目昆蟲。這些幼蟲在牠們沒見過的食物面前毫不猶豫，也沒感到什麼不適。但是我可不會用隨便什麼樹葉去餵一條毛毛蟲，牠是寧可餓死也不會去碰一下的。比植物更精細的動物類食品，讓食用者的腸胃可以在接受一種食物後再接受另一種，無需循序漸進的適應過程；不過若是想要接受相對較粗糙的植物，就需要食用者逐步養成習慣。從食羊肉改爲食狼肉是容易做到的事，只要加以一些次要的改變就行了。但是從食羊肉改爲食植物，則需要有強大的消化能力才辦的到。對這項工作來說，一個由四部分組成的、可反芻

的胃並非多餘的。如果昆蟲是葷食的，牠就能夠變換飲食，任
何獵物對牠而言都一樣。

此外，植物還附帶著其他的條件。由於植物中含有澱粉、
油、濃汁、香味，經常還帶有毒性，品嚐每種植物都是一次冒
險，以至於昆蟲不敢這麼做，從一開始就堅決拒絕了其他種類
的植物。選擇亙古不變的飲食，比冒險去嘗試那些危險的、沒
吃過的食物可安全多了。也許這就是素食昆蟲只認定一種植物
的原因。

地球上的財富在消費者之間是如何進行分配的呢？別奢望
獲知答案，這個問題大大超出了我們研究方法允許的範圍，實
驗充其量也只能幫助我在這個未知領域裡進行一些探索，研究
昆蟲的飲食固定到什麼程度，如果有變化的話，就記錄牠們的
飲食變化。這樣將可獲得一些資料，以便將來利用這些材料對
這個問題進行更深入的研究。

秋末，我把兩對糞生糞金龜養在大籠子裡，裡面有大量的
騾糞。我養牠們並非有所計畫，只是出於職業習慣，不想失去
一次機會。偶然的機會使我得到了牠們，以後的事也將順其自
然。擁有我賞賜給牠們的豐盛食品，糞金龜足以用來築巢和養
家餬口了。我沒再去管牠們，整個冬季牠們都被遺忘了。

春天來臨時，趁著閒暇，我忽然心血來潮前去探望牠們。先前這裡也和街上一樣下了雨，雨水從金屬網紗的側面打進去，輕易地穿過網紗滲到地上，大籠子裡的泥土變成了泥漿。

儘管如此，那些父母們加工好了的糞腸數量還是很多，但是情況糟透了！那些被不斷滲透到內部的雨水浸泡著的糞腸，如果被挪動一下，就會散開。在每根糞腸底端的陋室裡，都有一枚秋末產下的卵。冬天受到凍土保護的卵，長得又圓又胖，非常健康，顯然孵化在即。

為這些將要出殼的幼蟲準備什麼吃的呢？我不敢指望那些按慣例做成的糞腸變成的廢渣。怎麼辦呢？我們採用荒唐的人工方法，供應牠們一道我們發明的菜肴，這種菜肴糞金龜絕對沒見識過。我用在泥土中泡濕了的榛樹樹葉、櫻桃樹葉、栗樹樹葉、榆樹葉以及其他的樹葉，為幼蟲製作了一種醬。我將樹葉在水中浸軟，切得像煙絲那麼細。卵被放在試管底部，上面蓋上一層樹葉末；其他卵也被放入試管，但上面鋪的是被雨水浸泡得面目全非的一般食物，以做為對照。

三月的第一週，幼蟲孵化出來了。自牠們出殼後，我就監視著牠們。好幾年前，當我第一次見到這種幼蟲時，我大吃一驚。這次我又認出了牠那殘缺的軀體。因為之後還會談到這種

奇怪的變異，在此我只想說說牠的頭部。牠的頭特大，圓弧形的大顎像剪刀般鋒利。大顎的運動肌圓鼓鼓的，大顎尖有著小圓齒狀葉緣，底部有著硬硬的尖刺。從牠的咀嚼器就能知道，這是個不嫌棄木質纖維的食客。有了這樣的粉碎機，想必能把一根草稈變成奶油蛋糕。

我看著牠們吃第一口食物，原以為牠們會猶豫不決，會在那些糞金龜家族從未吃過的不尋常食物中不安地試探一番。然而，情況並非如此。食糞腸的食客完全接受了腐葉製成的香腸，牠們第一次進食時表現出的那股熱情，使我相信我的奇怪做法獲得了成功。

起初幼蟲在身邊找到一個小條棍，將它抓住，用觸鬚和前腳翻來翻去；慢慢地咬開一頭細細咀嚼，吃了一條又一條，大小都無所謂，牠們不挑不揀，凡是大顎碰到的棒形食物都被吃了下去。牠們就這麼不停地吃，食慾歷久不衰，以至於昆蟲毫無困難地長成了完美的形態。當牠們的背上變成煤玉似的黑色，肚皮變成紫晶色時，我把這些糞金龜給放了。牠們剛才提供的資料令我驚嘆。

我得做個相反的實驗，食糞性甲蟲吃腐葉能長大，我如果給食樹葉碎片的昆蟲吃糞，會不會獲得同樣的成功呢？我從堆

在院子角落裡準備做堆肥的枯葉中，抓到十二條半大的金色花金龜幼蟲，把牠們放在一個廣口瓶中，裡面不放別的食物，只放了一些在路上風乾了幾天已經變得相當乾燥的騾糞。也許糞便做成的食物很受未來的薔薇宿主歡迎。我沒有發現牠們有著絲毫的猶豫和厭惡的表情，被吹得半乾的多纖騾糞吃起來並不比因腐爛而變成棕色的樹葉差。第二個廣口瓶裡裝的是正常餵養的幼蟲。兩種幼蟲的食慾和身體狀況都沒有差別，兩組幼蟲最後都按常規完成了蛻變。

這兩次的成功引起了我的深思。顯然的，花金龜如果毫無顧忌地放棄牠那堆腐葉，到大路上去開發騾糞，肯定要吃虧。讓牠放棄用之不盡的財富、溫濕的環境、極其安全的住所，而去尋找低劣的、危險的、被路人踐踏的食物，牠才不會幹這種傻事呢，儘管這種新菜看看上去多麼誘人。

對糞金龜來說情況就不同了。在鄉間牲畜的糞便雖然不少見，但還遠未達到隨處可見的地步。牲畜的糞便常常沾在車輪上，外面還沾著一層碎石，成了食糞性甲蟲挖穴時無法克服的障礙。半腐爛的樹葉，卻堆得到處都是，多得用也用不完，而且在土質鬆軟便於挖掘的地方樹葉很多，如果樹葉太乾也絲毫沒有妨礙，可將它們放到地下深處，讓它們在潮濕的土壤中變得柔軟適度。糞金龜可是名副其實的挖掘者，比起一般挖的洞

穴還深一拃的地窖，應該是最理想的浸漬工作坊。

　　既然像我的實驗證明的那樣，糞金龜吃腐葉做的棒形食物就能長大；由此看來，做糞腸的糞金龜若是稍微改變一下自己的工藝，用腐葉代替糞便是非常有利的，這個種族會從中得到好處，會變得更加興旺；因爲牠們的食物會變得非常豐盛，而且是在極其安全的地方。

　　如果說除了我人工飼養的糞金龜之外，其他糞金龜沒利用過腐葉，甚至不曾有過使用腐葉製作香腸的想法，那是因爲飲食習慣不單是由取食者的胃口決定的。爲了讓有機物質寶庫裡的物質各盡其用，經濟法則規定了飲食習慣，每一類動物都有屬於自己的一份。

　　我們來舉幾個例子說明。阿特洛波斯鬼臉天蛾這種奇怪的蛾，背上有個模模糊糊的骷髏頭圖案，牠的幼蟲命中注定就是吃馬鈴薯葉的。阿特洛波斯鬼臉天蛾是個外來者，好像是來自美洲，是隨著牠吃的植物一起被引進的。我試過用好幾種和馬鈴薯一樣屬於茄科屬的植物飼養牠的幼蟲，儘管牠們在食用馬鈴薯葉時顯出極度飢餓的樣子，卻還是斷然拒絕了天仙子、曼陀羅和菸葉。

這些植物中飽含強烈的生物鹼，也許這就是遭到拒絕的原因。因此不要超出眞正的茄科屬植物的範圍，用毒性較小的茄科來代替毒性較大的植物吧。蕃茄葉、茄子葉、結黑色果實的茄科屬植物黑茄、以及結橘黃色果實的茄科屬植物毛茄都遭到了拒絕。相反的，原產於紐西蘭的條裂茄和普通的歐白英，卻和馬鈴薯一樣能引起牠們的食慾。

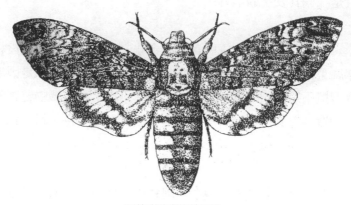

阿特洛波斯鬼臉天蛾

這些相互矛盾的結果使我茫然。既然阿特洛波斯鬼臉天蛾的幼蟲應該吃帶茄味的食物，爲什麼同屬於茄科屬類的植物，有的被貪婪地吃光了，有的卻遭到了拒絕呢？是不是因爲所含的茄素劑量不同，有的含量微弱，有的含量較多呢？我百思不得其解。

被雷沃米爾稱爲拉貝爾的大戟天蛾的美麗幼蟲，沒有這些無法解釋的癖好，任何類別的植物對牠來說都是好的，不管從植物的傷口裡流出的是大戟的汁液，還是乳白色的帶火辣滋味的汁液。我經常在我家鄉的沙哈西亞大戟上見到牠，但牠也同樣出現在較小的大戟品種賽哈塔大戟和吉哈赫迪那大戟上。

養在我的網罩裡的天蛾幼蟲長大了，牠們隨便吃什麼樣的大戟都行；除了這些鹼性食物之外牠們什麼也不吃，任何其他的植物都讓牠們厭惡。牠們對我菜園裡無味的萵苣、辛辣的薄荷、富含濃硫磺汁的十字花、苛性毛茛和其他或多或少有些辣味的植物很厭惡，轉過頭去，看都不看一眼。牠們絕對只吃大戟，也只有牠們才能嚥下大戟的乳液，換了別的昆蟲，喉嚨早被這種乳汁腐蝕了。這麼辛辣的植物牠們卻吃得津津有味，這必定是長期養成的習慣，事情是相當明確的。

阿特洛波斯鬼臉天蛾的幼蟲

　　喜歡吃辛辣刺激食物的食客還不少呢，如短喙象鼻蟲的幼蟲，牠和普羅旺斯的農民一樣喜歡蒜泥蛋黃醬，牠們在大蒜珠芽裡長得胖嘟嘟的，不需要別的食物。更有甚者，我曾經在馬錢子裡發現過一些不知是什麼昆蟲的幼蟲。馬錢子是一種含有劇毒的植物，市政部門把這種毒藥塗在香腸上用來毒殺野狗和狼。這些吃馬錢子鹼的幼蟲，肯定不是逐漸適應這道可怕菜肴，而慢慢養成習慣的。如果牠們沒有一個特殊的胃，只需一口就會喪命。

　　素食昆蟲對某種或溫和或有毒性的植物具有專一的愛好，但也有許多例外。有些昆蟲雜食素菜，不幸的旅行家蝗蟲吃各種綠色植物，普通的蝗蟲不加區別地瞄準任何草束，被關在籠子裡給孩子們玩的蟋蟀也吃萵苣和苦苣，這些新的菜肴讓牠忘記了草地上難嚼的禾本科植物。

　　四月，在路邊那長著青草植物的陡坡上，有一群群醜陋的、胖嘟嘟的銅黑色蟲子。當牠們受到驚擾時，便會扭動身子，蜷縮成一個小球。牠們是靠著六隻小細腳拖著笨重的身子行走，這時牠肛門上的囊泡成了一條輔助腿，有著槓桿的作用，將牠向前推。這是一種大型的黑金花蟲的幼蟲，一種很普通的蟲子。牠們在自衛時會吐出一種橘黃色的唾液。

今年春天，我興致勃勃地在牧場上追蹤一群這樣的蟲子。牠們喜歡長得像小拇指似的茜草科植物真拉拉藤。途中我見到其他植物也有被啃咬過的痕跡。特別是菊苣科植物如粉苞菊，還有豆科植物如苜蓿、匍匐車軸草。羊群從不吃這類辛辣調味品，有棵芥哈赫大戟被糟蹋了，花序散在地上，一些幼蟲在此停下腳步，啃咬著鮮嫩的莖梢，像吃三葉草那麼津津有味。總之，這些腳不靈光、大腹便便的幼蟲，日常的飲食種類是相當豐富的。

像這樣吃著雜七雜八植物的幼蟲多的是，沒有必要在這個問題上做過多地糾纏。我們現在來研究一下開發木質纖維的昆蟲。埃爾加特的幼蟲專門生活在腐爛的松木中，也就是那種被毫無道理地稱為木蠹蛾的幼蟲，另外還有專門開發老柳樹的薄翅天牛，牠們都是專家。

個子嬌小的櫟黑神天牛把幼蟲交給山楂樹、黑刺李樹、杏樹、桂櫻等所有屬於薔薇科的喬木和灌木，牠在忠實於帶有氫氰酸怪味的木質植物的同時，也稍稍變換一下飲食的範圍。

白底藍點的美麗豹蠹蛾，飲食的種類更廣泛。牠是我的荒石園裡大多數喬木和灌木的災星。我發現牠的幼蟲最喜歡丁香樹，其次是榆樹、法國梧桐、繡球花、梨樹和栗樹。牠在樹上

鑽洞，筆直地挖出一些瓶頸般粗的隧洞，把樹幹變成了一個脆弱不堪的空殼，遇到強勁的北風時樹幹便會因此斷裂。

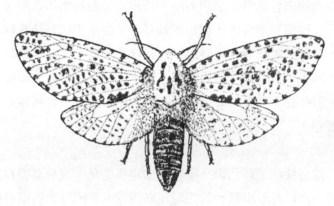

豹蠹蛾

我們還是言歸正傳來說說那些專家的情況。山楊楔天牛專吃黑楊不吃別的，色斑楔天牛的產業開發對象是榆樹，天使魚楔天牛始終守著死櫻桃樹，大天牛把幼蟲安頓在橡樹中，牠有時選擇英國櫟，有時選擇聖櫟樹。大天牛很容易飼養，只要有原木做窩就行了。這正適合於做一項具有一定意義的實驗。

我收集到了被雌天牛摸索著用尖尖的產卵管送進樹皮凹縫裡的卵。這個收穫使我可以從事不同的實驗。剛出生的幼蟲是不是會接受任何一種木頭呢？這就是要研究的問題。我選了一些剛鋸下來的直徑二三指寬的木段，有綠橡木、榆木、椴木、

刺槐、櫻桃木、柳木、接骨木、丁香木、無花果木、桂木、松
木。新生幼蟲為尋找地方挖洞而遊移不定，為防止牠們跌落和
受驚，我盡力仿造出牠們的生活環境。天牛把牠的卵產在樹皮
的凹縫裡，用薄薄的樹膠把卵固定在那裡，而我卻無法用同樣
的方法把卵黏在木頭上。我的塗料也許會危及胚胎的生命，但
我可以利用一些皺褶將牠們固定住。我用小刀尖在樹皮上刻出
皺褶來，也就是說刻出一條條細縫，將卵半嵌在裡頭。這個辦
法取得了預期的成功。

　　沒過幾天，卵孵化了，幼蟲沒有跌下來，牠們全都穩穩地
待在我用小刀刻出的細縫裡。我驚喜地看到牠們臀部的第一次
搖動，看到弱小的幼蟲身後還拖著白色卵殼，第一次用牠的鉋
刀去刨那討厭的樹皮和木頭。很快的幼蟲都消失在一層薄薄的
蛀屑中，這是牠們工作的結果。由於挖掘者很弱小，小蛀屑堆
還很小。讓牠們去吧，不出兩星期我們就會看到蛀屑堆變得幾
乎和煙斗差不多大。然後一切都將停止，除了橡木上的之外，
蛀屑不再增加了。

　　開始一段時間的活動情況在哪裡看到的都一樣，幼蟲蛀蝕
的木頭味道和口感很不相同，一開始會讓人以為天牛的幼蟲有
個非常通融的胃，能吃流出苦澀的乳液的無花果木、帶濃香味
的桂木、充滿樹脂的松木以及含丹寧酸的橡木，思考使我們扭

轉了這種錯誤的想法。現在小幼蟲還沒開始吃，牠們忙著挖一個深深的洞穴，以便在那裡安安心心地用餐。

放大鏡下的蛀屑就證明了這一點。這種粉末不是來自消化道，幼蟲根本沒有享用食物，這是大顎的切割器削下的粉末，不是別的。

等牠們胃口開了的時候，洞穴也達到了要求的深度，幼蟲終於開始吃東西了。如果牠們口裡嚼的是傳統的食物，亦即含有收斂藥味的橡木碎屑，牠們就會沒命地吃，並將食物消化掉；如果沒有這樣的食物，牠們就會節食。這肯定就是橡木段上蛀屑堆不斷擴大，而在其他數種的木段上蛀屑堆卻一直不見變化的原因了。

因得不到喜歡的食物而嚴格絕食的幼蟲，在小洞穴的底部做些什麼呢？孵化六個月後的三月，我對此有了了解。我劈開原木，待在裡面的幼蟲沒有長大，但始終很活躍，如果碰碰牠們，牠們就會輕輕擺動。這麼幼弱的蟲子在沒有食物的情況下，竟有這麼頑強的生命力，的確令人吃驚。牠使我想起了鉗顎象鼻蟲的幼蟲，牠們在以橡樹葉捲成的小筒裡經歷夏季乾旱的煎熬，牠們停止進食，進入休眠狀態，瀕臨了死亡的邊緣。牠們就這樣堅持了四、五個月，直至秋雨到來，使牠們的食物

變軟。

如果我來為牠們實施人工降雨，盡我所能去滿足幼蟲的生活需要，如果我把堅硬的小酒桶放在水裡稍微浸一下，使其變軟、可食，那些隱居者就會活躍起來。牠們會進食，並能毫無困難地繼續生長。同樣的，如果我幫牠們搬家，並在牠們面前放一段剛鋸下的橡木，在不能接受的木段裡餓了六個月的天牛幼蟲也會重新活躍起來。但是我沒有這麼做，因為我覺得一定能成功。

我另有打算，我要知道牠們的生命到底能維持多久。受試的天牛幼蟲孵化一年以後，我又去觀察牠們。這一次，我拖的時間太長了，所有的幼蟲都死了，縮成了一個褐色的小細粒；只有橡木段上的幼蟲還活著，並且已經長大了。這次實驗的結果證明大天牛的財富是橡樹，任何別的樹種都會給牠的幼蟲帶來厄運。

我們來歸納一下這些很容易無限增加的細節。在素食昆蟲中，有些是雜食昆蟲，雜食的意思是說牠們能吃不同種類的植物，但不是所有種類的植物，這是顯而易見的。不限食物種類的昆蟲是很少的。另一些昆蟲專吃一種植物，有的比較明顯，有的不太明顯。出席昆蟲盛大宴會的賓客中，有的需要的是一

個植物家族、一組或是一種加了生物鹼的種類；有的需要的是
一種固定不變的植物，有可能是無味的，也有可能具有濃烈的
氣味；還有一類賓客需要的是種子，除此之外什麼對牠們都不
具價值；其餘的賓客有的需要蘋果、花芽和花，有的需要皮、
根和枝梢。有多少種賓客就有多少種需要，每一位都有牠們獨
特的口味，牠們適應的範圍狹窄，甚至拒絕接受相近的東西。

為了避免迷失在錯綜複雜的昆蟲宴席中，我們將單獨觀察
兩種天牛：神天牛和櫟黑神天牛。再也找不出比這兩個長角昆
蟲更相像的了，小的和大的完全是一個模樣。我們還將觀察上
面提到過的三種櫟天牛。牠們外貌相同，就像一個模子裡鑄出
來的，如果不是牠們身材大小不同，特別是身上的花紋說明了
牠們種類的不同，人們多半會把牠們弄混。

理論告訴我們：這兩種神天牛和牠們的同屬衍生於同一個
家族，經歷幾個世紀的變化後，該家族產生了幾個分支。同樣
那三種櫟天牛和其他天牛也是從同一個原始家族衍生出的不同
品種。神天牛、櫟天牛和某些天牛科昆蟲的祖先，都是遙遠的
先驅繁衍下來的後代，先驅自己也是更早的祖先的後代，一代
一代推算過去……我們又一次墜入了過去的迷霧中，我們觸及
物種起源的問題。誰是始祖？是原生動物。牠由什麼組成的？
蛋白質。一系列的生物逐漸從這最初的凝結物中產生了。

　　做爲想像，這種說法是美妙的，但是唯一可觀察的事實，可被嚴格的科學檔案館收藏的材料和實驗證明了的事實，並不像原生動物進展得那麼快。被證明的事實告訴我們：吃是動物最原始的本能，是代代相傳下來的胃的功能。這種遺傳特點比昆蟲的長觸角和色彩，以及其他一些次要細節的遺傳更爲明顯。那些祖先什麼都吃一些，事情才會發展到現在這個樣子，才會有如此不同的飲食習慣。牠們想必已經把雜食的習慣遺傳給了後代，這是繁榮的主要原因。

　　同一起源的種族應該具有同樣的飲食習慣，若非如此，我們會看到什麼呢？每種昆蟲都有其嚴格限制的飲食範圍，有著和相鄰種類的昆蟲不同的口味。我們絕對無法理解爲什麼有血緣關係的兩種天牛，一個注定吃橡樹，另一種注定吃山楂樹和桂櫻。爲什麼三種楔天牛，第一種需要黑楊，第二種需要榆樹，第三種需要櫻桃樹？這種胃口的獨特性充分證明了牠們各自的起源不同。這雖然是簡單的常識，但並不總是能被喜歡冒險的理論所接受。

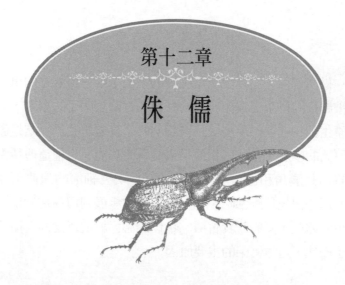

第十二章

侏 儒

普羅旺斯的一則諺語說：

什麼壺配什麼蓋；
特殊的人有特殊的配偶。

這話說得極有道理。駝背、獨眼、羅圈腿①、畸形、不同的道德觀，在某些人眼中被看成是具有吸引力的東西，從而使它們被人接受。

豈止人和壺是這樣，昆蟲也總能得到互補。正常的和不正常的搭配在一起，米諾多蒂菲為此提供了一個很好的例子。偶

① 羅圈腿：走路時兩腿向外或向內彎曲。——編注

然的機會使我挖到了一對正在洞底忙著家務的夫妻，好一對奇怪的夫妻。那位主婦沒什麼可說的，牠是位漂亮的主婦；可是牠的丈夫卻真是小家子氣，個子那麼矮小，三齒叉中間的那根叉小極了，旁邊的兩根在正常情況下應該是彎向頭頂，這時卻正好擋在眼前。我估計這個矮小瘦弱的雄性身高只有十二公釐，比一般的十八公釐小多了，那矮子的體積幾乎只有普通雄性的四分之一。

本書第三章曾提過一個長得非常漂亮的雄米諾多，被我為牠配對的伴侶固執地拒絕了，那美麗的帶角者不肯離開洞穴，而另一方雖經我多次調解撮合，卻仍每晚都離家到別處去安家，使我不得不為牠另配助手。體高正常、三齒叉健全的雄性尚且會被拒絕，眼前這個小矮子是怎麼吸引那位比牠優秀的雌性的呢？這種不太匹配的結合也許在食糞性甲蟲和人類那裡都能得到解釋：愛情是盲目的。

不相配的夫妻會不會遺傳，這個家庭的孩子會不會一部分繼承母親長成高個子，而另一些像父親一樣矮小呢？由於現在沒有合適的容器，即沒有一個用四塊木板釘成的盛滿土的高空心木柱，我把這對米諾多放在了一個用來進行昆蟲實驗的深試管裡，裡面裝上新鮮的沙土和必要的食物。

　　事情一開始進行得正常，妻子挖掘，丈夫清理。一些糞球已經儲備完成；後來這對遷到試管底部的夫妻由於思鄉而死去。沙土層不夠厚，在卵上面疊起一根糞腸之前，母親至少應該先挖一公尺深的井，可是試管裡的土只有兩拃深。

　　這次失敗並沒有讓問題就此了結。這個侏儒是哪裡來的？這種特點是否遺傳而來，牠是不是侏儒的後代，牠的後代是否也會成為矮子？這難道與血緣無關，是意外造成的嗎？父親矮小不會遺傳給兒子嗎？我傾向於認為是意外。但是什麼樣的意外呢？我認為只有一個原因會使身高不足而無損長相，那就是缺乏足夠的食物。

　　我認為，昆蟲的形體就像一個潛在的有伸縮性的模子，鑄出的模型大小依注入的溶液多少而有所不同。如果模子裡注入的量不足，就會產生一個矮子；注入的量低於最低限度，昆蟲就會餓死；在最低限度之上繼續增加注入量，但很快加以限制，得到的就是一個旺盛的生命，牠的身高正常或者偏高一些。食物注入的多寡決定了體積的大小。

　　如果這個邏輯不是虛幻的圈套，那我就可以隨意製造矮子。只要把食物的注入量減少到僅夠維持生命的限度就行了，另一方面，想透過強迫進食來製造巨人的希求是徒勞無功的；

胃總會有拒絕接納過多食物的時候。需求就像一系列的等級，最高一級是不可能超越的，而只能定位在最高級和最低級之間或高或低的位置上。

　　首先得知道正常的食量是多少。大部分昆蟲沒有正常食量，幼蟲在用之不竭的食物中成長，只要牠想吃就可以隨意吃食，除了胃口控制牠以外沒有別的限制。其他一些最富育兒經驗的食糞性甲蟲和膜翅目昆蟲，能為每枚卵準備一定數量的食品，既不太鋪張，也不太小氣。食蜜蜂類把足夠維持富裕生活需要的蜂蜜，積攢在由黏土、泥磚、樹脂、棉織品、樹葉構築的容器裡。由於牠知道將出殼的幼蟲的性別，將要成為雌蟲的幼蟲，個子略大點，便多分一點食物，而雄性則少分一點。膜翅目昆蟲同樣是根據幼蟲的性別預先分配好食物的。

　　這已經是很久以前的事了，我竭力想打亂那位母親精心分配的食物，從富有的幼蟲那裡取走一些食物接濟貧窮的幼蟲。我用這種方式使牠們的身高有了一些改變，但是還談不上成功製造出巨人和矮子，更別說改變牠們的性別了，因為這不是由食量來決定的。[2]如今膜翅目昆蟲中，不論是產蜜的還是狩獵的，都不適合充當我的實驗對象，牠們的幼蟲太嬌弱了。我需

――――――――――――
② 見《法布爾昆蟲記全集 3──變換菜單》第十六章。──編注

要找胃口特好，能經得起艱苦考驗的昆蟲。我在食糞性甲蟲中找到了這種蟲，聖甲蟲尤其合適，從牠們的外表很容易看出體積的變化。

這位大個子滾糞球者精確地爲牠的幼蟲分配食物。每條幼蟲都有一份揉成小梨子形的麵包，麵包並不都一樣大，有的大一些，有的小一些，但是差別不大。這些微的差別也許是因爲幼蟲性別不同的緣故，就像膜翅目昆蟲一樣，大塊的歸雌性，小塊的歸雄性。我沒有做任何實驗來驗證這個猜測。不過沒關係，儘管那位母親認爲這樣分配梨形麵包合情合理，我卻很隨意地去撥弄那些麵包，隨心所欲地在這一份上減掉一點，在那一份上增加一點。我們先來做個削減食物的實驗。

五月，我得到了四個梨形麵包，在突起的那頭裡面有卵。我把小梨橫著從中間剖開，再把呈球冠形的下半部切開。我保留了瓶頸狀的上半部，將四個小梨裝有卵的部分分別放在四個小廣口瓶裡。在那裡既不必擔心變乾燥，也不必考慮太潮濕。

靠這些被減去一半的食物，幼蟲完成了生長過程。之後有兩條幼蟲死了，看樣子是衛生條件不完善造成的，這些容器不如那些溫濕的洞穴。另外兩條幼蟲保持著良好的生長狀態，爲了便於觀察，我在牠們隔室的牆上挖了一個天窗，牠們一直想

用糞把天窗堵上。在生長期結束時，我發現牠們比那些得到了整個「梨」的同類長得小，食物不足的結果已經呈現出來了。當牠們變成成蟲時會是什麼模樣呢？

九月，從蛹殼裡鑽出的成蟲是前所未有的，我在野外從沒抓到過這樣的聖甲蟲，牠們太矮小了，幾乎還沒有拇指指甲大；除此之外牠們的體形完全正常。

我們用一些資料說明，牠們從頭頂到腹部末端的長度是十九公釐。在我的標本盒裡，那些在野外自由生長的聖甲蟲，最小的長度為二十六公釐；我生產的產品，那些只得到一半口糧的實驗對象，體積只有正常情況下最小的聖甲蟲的一半大。這個結果與完整的食物和削減的食物的比例近似。這又一次印證身體這個可伸縮的模子與生長所需的必要物質成比例。

我剛剛用詭計製造出一些矮子，飢餓實驗使我得到了小矮子。我並沒有為此感到特別驕傲。儘管我經由實驗了解到，至少在昆蟲界，矮小不是先天和遺傳的問題，而不過是食物不足造成的意外結果。

那麼啟發我進行飢餓研究的小米諾多，究竟出了什麼問題呢？肯定是食物短缺。儘管那位母親是分配食物的行家，也不

能盡善盡美地將香腸堆放在每一枚卵上面；也許是因爲食物缺乏，或者是一些麻煩事中斷了牠的工作；而那條缺乏食物的幼蟲雖然還算健康，經得起不太嚴重的飢荒，卻因爲必需的營養物質攝入總量不足，而無法達到正常的體高。看來那隻矮小的雄米諾多的全部秘密就在於此，牠是個營養不良的孩子。

如果說減少飲食能降低身高，並不意味著開放飲食限制，就能明顯增加身高。我徒勞無功地給聖甲蟲額外提供了多於牠們的母親分配的兩倍的食物，那些寄宿者們並沒有明顯地變大。牠們離開出生時住的那個梨形物時有多大，離開我用刮刀製作的糞團時就已經長得這麼大。想必胃的容量是有極限的，一旦達到了極限，食客就會對餐桌上奢華的菜肴興味索然。用餵食大量食物的方法來製造巨人，那不是我們能辦到的，當幼蟲吃得過飽時就會停止進食。

但是聖甲蟲中仍有巨人，我擁有一些來自阿嘉丘和阿爾及利亞的巨大聖甲蟲，牠們的體長達三十四公釐。與前面提到的幾隻比較，我們發現，如果用一來代表用節食法得到的矮子的體積，塞西尼翁鄉間的金龜子的體積是矮子的兩倍，科西嘉和非洲的金龜子的體積則是矮子的五倍。

爲了培養出巨人，必須得有更可口的飲食，這是確定的。

超大的胃口從何而來呢？我們人類用辛辣調味品刺激食慾，昆蟲也應該有牠們的調味品。例如，有如同辣椒一般的大海，有如芥末一般的陽光，我看這就是非洲的聖甲蟲生長巨大，而牠的塞西尼翁同類體積適中的原因。由於我不具備這兩種開胃酒——大海和陽光，便放棄了用大量食物製造巨人的計畫。

現在我們來用那些母親沒有爲牠們分配口糧，食物豐裕到沒有限制的幼蟲來做實驗，腐葉堆的宿主——花金龜的幼蟲就是其中的成員。我永遠不可能用人工提供豐盛飲食的方法，使牠們之中出現巨人。在我家院子的角落裡，牠們縮在一堆腐葉中，吃得飽飽的，不再奢求別的東西，而我從未見過牠們之中有體積稍微偏大的情況。要讓牠們的身材超過正常值，也許就像金龜子那樣需要有較好的氣候條件，我既不知道是什麼條件，而且也不見得有能力去創造這些條件。我唯一能進行的就是飢餓實驗。

四月初，我選了三組花金龜的幼蟲，牠們都是發育最好的、能夠在今年夏天蛻變的幼蟲。四月，幼蟲開始大量進食，這使得牠們的體積增加了一倍，爲牠們向成蟲轉變積蓄了必要的營養。我把三組幼蟲放在一些封閉密實的大白鐵皮罐裡，這樣一來便不用擔心水分蒸發得太快。

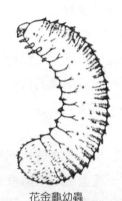

花金龜幼蟲

第一組裡有十二條幼蟲，牠們得到了豐富的食物，並且還隨時都可得到需要的食物。我的隱士們在牠們喜歡的鬆軟沃土堆裡，也不見得比現在更舒服。

在這個可盡情吃喝的天堂旁邊放著另一個罐子，那是餓鬼的煉獄，裡面放著十二條幼蟲，牠們完全被剝奪了食物。這個罐子和其餘的罐子一樣，裡面鋪了一層糞，飢餓的幼蟲可以在上面散步或藏在裡面，隨牠們的便。

最後輪到第三組了，同樣也是十二條幼蟲。牠們隔很長時間才能得到一小撮腐葉，充其量這點東西也只能用來磨磨牙、解解悶。

三、四個月過去了，七月的暑熱降臨，第一個罐子讓我得到了成蟲，生長發育很正常，十二條幼蟲變成了十二隻美麗的花金龜，和春天在薔薇上吸吮著汁液、打著瞌睡的花金龜一模一樣。這個結果證明，在這個容器中不存在營養不良的問題。

嚴格禁食的第二個罐子只為我提供了兩個蛹，偏小的尺寸，這表明了將要蛻變出的成蟲是個侏儒。我等到九月中旬才

打開蛹殼，此時牠們已經封閉兩個月了，而第一個罐子裡的蛹殼早已裂開了。這些蛹殼遲遲不開，是因為裡面的幼蟲已經死了，徹底的禁食已超出了幼蟲的承受極限。十二條得不到食物的幼蟲中有十條萎縮，最終死亡了；只有兩條能夠依照慣例，把身體周圍的糞黏合起來，為自己裹上一層外殼，這是牠們做出的最後努力。這兩條幼蟲無法進一步變成蛹，也死了。

最後，在只得到少得可憐的食物供應的第三個罐子裡，十二條幼蟲中有十一條因飢餓死亡，只有一條蜷縮在蛹殼裡。蛹的結構正常，但是比正常的小得多。如果裡面的昆蟲還活著，也只能是個侏儒。九月中旬，我打開了那個蛹殼，因為已經這麼晚，牠還沒有一點自動裂開的跡象。

裡面的昆蟲使我欣喜萬分。這是一隻漂亮的、活得好好的花金龜，身上有著金屬般的光澤，帶有一些白色的條紋，像自由生長在大片鬆軟沃土中的同類一樣。牠的外形和服飾沒有任何改變，至於身材，那就是另一回事了。我看到的是一個侏儒，一個小寶貝，我在開花的山楂樹上還從來沒捉到過這麼小的花金龜，我的創造物從頭頂到鞘翅末端的長度只有十三公釐，一點也不多，如果幼蟲得到了適當的飲食，而不是在這個罐子裡挨餓，成蟲應該有二十公釐長。從這些資料我們推測出，這個侏儒的體積和那些在正常條件下長成的花金龜相比，

大約只有後者的四分之一。

　　二十四條幼蟲有的絕對禁食，有的很久才得到一點點食物，過了三、四個月，只有一條幼蟲最終變成了成蟲。禁食造成的影響是深遠的，侏儒至今仍能感受到其後果。

　　儘管蛹殼裂開的時候早過了，成蟲還沒準備出殼。也許牠是沒有破殼而出的力氣，我不得不親自為牠打開囚室。儘管成蟲獲得了自由，見到了光明，也能活動，只要我撥弄牠一下，牠就會走，但是牠更情願休息，牠好像已經虛弱不堪了。據我所知，這炎熱的季節，正是花金龜狼吞虎嚥地吃著水果、吞食甜甜的蘋果的時候。我給了侏儒一塊熟透了的無花果，可是牠碰也沒碰一下，牠寧可睡覺。難道被強行解放出來的牠，還沒到進食的時候嗎？這位隱居者在出來過好日子和冒險之前，是否注定該在蛹殼裡度過多天呢？很有可能。

　　我這隻奇怪的、只有正常大小四分之一的小花金龜，完全重現了不久前從聖甲蟲那裡得到的不太具說服力的結論：在昆蟲界，很可能其他動物也一樣，身材矮小是飲食不足的結果，根本與先天無關。

　　推測不可能的事，或者至少是很困難的事，即使我們已經

用飢餓的方法得到了幾對花金龜，並能在很好的條件下飼養牠們，牠們會傳宗接代嗎？牠們的子孫會是什麼樣子？即使我們持之以恆地研究也無法從昆蟲那裡得到答案，但我們卻能輕而易舉地從植物那裡得到答案。

在多石子的小徑上，有些長期保持潮濕的地方，那裡四月時會長出一種常見的植物——春葶藶。這塊貧瘠的土地，被人踩踏，堅硬，多石子，缺乏養分。生長在這塊土地上的葶藶，就像那些挨餓的花金龜一樣，瘦弱的蓮花座形的葉瓣中抽出一根單莖，細細的像根頭髮，大約只有一法寸長，很少分杈或是根本不分杈，它結的果實照樣能成熟，但常常只結一個果。在那裡我有個聚集矮小植物的小花園，這都是土壤貧瘠造成的結果。我以前用金龜子和花金龜進行的飢餓實驗與此相比差遠了。我盡力收集那些最弱小的種子，然後把它們撒在肥沃的土地上。第二年春天，矮小症不見了，侏儒的直系後代長出了寬大的蓮花座葉簇和好多根高達一公尺多的花莖，多杈而且結滿了果實，植物恢復了正常的狀態。

如果由於人為因素或是意外造成的侏儒昆蟲有足夠的生育能力，牠們也會產下正常的後代。牠們會再次證實葶藶已經證明的事實，即使有著同樣的血緣，駝背、肋緣外翻和上肢殘缺卻不會代代相傳的。

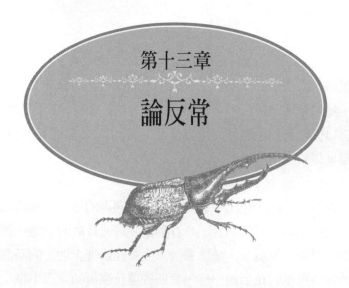

第十三章

論反常

　　規則是根據整體的相符性所制定出的，在規則之外的東西
就屬反常。昆蟲有六隻腳，每隻腳都有一個跗節，這就是規
則。為什麼是六，而不是其他數字；為什麼是一個跗節而不是
數個？這樣的問題我們甚至想都沒想過，因為在我們看來這種
問題顯然是無意義的。就因為事實如此，才成了規則，並得到
了人們的確認，事情就是這樣。正因為規則有其存在的理由，
我們才會心安理得，不去探究它的原委。

　　相反的，反常卻使我們不安，使我們思緒紛亂。為什麼會
出現例外、不規則和違背法條的現象？反秩序的魔爪是否會在
某處留下印跡？瘋狂的不協音怎會摻雜在協音中？這是個值得
探討的嚴肅問題。但是別對解決這樣的問題抱持多大的希望。

　　我先舉幾個不合規則的例子。糞金龜的幼蟲屬於我觀察過最奇怪的昆蟲之一，當我第一次認識牠的時候，這條看上去活像殘廢的幼蟲，身體已經差不多完全長大了。我當時心想：牠的一生中是不是遭受了某種災難，才漸漸地造成了衰弱和後腳畸形呢？在食物倉庫中狹窄的通道裡，正常的活動受到束縛不就可以解釋這種奇怪的變形嗎？

　　今天我已經完全明白了。糞金龜不是因為扭傷而漸漸成為瘸子的，牠確實是生來就是殘廢的，我是看著牠出殼的，並用放大鏡對剛出殼的新生兒進行了觀察。等到變成成蟲時，牠的後腳將被用來當作壓榨機，用來裝壓收穫的糧食，把糧食壓成臘腸，而現在後腳卻小得像個畸形的附屬器官，毫無用處。它們蜷縮起來，貼在背上彎成秤鉤形，細細的末端離開了地面，彎向背部，沒有為身體提供任何支撐。這不是腳，而像個猶豫是否要拋擲出去的東西，昆蟲像個拙劣的投手正試投著。

　　牠的一對前腳倒是很正常，但比較短小，小傢伙把前腳縮在身體的前部，前腳的功能是夾住啃咬過的食物；中間的一對腳長而有力，十分顯眼，像堅實的柱子般豎著，以支撐鼓突的腹部。那胖嘟嘟的肚子呈弧形，經常會翻倒，從背部看，讓人覺得牠是個世上不存在的怪物，一個踩著一對高蹺的大肚子。

　　爲什麼牠的結構這麼奇怪呢？我們知道屎蜣螂的幼蟲有個誇張的駝背，那個糖麵包形狀的布袋重得總是讓試圖移動的小蟲子摔倒：這是個儲存用來搭建蛹室的砂漿倉庫。可是我們無法理解糞金龜幼蟲那兩條畸形的後腳，如果後腳變成爪鉤，看來會非常有用。幼蟲在長長的食物柱裡上上下下，來回尋找著中意的食物，那兩隻被忽略了的後腳如果是健康的，就便於爬行了。

　　躲在小洞裡的聖甲蟲幼蟲幾乎不需要運動，只要用臀部輕輕一推就可以把一片食物送到了嘴邊。殘疾者得行走，健康者卻待著不動；瘸子得遠足，腳靈活的卻不行動。任何理由也解釋不清這種有悖常理的現象。

　　我只知道聖甲蟲和牠的同屬半帶斑點金龜、寬頸金龜、麻點金龜在成蟲形態時後腳都萎縮了，牠們的前腳沒有跗節。目前我只了解這四種金龜子，牠們證明這種特殊的殘疾是整個家族的共同特徵。

　　在一本內容相當膚淺的專業分類詞典中，編者竟怪癖地用了「阿德舒斯」這個名稱，取代了古老而又可敬的「金龜子」一詞，「阿德舒斯」這一拉丁詞意思是無兵器者。想出這名稱的並不是一位特別有靈感的人，因爲許多別的食糞性甲蟲也都

不帶護身武器，例如與金龜子極相似的裸胸金龜。既然他想根
據這類昆蟲的特徵來命名，他就應該造出一個能表明前腳無跗
節這個特徵的詞來。在整個昆蟲界中，只有聖甲蟲和牠的同屬
們才配用這個稱謂。然而人們卻沒有想到這點，人們似乎對這
個重要的特點並不了解。只見沙粒不見山，這是造詞者常有的
怪毛病。

　　由五個小節組合而成的跗節，是昆蟲身上唯一可以算是手
的部分。為什麼金龜子的前腳上連這個唯一的跗節也不見了
呢？為什麼牠們不像其他昆蟲那樣按照慣例長上指形爪尖，卻
只剩一雙爪端平截的殘肢呢？有一種解釋乍聽起來還挺有道
理：這些狂熱的滾糞球者是頭朝下，尾朝上，倒著走的，牠們
靠前腳的端部支撐，承載的重量全都壓在這兩條與堅硬的地面
接觸的槓桿頭上。

　　在這種會造成傷害的艱苦工作條件下，纖細的跗節反而會
成為累贅。然而就算滾球者有意捨去這個跗節，那麼截肢術是
何時進行的，又是如何完成的呢？是不是像現在常見的情況一
樣，是在工作坊裡工作時被意外事故截去了呢？不可能；因為
人們從未見過金龜子的前腳有跗節，即使是剛從事滾糞球這行
的新手也沒有跗節。牠們沒有發生意外，因為，還在蛹殼裡的
蛹就已經像成蟲一樣有了無跗節的前腳。

　　斷指一事可追溯得更遠。假定在很久以前，由於一次意外事故，一隻金龜子失去了這兩個不實用的、幾乎是無用的跗節，失去了跗節以後牠反而感覺挺好，於是便將這巧妙的平切前腳遺傳給了後代。從此金龜子便打破了慣例，不像別的昆蟲那樣長出指狀前腳了。

　　若不是冒出了諸多重大疑點，這個解釋頗具誘惑力。但人們不禁要問，從前昆蟲怎麼會心血來潮地在身體的構造上，加上一些註定會因為太不實用而被淘汰的構件呢？難道動物的骨骼構造是沒有邏輯，沒有預見性的嗎？牠們的結構是在事物的矛盾衝突中盲目地形成的嗎？

　　打消這個愚蠢的念頭吧。沒這麼回事。金龜子現在沒有跗節，以前也不曾有過，牠們根本沒有在運糞球時摔斷過跗節，牠們一開始就是現在這個樣子。是誰說的？是裸胸金龜和薛西弗斯蟲說的，這兩位不容置疑的證人也是滾糞球狂。牠們也像金龜子一樣頭朝下倒著滾糞球，像金龜子一樣用後腳尖支撐整個重負。牠們的前腳儘管在地上受到嚴重磨擦，卻和別的昆蟲一樣具有跗節，有著金龜子不想要的纖細跗節。為什麼只有金龜子特殊，而別的昆蟲卻依然遵守著規則呢？我多麼願意接受能回答我這個平庸問題的智者的高論啊！

　　若能了解爲什麼沼澤鳶尾象鼻蟲的跗節末端只有一個爪鉤，而其他昆蟲卻有一個並排的、秤鉤狀的爪鉤，我同樣也會感到滿足。爲什麼沼澤鳶尾象鼻蟲會少一個爪鉤，是因爲沒有用嗎？看來不是。殘留的小爪鉤是牠的攀緣工具，有了它可以攀上鳶尾光滑的細枝，還可以探查花朵，有了它象鼻蟲既能在花瓣的正面行走，也能在反面行走；牠可以倒掛在光滑的蘋果上行走，但是多一個爪鉤走起來就會更穩當些。本來按規矩牠可以有兩個爪鉤，這是個慣例，甚至在牠那長口器部落裡也是如此，然而這個冒失鬼卻放棄了一個爪鉤。鳶尾上的這個小殘廢缺少一個爪鉤，秘密究竟何在？從規則上看來，少一個爪鉤是件嚴重的事，然而實際上，這不過是個不重要的細節，要用放大鏡才能捕捉到這種異常。但是現在不用放大鏡也能發現這種異常。

　　阿爾卑斯草地上的一種蝗蟲，也是馮杜地區最高的小山丘的宿主──步行蝗蟲放棄了飛行器官。牠蛻變爲成蟲時仍保留著幼蟲時的外貌，臨近交尾期時會變得漂亮一些，大腿上出現珊瑚紅色，脛節上出現藍色；但是牠的改變僅止於此，進入了交尾期和產卵期的成蟲，除了能蹦跳以外還是沒獲得其他蝗蟲類昆蟲所具有的飛行本領。

　　跳躍類的昆蟲都有前後翅，而牠卻是個笨拙的步行者，就

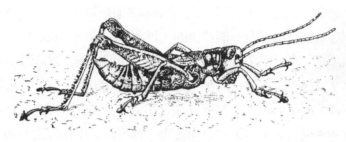

步行蝗蟲（雄）

像牠的拉丁語名稱「步行者」所表示的那樣。這個殘疾者的肩
上仍有兩個小小的未長大的鞘，裡面隱藏著飛行器官。這隻有
著藍腿的漂亮蝗蟲在發育過程中，怎麼會隨隨便便地就把已經
在小鞘裡萌芽了的前後翅放棄掉了呢？牠本應有翅膀的，卻沒
有得到。這部動物機器沒有明顯的理由就停止了牠的齒輪。

　　更奇怪的是避債蛾，這種昆蟲的雌蟲起初看上去應該能變
成蛾的，可是牠卻沒變，牠一直是蠕蟲，更確切地說是變成了
蓄滿了卵的袋子。長滿鱗片的翅膀對鱗翅目昆蟲而言是至高無
上的，卻沒有長在牠的身上。只有雄性長成了預期的樣子；牠
們變成了戴滿華麗羽飾、穿著黑絲絨
服的美男子，並且能翩翩起舞。為什
麼兩性中最重要的一方一直保持著難
看的小肥腸形，而另一方經過蛻變卻
成了令人讚美的彩蛾？

避債蛾（雄）

　　對於短翅天牛我們又能說什麼呢？牠的幼蟲期是在楊樹和柳樹上度過的。這是一種長著長角的昆蟲，體形健美可與山楂樹上的小天牛，即櫟黑神天牛媲美。只要是屬於鞘翅目的昆蟲，好歹都會長出鞘翅來將身體包住，保護脆弱的翅膀和易受傷害的柔弱腹部。可是，短翅天牛卻無視常規，牠的肩上長著兩片短短的鞘翅，只能做為牠簡陋的外衣，真像是由於布料不夠無法將上衣加長做成燕尾服，把該遮蓋起來的部分包住。

　　牠那寬大的翅膀超出了鞘翅一直伸到腹部末端，失去了鞘翅的保護。乍看之下，人們會以為看到的是一種奇怪的大胡蜂。既然是真正的鞘翅目昆蟲，在鞘翅上偷工減料有什麼好處呢？牠是因為缺少材料嗎？難道把這個從肩膀開始的護套加長會很昂貴嗎？如此吝嗇真讓人吃驚。

　　那麼對於椿象，我們又能說什麼呢？牠的幼蟲不知為什麼會在斑紋隧蜂的蜂房裡安家並吃掉了擁有隔室的隧蜂蛹。夏天成蟲常常出現在刺芹那帶刺的蒴果上，乍看之下，人們會把牠當成雙翅目昆蟲，以為牠是蒼蠅。牠那兩個寬大的翅膀上沒有鞘翅的保護，仔細看時，發現牠的肩上有兩個小鱗片，這是被廢棄了的鞘翅的遺跡。又是一個不會長鞘翅的，更確切地說，是沒能使現在還能看到的這兩個微不足道的小鱗片長成完滿的鞘翅的昆蟲。

　　在鞘翅目昆蟲中屬於大家族的隱翅蟲，整個家族成員都把鞘翅削減到只有正常尺寸的三分之一或四分之一。由於過分節省，個個露出了不停扭動的長肚子，衣不蔽體的牠看起來很不雅觀。

　　如果我們再繼續列舉殘疾、反常、例外的事例，還會出現無數個問題；然而答案卻依然遍尋不著。動物很難與人交流，相反的植物會隨時準備回答我們的問題，只要我們方法巧妙。我們向植物請教一下反常的情況，或許它們能告訴我們是怎麼回事。那首拉丁詩是這樣的：

　　這只是一個關於玫瑰的謎語；
　　我們五兄弟，兩個長鬍子，兩個沒鬍子，一個半邊長鬍子。

　　五兄弟指什麼？不是別的，正是玫瑰花萼的五個萼片。我們一片一片地觀察它們，將會發現其中兩個萼片的兩側有延伸物或者說是鬍鬚，延伸部分有時又呈現原始的葉片形，像真正的葉子一樣伸展開來。這種植物告訴我們萼片確實是從葉子演變來的。這就是所謂長著鬍子的兩兄弟。

　　我們還將看到另外兩個萼片，兩側都沒有毛，在剩下的最

後那個萼片上，我們看到一側是光禿禿的，而另一側卻有鬍鬚，這就是那個半邊長鬍子的兄弟。這不是偶然的意外現象，花與花之間沒有差別。所有的玫瑰都有著同樣的萼片搭配方式，每朵玫瑰的萼片都分為三種，這是規則，是決定著花的結構的法則作用的結果，就像維特魯威藝術統治著我們的建築風格一樣。這個簡潔典雅的法則在植物那裡是這樣表現的：植物世界中最重要的五個一組的排列序列中，花朵遵循這種組合法——以螺旋層疊的方式將五個花瓣依次轉圈排列，每轉一圈都形成一個近似的圓周，五個花瓣正好排列在兩個螺旋層上。

那麼，玫瑰的花萼排列問題就不難解釋了。我們把一個圓周分成五等份，在第一個分割點放第一個萼片，第二個萼片放在哪裡呢？

不能把它放在第二個分割點上，因為那樣的話，圓周上的五個萼片只能組成一個圓圈而不是兩個圓圈。我們將把第二個萼片放在第三個分割點上，我們繼續以這種方法排列，每隔一個分割點放一個萼片，這是唯一一種能從出發點開始繞圓周兩圈後回到出發點的行進方法。

現在我們將萼片的根基部分加寬，使它們圍成一個不留空的圓圈。我們看到在一和三兩個分割點上的萼片完全被排在輪

圈之外。二和四兩個分割點上的萼片的兩側都壓在相鄰的萼片下，最後那個在第五分割點上的萼片一邊壓在旁邊的萼片下，一邊露在外面。另外，還有一點是清楚的，被遮蓋住的那一側，由於有別的花瓣壓在上面，妨礙了它將細小的毛刺向外伸展，結果在一和三兩點的位置上形成了兩個帶鬍鬚的萼片；在二和四兩點上的萼片沒有鬍鬚；在第五點上的萼片一邊有鬍鬚，一邊沒有鬍鬚。

這就是玫瑰謎語的謎底。五個萼片的差異，從表面看來似乎是結構不合理，是任意的違反常規的現象，然而實際上這種差異正是數學定理的必然結果。它印證了潛藏的代數原理，無序代表著有序，不規則證明了規則。

我們繼續在植物界中瀏覽一程。以五為單位的序列規則使得花朵有了五個按嚴格序位轉圈排列的花瓣。但是有許多種花冠的組合方式偏離了正常的規範，比如唇形科和面具科的花冠就是這樣。唇形花的五個葉片在圓柱的頂端組成了綻開的萼，並勾畫出五個規則的花瓣，組成了張得很大的兩片唇，一片在上，一片在下，上唇有兩個花瓣，下唇有三個花瓣。

像唇形花一樣，面具花也分成兩片唇，上唇有兩個花瓣，下唇有三個花瓣，只是下唇的三個瓣片隆起呈拱形，形成花冠

的入口，將手指壓在花瓣的邊緣上兩片唇會張開，鬆開手指唇就閉合起來，看上去就像一張獸臉，或者說像獸的吻端。根據這個特徵人們將這種形象生動的植物叫做「龍頭花」或「金魚草」。我們還想在龍頭花的大唇和古裝戲演員套在頭上的誇張面具之間找到一些相似之處；面具花這個詞就是從那裡來的。

雙唇形的花的反常引起了雄蕊的變化，雄蕊的位置變化必須有利於授粉，在某個位置上排列得密集一些，在另一個位置上排列得鬆散一些。五根雄蕊中有一根消失了，在它的底座上留下一些痕跡，做為它消失了的證明，另外四根雄蕊組成了高度不等的兩對，似乎有要把較短的那一對取消掉的傾向。

鼠尾草類植物已經完成了這項刪除工作，它只留下兩根雄蕊，就是較長的那一對。此外，在每根雄蕊絲的位置上也只保留了半個花藥，在絕大多數情況下，一個花藥有兩個花粉囊，牠們背靠背，中間隔著一層膜叫做花藥隔。鼠尾草類的花藥隔太過於誇張，它像根天秤梁橫亙在花絲上，在天秤梁的一端有半個花藥，也就是花粉囊，另一端什麼也沒有。雄蕊的環生結構除了最必不可少的部分得以保留之外，其餘部分都因花冠追求怪異的風雅而被犧牲掉了。

但是為什麼在唇形花、面具花和其他植物那裡，反常會引

起花的基本結構的變化呢？請允許我在此打一個建築學的比方。那些首先敢選用光禿禿的大塊石材讓橋體保持平衡的人，獲得了大師或造橋名匠的光榮稱號。他們以圓弧型做爲石材堆積體的標準造型，這種弧型也稱作半圓周，後來又稱作半圓拱。整齊劃一的石材拼成的拱能承受負載，這種造型看上去結實、雄偉，但是顯得有些單調，不夠精巧。

後來出現了兩個圓心不同的拱相交而成的尖拱，用這種新的標準，能夠增加拱的高度，尖拱顯得秀麗挺拔，還可以加上漂亮的頂飾。無窮的變化和精巧的組合取代了單調。

那麼，合乎常規的花就相當於花朵建築的半圓拱，不論其造型像鐘還是像壺，呈輪形還是星形，甚至於其他的形狀，合乎規則的花冠都是由相似的材料，依著圓周排列組合而成的；不合乎規則的花冠則相當於富有大膽創意的尖拱。它把眞正的詩中蘊含的無序之美融入了花的詩篇。龍頭花那大嘴面具、鼠尾草那張開的大口，可以與山楂樹和黑刺李的玫瑰形花媲美。它們多像加入音階的那些半音，多像伴隨高亢的主旋律出現的優美變奏，又多像襯托出和諧和音的游離音調。百花交響樂中不時有意想不到的獨奏穿插進來，使樂曲變得更加美妙。

用同樣的理由可以解釋，爲什麼步行蝗蟲不長翅膀而是在

高山坡上的虎耳草裡蹦蹦跳跳，為什麼隱翅蟲和短翅天牛穿的是短上衣，以及椿象有著雙翅目昆蟲的外表。牠們都以自己的方式為單調重複的主旋律增添一些新意，每種昆蟲都是合奏曲中的一個特殊音符。我們還是不太明白，為什麼金龜子的前腳沒有跗節，為什麼沼澤鳶尾象鼻蟲的跗節只有一個爪鉤，為什麼糞金龜生來就是殘廢。為什麼會有這些細微的反常現象？在回答問題之前，還是再一次聽聽植物的教誨。

　　我在溫室裡種了原產於秘魯的印卡百合。這種奇怪的植物給我們出了個難題。初看起來它的葉子的輪廓和柳葉差不多，沒有什麼值得細細觀察的地方；但是仔細看一下，就會發現它那扁扁的像絲帶似的葉柄，扭曲得很厲害，每片葉子都是扭曲的，無一例外，這種植物整個看上去就像是個非常明顯的歪脖子病患者。

　　用手指輕輕地幫它恢復原狀，一切都恢復了常態，扭曲的帶狀葉柄平平地展開了。令人驚奇的事還在後頭，伸展開恢復了常態的葉子翻了個面；原先朝下的一面，即淺色的有著許多氣孔和葉脈的一面現在朝上了；原來朝上的，即綠色而光滑的一面變成朝下了，而按照常規植物的葉子都是光面朝上，粗面朝下的。

　　總之，消除扭曲恢復常態後的印卡百合的葉子翻了面，背光的一面轉向了光亮，向光的一面成了背光面。葉子的方向改變了，以至於葉子應有的功能無法發揮；因此，為了糾正這種安排的錯誤，植物讓葉柄扭轉成螺旋形，從而使所有的葉子都扭轉了脖子。

　　這種扭轉是陽光引起的。如果我們進行人為的干預，它們可能會把先前擰成螺旋形的葉柄伸直。我找了一根小棍和一些細繩，把百合的莖壓彎，把它頭朝下綁在小棍上，在日照作用下，葉柄很快就伸展開來，重新變成了帶狀，光滑的綠色的那面朝著陽光，淺色而又多筋脈的一面背向陽光。斜頸不見了，葉子又恢復了正常的朝向，但是這株植物卻首尾倒置了。

　　就憑這葉子倒長在莖上的百合，我們是否就可以認為植物不慎出了差錯，正在陽光的幫助下盡量扭轉葉柄，改正所犯的錯誤呢？它是因機制紊亂而出現錯誤，還是反秩序的魔爪在搞鬼？難道不會是因為我們不了解事情的原委，無知地把很正常的事情看得很糟糕嗎？

　　我們如果早知道不美的音色也能帶來和諧美就好了！最明智的做法往往卻成了令人懷疑的東西。

在所有的書寫符號中，最符合其表示的意義的是問號。下面是一個圓點，這是地球；上面站著一個大大的彎鉤，像古羅馬時代訊問著未知事物的占卜棍。我願把這個書寫符號看成是永遠探究如何和為什麼的科學象徵。

然而，儘管這根探詢未來的曲棍為了看得更清楚而站得那麼高，然而它卻是站在混沌、狹窄的視野的正中，對未來的探索將會使人們超越這晦暗的視野，但是取而代之的將是一連串更為遙遠、同樣晦暗的視野。隨著人類知識的進步，一層層奧秘被艱難地揭開，在這些奧秘之外還有什麼呢？也許是無限的光明，是為什麼中的為什麼，是原因之原因，最後是世界方程式中的大X。永不滿足、窮追不捨的好問者的本能是這樣告訴我們的，這種本能在動物研究方面是可靠的，在思想領域也是可靠的。

我已盡我所能研究了昆蟲發生反常的基本原因。令人信服的答案還未找到，因此在結束這一章的時候，有許多的發現仍然存在著疑點，且讓我在本頁最後的醒目位置上豎起那根占卜棍——問號。

?

第十四章

金步行蟲的食物

金步行蟲

在開始寫這章時，我想到了芝加哥的屠宰場，那些可怕的肉類加工廠，一年要宰殺一百零八萬頭牛、一百七十五萬頭豬。牛和豬活生生地被送入機器，從另一頭出來時已經被變成了肉罐頭、豬油、香腸、火腿。我之所以想到這些，是因為金步行蟲①將向我們展示牠如何像機器一般迅捷地進行著屠宰工作。

我在一個大玻璃罐裡圈養了二十五隻金步行蟲。現在牠們在我提供給牠們做屋頂的

① 金步行蟲：又名虹綠步行蟲。——編注

那塊木板底下動也不動，肚子埋在潮濕的沙土裡，背靠著被陽光曬得發熱的木板，邊打瞌睡，邊消化食物。

偶然的機會為我提供了一大串松毛蟲，牠們從樹上下來，正在尋找一個合適的藏身處，準備在地下做繭。把這群毛毛蟲交給步行蟲去屠宰，那是再好不過的。

我把毛毛蟲收集起來，放到大罐子裡，牠們很快排成了一串，大約有一百五十條。牠們連續湧動著向前爬行，魚貫地爬到了木板的盡頭，就像芝加哥屠宰場裡的豬。這是最佳時機，此時我放出了我的猛獸。我把蓋著的木板掀開，底下的昆蟲立即醒來，牠們聞到了在身邊魚貫行進的獵物的氣味。一隻金步行蟲衝了過去，另外三四隻金步行蟲跟隨其後，全體金步行蟲都興奮起來了，埋在土裡的也鑽了出來；劊子手們一齊向路過的獵物蜂湧而去。這是難忘的一幕。不時有毛毛蟲被咬住，屠夫們前後夾擊，中心開花，有的毛毛蟲被咬住背部，有的被咬住肚子。長著亂蓬蓬的毛的皮膚被撕裂了，內臟流了出來，由於毛毛蟲吃的是松針，流出的都是綠色的物質。毛毛蟲們痙攣著，掙扎著，肛門突然一張一合，並用腳爪奮力抓，牠們吐唾沫，用嘴輕輕地咬，未受傷害的毛毛蟲絕望地挖著土，想躲到地下。但是誰也沒能逃脫，牠們剛剛把半截身子鑽到地下，步行蟲就跑來將牠們抓了出來，並開膛剖腹。

　　假如這場殺戮不是在無聲的世界中完成，我們這會兒準能聽到像芝加哥屠宰場裡被宰殺的牲畜發出的恐怖嚎叫聲。我們憑著想像才能聽到被剖腹者淒慘的嚎叫聲。我具有這種假想的聽覺，並為自己製造的這起慘案感到愧疚。

　　在奄奄一息的毛毛蟲中，到處都可見到金步行蟲又是扯、又是撕，搶到一塊肉就避開貪婪的同伴，到一旁獨吞。一塊肉吃完以後，又趕緊再去撕一塊，只要那裡還有被剖了腹的屍體，牠們就一塊接一塊地吃。不過幾分鐘的工夫，那群毛毛蟲就被吃得只剩下些雜碎了。

　　原來有一百五十條毛毛蟲，劊子手有二十五名，平均每隻金步行蟲殺死六條毛毛蟲，如果金步行蟲像肉類加工廠的工人那樣不停地屠宰牲口，如果屠夫是一百名，這個數字與做火腿的工人數相比算是很少了，那麼在一天六小時的工作時間裡，受害者的總數應該有三萬六千名。芝加哥的屠宰廠從來沒有達到過這麼高的產量。

　　如果考慮到攻擊的難度，這麼迅捷的殺戮速度更是令人驚駭。屠夫屠宰牲口時用鐵鉤勾住豬腳，將豬提起來用滑輪送到屠刀下，待宰的牛被用活動板送到屠夫的棒槌下。而金步行蟲沒有這些工具，牠得追擊毛毛蟲將其制服，還得躲開毛毛蟲的

利爪和齒鉤；牠得一邊殺，一邊就地把毛毛蟲吃掉。如果金步行蟲只是殺死毛毛蟲，在這場屠殺中將會有多少毛毛蟲慘遭毒手啊！

芝加哥的屠宰場和金步行蟲的盛宴告訴了我們什麼呢？它告訴我們目前具有高尚道德的人少的可憐，在文明的外表下幾乎總是存在著祖先——蠻荒時代穴居的野蠻人的野性，真正的人類文明尚未實現。人類文明的進步是循序漸進的，要經過幾個世紀的醞釀；它需要意識的覺醒，正以令人失望的緩慢步伐向最完善的方向發展中。

在我們這個時代終於消滅了古代社會的基礎——奴隸制度。人們已經認識到，人，即使是黑人，做為真正意義上的人，應該擁有人的尊嚴。

從前，婦女被當成了什麼？在東方，婦女仍被看成是沒有靈魂的溫順牲口。教會的教士們對此展開了長期的爭論。十七世紀的大主教伯敘艾②把婦女看成是男人的附屬物。夏娃的誕生證明女人是那根多餘的肋骨，是那根最初長在亞當身上的第

---

② 伯敘艾：1627～1704年，法國天主教教士和演說家，宣揚天主教之義，反對基督教新教。——譯注

十三根肋骨。現在人們終於認識到婦女擁有和男人一樣的靈魂，甚至在溫柔和忠誠方面優於男人。人們允許她們接受教育，她們和男人一樣至少有著同樣的熱情接受教育。然而仍然充斥著許多野蠻規定的法典，繼續把婦女看成是無能的低下人等。法典最終也將會順應真理。

奴隸制度的廢除，婦女獲得教育的權利，這是人類在發展道路上邁出的兩大步。我們的子孫後代將會走得更遠，他們將會用明智的眼光看待問題，能夠克服任何障礙；認識到戰爭是最荒謬的行為；認識到策劃戰爭的征服者和掠奪別的民族的掠奪者是可恨的災星，用匕首還擊也比開槍好；認識到最幸福的民族不是擁有最多大炮的民族，而是和平地工作和努力創造財富的民族。他們將明白生存的安寧不一定非要國界來保證，跨越國界也不必遭到搜刮口袋、洗劫行李的海關人員的欺壓。

我們的子子孫孫將會看到這一切，以及我們今天所憧憬的美好事物。通向理想藍天的道路究竟有多麼高遠？然而，令人擔心的並不是那條路的高不可及。如果人們把不受意志控制的事物狀態稱為罪惡，我們已經蒙上了無法消除的污點，一種原生的罪孽。我們已經被造就成這個樣子，我們什麼也無法改變。這個罪惡就是貪婪，這是無盡的獸性的根源。

腸胃統治著世界。我們面臨的所有問題中最關鍵的就是飲食問題。只要有專管消化的胃的存在，就得有東西去填滿它。弱肉強食，生命是個無底洞，唯有死亡能將它填平。因此人類、金步行蟲和其他動物便無休止地殺戮。無休止的殺戮把地球變成了一個屠宰場，與之相比，芝加哥的屠宰場已經算不了什麼了。

食客成群結隊不斷湧來，而食物的數量與之不成比例，得不到食物者嫉妒食物的占有者，餓漢向飽食者張牙舞爪，得靠打仗來決定食物的歸屬。於是人類拿起武器保衛他們的收成，保衛他們的地窖和閣樓，這就是戰爭。我們能看到戰爭結束嗎？哎，真是萬分的遺憾！只要世界上有狼存在，就需要有牧羊犬來保護羊群。

思緒萬千使我無法自己，不知不覺竟遠離了金步行蟲。還是趕快回到這個主題上來吧。我把毛毛蟲放在屠殺者面前時，牠們正在安安靜靜地準備把自己埋到土裡。我為什麼要製造這場大屠殺？是為了讓牠們為我表演一場瘋狂的屠殺嗎？當然不是。我向來對動物的痛苦寄予同情，再小的生命也值得尊重。只有科學研究的需要才使我鐵下心腸，有時這種需要是殘酷的。我以前自認了解金步行蟲的習性，牠們是花園裡的守護者，為此牠們被叫做園丁。牠們憑哪一點能配得上這個附加的

美稱？金步行蟲捕捉什麼害蟲？牠們驅除花圃裡什麼蟲子？用
成串爬行的松毛蟲做的最初實驗前景看好。我們繼續沿著這條
路走下去吧。

　　四月底，我好幾次在院子裡得到了成串的松毛蟲，有時多
一些，有時少一些。我把牠們收集起來，放在一個玻璃罐裡。
宴席備好了，盛宴隨即開始。毛毛蟲被開膛剖腹，每一條蟲歸
一位食客享用或幾個食客一起分享。不到一刻鐘，毛毛蟲全被
消滅了，只剩下幾段變形的蟲子散落在地上，牠們被金步行蟲
拖到木板下獨自享用。那些富有者嘴裡叼著戰勝品溜到別處，
想安安穩穩地吃個痛快。一些同僚遇到了牠們，被牠們嘴上叼
的那塊肉所引誘，竟當起了大膽的搶劫者。牠們三三兩兩地結
夥搶劫合法的物主，大家都咬住那塊肉不放，拉來扯去，將那
塊肉撕爛了，然後狼吞虎嚥地吃下去，沒有發生嚴重的爭執。
說真的這裡沒有戰鬥，也沒有像看家犬那樣為爭搶一塊骨頭互
相毆打，牠們僅僅是企圖搶劫。如果物主咬住那塊肉不放，大
家就和牠一起分享，大顎靠大顎，直至那塊肉被撕裂，才各自
叼著一小片肉走開。

　　能引起搔癢症的松毛蟲想必是道口味刺激的菜肴，在以前
的研究中，我的皮膚曾受到了搔癢症的嚴重侵害。[3]我的金步
行蟲卻把牠當作佳肴。給牠們多少串毛毛蟲，牠們就能吃多

少。這道菜很受歡迎。然而，在蠶蛾的絲囊中，據我所知沒有人見過金步行蟲和牠的幼蟲。我一點也不希望自己有天會在那裡碰上牠們。蠶蛾的絲囊裡只有在冬天才有居民，那時金步行蟲已經對食物不感興趣了，牠們變得昏昏沈沈，蟄居在地下。但是到了四月，當毛毛蟲結隊行進去尋找一個合適的地方把自己埋起來變態時，如果金步行蟲有幸遇上牠們，一定會充分利用這意外的收穫。

獵物身上的毛一點也沒讓牠掃興，儘管如此，毛毛蟲中毛長得最密的雌刺蝟那身半黑半

雌刺蝟

紅的鬃毛，還是讓貪食者感到敬畏。罐子裡的雌刺蝟在那些屠夫之中整整閒逛了幾天，金步行蟲一副不認識牠的樣子。牠們之中不時有些停下來圍著這個混身長刺的蟲子轉，打量牠，然後試探這個可怕的毛扎扎的東西。但是當牠們遭到又厚又長的

③ 見《法布爾昆蟲記全集 6──昆蟲的著色》第二十三章。──編注

尖刺阻擋時便離開了，沒有一口咬下。那條雌刺蝟得意洋洋，背脊一拱一拱，安然地逕自爬了過去。

　　不能再這樣繼續下去了。現在金步行蟲已經餓得發慌了，再加上同伙的助威，膽小鬼決心發起攻擊。四隻金步行蟲非常忙碌地圍著雌刺蝟轉，將牠團團圍住，雌刺蝟兩頭受敵，最後被征服了。牠被掏去內臟，三下兩下就被嚼碎吃掉了，就好像牠是一條毫無抵抗能力的毛毛蟲。

　　能抓到什麼樣的毛毛蟲，這全憑運氣了。我爲金步行蟲提供各類毛毛蟲，有不帶刺毛的，也有毛很密的。所有的毛毛蟲都受到了極其熱情的歡迎，唯一的條件是毛毛蟲的個頭不能太大，要與劊子手的身材相稱。太小的牠們看不上眼，那還不夠塞牙縫呢，太大了又難以制服。大戟天蛾和大天蠶蛾的毛毛蟲也許適合金步行蟲，但是被圍困者剛被咬了一口就扭動著有力的尾部把進攻者拋得老遠。金步行蟲幾番發起進攻，但所有的進攻者都被毛毛蟲甩得遠遠的，金步行蟲由於不夠強大，悻悻然放棄了進攻。那獵物太難對付了。由於我的疏忽，被捉來的這兩條兇猛的毛毛蟲在此待了十五天，什麼麻煩也沒碰上；牠們那突然甩動的尾巴如此迅猛，以至於兇惡的劊子手都不敢將大顎湊近。

金步行蟲只有在屠殺比牠弱小的毛毛蟲時才占上風。然而牠不善攀爬，只在地面捕食，不會上樹，這就使牠明顯地失去了優勢。我從沒見過牠爬上樹冠捕食，哪怕是最小的灌木。牠根本不去注意那些待在一拃高的百里香樹枝上那令人垂涎的獵物。這是很大的遺憾，如果金步行蟲能爬高，能離開地面去遠足，三四隻金步行蟲組成的小分隊，將會以怎樣迅捷的速度殲滅甘藍上的害蟲──紋白蝶幼蟲啊！最好的東西往往也有一些的毛病。

牠的另一個優勢是蛞蝓。金步行蟲什麼都吃，甚至還吃比較胖的、帶棕色斑點的灰色蛞蝓。在三、四個肢解者的進攻下，肥胖的蛞蝓很快就被制服了。金步行蟲最愛吃蛞蝓背部有層內殼保護的部位，內殼像一個珍珠層蓋在蛞蝓心臟和肺的位置上。那個部位比別的部位更香，那裡有許多組成硬殼的硬顆粒物，這種含礦物質的佐料好像很合金步行蟲的口味。同樣的，吃蝸牛時，最搶手的地方也是那層帶鈣質的斑紋外套，因為那裡容易下手而且味美。常在夜裡爬行、偷吃嫩生菜的蛞蝓，應該是金步行蟲常吃的一種食物。還有其他的毛毛蟲，也應該是金步行蟲的家常便飯。

除此之外，還有生活在地下的蚯蚓，一到下雨天牠們就爬出洞穴。再大的蚯蚓也嚇不倒侵略者金步行蟲。我供應牠們一

條兩拃長、手指般粗的蚯蚓。牠們一發現這個大環節動物就將牠包圍起來，六隻金步行蟲一哄而上，這個受刑者的全部自衛手段不過就是扭動身體，前進，後退，屈體，把身體盤起來。巨蟒拖著那些勇猛的屠殺者走，時而把牠們壓在身下，時而自己被壓在底下。屠殺者緊抓不放，輪番向牠發起進攻。牠們有時保持著正常的體位，有時肚子朝天。蚯蚓不停地滾動，往沙土裡鑽，一會兒又重新出現，不管怎樣牠都沒能削弱金步行蟲的士氣。戰鬥的激烈程度是少有的，金步行蟲一旦咬住了蚯蚓，就一直不鬆口，任憑那個絕望者掙扎。蚯蚓那層堅硬的皮終於被撕裂了，血糊糊的內臟流了出來。那些貪食的金步行蟲一頭扎進血泊中，其他的金步行蟲也跑來分享，不一會兒那強壯的環節動物已經成了一灘慘不忍睹的殘渣。這時我終止了金步行蟲的盛宴，生怕這些狼吞虎嚥的傢伙吃得太撐，會長久地拒絕我想做的實驗。牠們那副貪吃的樣子足以表明，如果我不進行干預的話，牠們便要將那根大肥腸消滅乾淨。

我扔給牠們一條小蚯蚓做為補償。那條蚯蚓多處被切開，被扯來扯去，撕成了好幾段，金步行蟲們各自咬住一節到一旁吃。只要那塊肉還沒分解開，那些共餐的金步行蟲就會非常和平地一起吞食那塊肉。牠們額頭對額頭，把大顎伸進同一個傷口裡；但是一旦得到了一塊合適的肉，牠們就會迅速帶著戰利品溜之大吉，遠離那些嫉妒的同伴。大塊的肉屬於大家，無需

爭鬥，但是撕下的小塊肉則歸個人所有，必須趕緊避開強盜們的搶劫。

　　只要還有貨源，我就盡量變換菜單。一些花金龜與金步行蟲共處了兩星期，誰都不敢粗暴地對待對方，金步行蟲從花金龜身邊經過時連看都沒看一眼。牠們是對這種獵物不感興趣，還是覺得太難對付了呢？我們來看看，我摘除了花金龜的鞘翅和翅膀。發現殘廢的訊息很快傳開了，金步行蟲蜂湧而至，並急切地將牠們開膛剖腹，不一會兒，那些花金龜就徹底被掏空了。這菜肴的味道一定不錯。原來是花金龜那緊閉的鞘翅護甲讓這些食肉昆蟲畏懼，使牠們一開始不敢放肆。

　　用大個子的黑金花蟲所做的實驗結果也相同，完好無損的黑金花蟲遭到了金步行蟲的蔑視。金步行蟲在大罐子裡經常與黑金花蟲擦肩而過，但總是只管往前走，並未試圖打開這個神秘的食物罐頭。但是一旦我摘掉了金花蟲的鞘翅，金步行蟲很快就把牠吃掉了，儘管金花蟲會分泌出一種橘黃色的唾液。同樣的，那皮膚細膩、光滑肥胖的金花蟲幼蟲，也是金步行蟲的佳肴。貪吃鬼們見了這條銅黑色的蟲子沒有半點猶豫，一旦發現了美味佳肴，牠們就毫不客氣地上前咬住，將牠開膛剖腹，然後吞進肚裡。這種銅色小肉球可說是珍饈美味，我提供多少，牠們就能吃多少。

在嚴密牢固的鞘翅庇護下，花金龜和黑金花蟲擺脫了金步行蟲的傷害，金步行蟲無法打開牠們藏在護甲下的柔軟腹腔。相反的，如果護甲關得不緊，食肉者很清楚該如何掀開，直達目的地。金步行蟲經過幾次嘗試後，終於從背後掀起了鰓金龜、櫟黑神天牛等昆蟲的鞘翅；金步行蟲剝開牠們的牡蠣殼，將裡面鮮美多汁的肉吸得一乾二淨。不管是什麼樣的鞘翅目昆蟲，只要有辦法掀去牠們的鞘翅，金步行蟲都樂於接收。

前一天我逮了一隻大天蠶蛾，放在金步行蟲面前。金步行蟲對這富麗堂皇的獵物並未表現出狂熱，而是謹慎小心，不時靠上去，試圖咬牠的肚子；可是，才用大顎稍微碰了一下，那個受難者就搧動起寬大的翅膀拍打地面，然後猛力一搧就把來犯者拋得老遠。獵物不停抖動，猛烈驚跳，使金步行蟲無從下口。於是我切除了大蛾的翅膀，攻擊者馬上圍上來了。七隻金步行蟲同時拉扯著，咬住了肥胖的獨臂殘疾者。從大天蠶蛾身上撕下的毛像雪片似地紛飛，牠的皮被撕裂了。七隻金步行蟲頑強地爭奪著獵物，一頭扎進獵物的腹中，就像一群狼吞食一匹馬，一會兒工夫，大天蠶蛾就被吃得精光。

完好的蝸牛幾乎不適合金步行蟲。我把兩隻蝸牛放在金步行蟲中間，這些金步行蟲已經餓了兩天，想必更加勇猛。軟體動物躲在硬殼裡，嵌在沙土裡的這些蝸牛，硬殼的開口是朝上

的。不時有金步行蟲來到洞口邊，在那裡待上一小會兒，嚥著口水，掃興地離開了，牠們沒有做更多的努力。蝸牛只要被輕輕咬一下，就會將胸泡的空氣擠壓成泡沫吐出來，這種泡沫是牠的自衛武器，喝到泡沫的過路客趕快放棄了鑽探。

泡沫極其有效。那兩隻蝸牛在飢餓的金步行蟲面前放了一整天也沒遇到什麼麻煩。第二天我發現牠們還像前一天一樣精神飽滿。爲了幫金步行蟲消除這討厭的泡沫，我把軟體動物的外殼剝掉了指甲那麼大一塊，掀掉了牠肺部上的一塊硬殼，現在金步行蟲開始了猛烈而又持久的進攻。

五、六隻金步行蟲一起圍著缺口處那塊裸露出來的、不帶唾液的肉吃了起來。如果有更大的地方接待更多的食客，共享佳肴者會更多，因爲這時一些新來者迫不及待地想擠進來占一席之地。在缺口處聚集了一大群蠢動的金步行蟲，在內圈的那些挖呀扯呀，而在外圈的那些只有看的份，有時牠們也能從鄰居的嘴下搶到一塊肉。一個下午的工夫，蝸牛已被掏空，螺塔被挖得底部朝天。

第二天，正當金步行蟲在瘋狂地屠殺時，我奪去了牠們的獵物，代之以一個完好地嵌在沙裡、開口朝上的蝸牛。我往蝸牛殼上澆了些冷水，受了刺激的蝸牛從殼裡鑽出來，伸長的脖

子活像天鵝頸，久久地展示著牠那管子似的眼睛。面對著食肉者可怕的喧嘩，牠顯得非常平靜，哪怕即將被開膛剖腹也不能阻止牠充分展現自己柔嫩的肉體。那些被奪去了肉食的惡魔們，將會很容易地撲到這個獵物身上，繼續進行剛才被打斷了的盛宴。到底是不是這樣呢？

沒有一隻金步行蟲注意到這個大半截身子露在堡壘外面，輕輕波動著的極佳獵物。如果其中有隻比其他同伙更勇敢、更飢餓的金步行蟲敢於咬那個軟體動物，那軟體動物就會收縮，躲進殼裡，並開始吐泡沫，這足以使進攻者退卻。整個下午和晚上蝸牛一直那麼待著，牠雖然面對著二十五個屠夫，卻什麼危險也沒發生。

多次實驗情況都相同。因此我們肯定金步行蟲不攻擊完好的蝸牛，甚至在一陣驟雨後蝸牛把上身伸出殼，在濕草地上爬行時，牠們也不去攻擊牠。金步行蟲需要的是個殘廢，是被敲破了螺殼的傷殘者，牠們需要獵物身上有個缺口，便於一口咬住，又不會冒出泡沫。在這種情況下，這位園丁在抑制蝸牛的危害方面所發揮的作用是渺小的。如果那個專門糟蹋菜園的害蟲遭受意外，被或多或少砸破了螺殼，無需金步行蟲動手也會在很短的時間內死去。

　　為了變換菜單，隔一段時間我就替我的實驗對象金步行蟲供應一塊鮮肉。牠們會主動過來，很認真地在那裡找好位置，將肉切成小塊然後吃下去。這是一塊鼴鼠肉，牠們可能根本就沒吃過。若不是這隻鼴鼠被農民的鋤頭挖開了肚皮而成為牠們的食物，牠們是不會吃到這道菜的，不然這道菜也會像毛毛蟲一樣早就受到喜愛了。除了魚肉以外，什麼肉牠們都愛吃，有一天的主菜是條沙丁魚，貪吃的金步行蟲跑過來，先嚐了幾口，然後就再也不去碰牠了，牠們紛紛離去，這種東西對牠們來說實在太陌生了。

　　另外還得說一下，那大鐘形罩裡有個水槽，也就是一個盛滿水的小碗，金步行蟲常常在飯後來到這裡飲水。一方面是因為吃了熱食感到口渴，另一方面也是由於吃完蝸牛肉，嘴巴都被黏住了。在那裡降降火，洗一下嘴唇，洗掉像高筒靴一樣黏附在跗節上的黏液，這些黏液把沙粒黏到跗節上變得很沈重。沐浴之後，牠們回到木板下的小屋，靜靜地睡起大覺了。

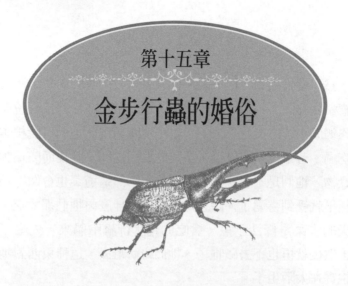

第十五章

金步行蟲的婚俗

　　眾所周知，身為滅殺毛毛蟲和蛞蝓的勇士，金步行蟲確實無愧於園丁這個光榮稱號；牠是菜園和花圃裡保持高度警戒的守衛者。如果說我的研究在這方面沒有什麼獨到的發現，不能為金步行蟲那由來已久的美名增添新的光彩，至少我將在以下的研究中向人們揭示金步行蟲出乎人們想像的一面。這個兇殘的惡魔能把所有不及自己強壯的獵物吞食，而自己也會被吃掉。被誰吃掉呢？被牠的同類和其他昆蟲。

　　先說說牠的兩位敵人。狐狸和癩蛤蟆在食物匱乏，找不到可口食物時，也能將就著吃那些瘦得皮包骨、帶有怪味的獵物。在述說專吃垃圾的珠皮金龜的故事中，我曾經說過狐狸糞便的主要成分是兔毛，以及為什麼有時狐狸的糞便裡會有金步行蟲的鞘翅。[1]糞便上鑲嵌著金色的鱗片，這就足以證明狐狸

吃了金步行蟲；儘管這道菜沒什麼營養，份量也很少，味道怪怪的，但是吃上幾隻金步行蟲總還是可以充充飢。

至於癩蛤蟆，我也有類似的證據。夏天在院子的小徑上，我時常會發現一些奇怪的東西。起初我想來想去也想不明白，牠們是從哪裡來的，這是些細細的小黑腸似的東西，有小指那麼粗，被太陽曬乾後很容易碎。我從中發現了一堆螞蟻頭，除了一些細細的腳之外，再沒別的東西了。這用成千上萬個頭壓成顆粒狀的奇怪混合物到底是什麼呢？

我想到了貓頭鷹在胃裡將營養物質提取之後吐出的一團殘渣。但是經過一番思考我又排除了這個想法：貓頭鷹是在夜間活動的，儘管牠愛吃昆蟲，也不會吃這麼小的獵物。吃螞蟻必須具備充裕的時間和耐心，用舌頭把螞蟻一隻一隻黏起來送入口中。誰是那位食客呢？是不是癩蛤蟆？我想不出院子裡還有其他動物會和這堆螞蟻有關了。實驗將會告訴我們謎底。我有一位老相識，我知道牠住在何處。夜晚巡察時，我們曾好幾次相遇，牠用金黃色的眼睛看著我，神情嚴肅地從我身邊走過，忙牠自己的事去了。這隻癩蛤蟆有個茶杯墊那麼大，牠是受到我們全家人尊敬的智者，我們管牠叫哲學家。我去問問牠知不

① 見《法布爾昆蟲記全集 8──昆蟲的幾何學》第十七章。──編注

知道那堆螞蟻頭是哪裡來的。

　　我把那隻癩蛤蟆關在一個沒有食物的鐘形罩裡，等待著牠把胖胖的肚子裡的食物消化掉。食物消化的時間並不算太長，幾天後，囚犯排出了黑色的糞便，是圓柱形的，和我在院子裡的小徑上發現的糞便一模一樣，裡面也有一堆螞蟻頭。我恢復了這位哲學家的自由。多虧了牠，那個使我困惑的問題才得以解決。我總算弄明白了，癩蛤蟆會捕食大量的螞蟻，螞蟻很小，這是事實，但是其優點是容易捕捉，而且取之不盡。

　　然而，螞蟻並非癩蛤蟆的首選食品，若能得到更大的獵物，那可是牠求之不得的。但牠主要靠螞蟻維生，因為在院子裡螞蟻特別多，相比之下其他的爬行昆蟲卻很少。對癩蛤蟆來說，偶然能吃到大一點的獵物就算是美味佳肴了。

　　我在荒石園裡拾到的一些糞便，完全可以證明牠有時也能吃到一頓美餐。有些糞便裡幾乎全是金步行蟲的金色鞘翅，其餘那些呈糊狀黏著幾片金色鞘翅，而其主要成分是螞蟻頭的糞便，才是癩蛤蟆糞便的真正標誌。可見癩蛤蟆一逮到機會，也吃金步行蟲。癩蛤蟆這位守護菜園的守衛，卻消滅了另一位和牠一樣可貴的菜園園丁——金步行蟲。一樣對我們有用的東西卻被另一樣有用的東西給毀了。這個小小的教訓有益於我們克

服天真的想法，可別以為牠們所做的一切都是為了我們。

　　更糟糕的是，金步行蟲這位守護著我們的花園和菜園，密切監視著毛毛蟲和蛞蝓犯罪活動的警察，竟然也有同類相殘的怪癖。一天，在我家門前的梧桐樹蔭下，一隻金步行蟲匆匆地經過，這位朝聖者是受歡迎的，牠將壯大籠子裡居民的力量。

　　我把牠拿在手上時才發現牠的鞘翅末端有著輕微的損傷。是不是情敵之間爭鬥的結果？對此我沒發現任何線索。重要的是牠身上可別有嚴重的損傷，經檢查確認牠沒有受傷，可以為我效力後，我才把牠放進那個玻璃屋裡，與那二十五隻金步行蟲做伴。

　　第二天，我去探望那個新來的寄宿者，牠已經死了。夜晚，那些同監犯人向牠發動了攻擊。由於鞘翅有個缺口沒能好好保護牠，牠被掏空了肚子。手術做得乾淨俐落，沒有支離破碎的痕跡，腳、頭、前胸全都好好地留在那裡，只有肚皮裂了一個大口，內臟從那裡被拉了出來。我看到的是一個兩瓣合抱的鞘翅組成的金色貝殼，就算被掏空軟體組織的牡蠣殼也沒那麼乾淨。

　　這樣的結果令我吃驚，因為我向來十分注意，從不讓籠子

裡缺少食物。蝸牛、鰓金龜、修女螳螂、蚯蚓、毛毛蟲，以及
其他一些最受歡迎的菜肴，不斷變換花樣被送進餐廳，而且供
應的數量綽綽有餘。我的金步行蟲把一位鞘翅受損、易於攻擊
的同胞給吃了，牠們總不能以飢餓做為開脫罪行的理由吧。

在牠們那裡是否有著結束受傷者的生命，掏空即將變質的
腹中內臟的習性呢？昆蟲不懂得憐憫。當牠們見到一個絕望掙
扎的傷殘者時，沒有一個同類會停下來，沒有誰試圖去幫助
牠。在肉食動物那裡，情況可能會變得更加可悲。有時過路者
會跑向殘廢者，是為了安慰牠嗎？才不是呢。牠們不過是想吃
掉牠。似乎牠們認為這樣做有道理，吞食牠是為了徹底解除殘
疾帶給牠的痛苦。

也有可能是那個鞘翅帶缺口的金步行蟲用牠那部分裸露的
臀部引誘了同伴，同伴們發現這個受傷的同胞身上有塊地方可
以解剖。但是如果那隻金步行蟲此前未受傷，牠們之間會相互
尊重嗎？從種種表現來看，牠們之間起初關係和睦，在一起用
餐的金步行蟲從沒打過架，只不過會有一些從別人嘴上搶食的
情況發生。在木板下長時間的午休期間，牠們也從沒打過架。
這二十五隻金步行蟲半個身子埋在涼爽的土裡，安靜地消化食
物和打瞌睡，彼此相距不遠，各自待在自己的淺土窩裡。如果
我掀開上面的遮板，牠們就會醒來，溜出去，就算牠們在跑動

中相遇也沒有相互打鬥。

　　和平的氣氛很濃厚，看起來應該會永遠維持下去。當六月天氣開始轉熱時，我發現一隻金步行蟲死了。牠沒有被肢解，身體縮成了金貝殼狀，像掏空的牡蠣殼，這和不久前那殘廢者被吞食的情景完全一樣。我仔細檢查了那具殘骸，除了肚皮上有個大缺口外，其他地方都保持著原狀。那隻金步行蟲被牠的同類掏空時是很健康的。

　　幾天後，又有一隻金步行蟲被殺死，和前面那些金步行蟲死狀相同，牠們的護甲毫髮無傷。把死者腹部朝下放著，看上去完好無損；把牠仰面放著，看起來卻是個空殼，在那個殼裡一點肉也不剩了。不久之後，又出現了一具掏空的屍體，之後又接二連三地出現。越來越多的金步行蟲死去，以至於我那個籠子裡的金步行蟲迅速減少。如果瘋狂的屠殺繼續下去，我的籠子裡很快就會什麼也沒有了。

　　是倖存者在瓜分那些因衰老而死亡的金步行蟲的屍體呢？還是牠們靠著犧牲牙活著的同伴來達到減員的目的呢？要使真相大白並不容易，因為開膛的事情主要是在夜間發生的。憑著警覺，我終於兩次在大白天撞見了解剖過程。

六月中旬，一隻雌金步行蟲在擺弄一隻雄金步行蟲，從那微小的體形就可以認出是雄性。手術開始了，進攻者掀開對方的鞘翅尾端，從背後咬住受害者的腹部末端，牠拼死地拉扯，用牙咬，被咬住的金步行蟲雖然充滿了活力，可是牠既不自衛，也不還擊，只是拼命朝反方向拉。為了掙脫那可怕的齒鉤，隨著拉來扯去的動作，牠一會兒前進，一會兒後退，這就是牠所做的全部反抗。搏鬥持續了一刻鐘，突然來了一些過路客，牠們停下腳步彷彿自言自語地說：「該看我的了！」最後，那隻雄金步行蟲使足了力氣，掙脫出來逃走了。顯然的，如果牠無法掙脫，就會被那個兇狠的雌蟲剖腹了。

幾天後，我目睹了相似的場面，但是這次有了完滿的結局。這次仍是一隻雌蟲從背後咬住了雄蟲，雄蟲除了徒勞無功地試圖掙脫之外，沒有做任何反抗，被咬住的雄蟲聽憑發落。最後牠的皮膚撕裂開了，缺口越來越大，內臟被拉出來，讓那胖婦吞進了肚裡。那胖婦把頭埋在同伴的腹腔裡，把腹腔掏得只剩下一個空殼。那可憐的受害者腳爪一陣顫抖，表明了牠的生命已結束。食屍胖婦並不因此而動情，牠繼續沿著胸腔盡可能往裡挖，那具屍體僅剩下合抱成小吊籃形的鞘翅和沒被肢解的身體前部了，被挖乾了的空殼被丟棄在現場。

那些金步行蟲就這樣死去，死的總是雄性。我不時地在籠

子裡發現牠們的屍骸，倖存著的那些遲早也一定會這樣死去。從六月中旬到八月初，金步行蟲的總數從最初的二十五隻減到只剩下五隻雌蟲，二十隻雄蟲全部都死了，牠們先被開膛，然後徹底被掏空。是誰幹的好事？看樣子是雌金步行蟲。

首先，我有幸看到的兩次進攻行動證實了這一點。兩次攻擊都是發生在光天化日之下，我看見雌蟲鑽進雄蟲的鞘翅下，剖開雄蟲的肚皮，將牠吃掉，或者至少是想這麼做。至於其他的屠殺，即使我沒有親眼目睹，但我卻有著非常有力的證據。我們剛才看見了被抓住的金步行蟲既不反抗也不自衛，牠只是竭力想掙脫逃走。

如果這僅僅是日常所見的你死我活的打架鬥毆，被攻擊者顯然會轉過身來，因為牠有能力做到。面對敵人的挑釁，牠會一把抓住對方，給予回敬，以牙還牙。憑牠的力氣有可能在搏鬥中扭轉局勢占上風，然而這個愚蠢的傢伙卻讓對方有恃無恐地咬住自己的屁股。似乎有種不可遏制的厭惡感，阻止牠反抗以及用牙去撕咬對方。

這種寬容使人想到了隆格多克大毒蠍，當婚禮結束時，新郎任憑自己被新娘咬死，也不去使用能夠傷害那潑婦的自衛武器——毒針。牠還讓我們想到了新婚的修女螳螂，有的新郎已

被咬得只剩一截身子了，還不顧一切地繼續自己未完成的工作，任憑自己被一點一點地吃掉也不做任何反抗。這是牠們的婚俗，雄性對此無可反抗。

　　我的金步行蟲動物園裡的雄蟲，從第一個到最後一個全被剖了腹。牠們向我們講述的是同一種習俗，一旦滿足了伴侶交尾的需要，雄蟲就將成為新娘的犧牲品。從四月到八月，每天都有一對對配偶組成，有時只是嘗試著在一起，有時應該說更多的時候是真正的結合。對於這些性慾旺盛的配偶來說，這還遠遠不夠。

　　金步行蟲處理愛情的方式相當有效率。在眾目睽睽之下，無需醞釀感情，一隻過路的雄蟲就撲向了牠遇到的第一隻雌蟲，被抱住的一方微微抬了一下頭表示同意，於是騎在上面的雄蟲開始用觸角尖抽打對方的脖子，交配結束了。剛一完事，雙方馬上就分手了，去吃我為牠們供應的蝸牛。然後雙方又各自嫁娶，另結良緣。新結成的夫妻照樣也將另尋新歡，只要有閒著的雄蟲。狂飲之後，便是粗暴地做愛，做愛之後，又是一頓猛吃。對於金步行蟲而言，這就是生活的全部。

　　我那動物園中女眷的數量和求愛者的數量不成比例，五隻雌性配二十隻雄性。這沒有關係，這裡沒有爭風吃醋的毆鬥，

大家心平氣和地占有，過分地濫用數量較少的雌性。大家寬宏大量，經過幾次嘗試，也靠碰運氣，每一位都能使自己的慾望得到滿足。

我那群金步行蟲的性別比例如果更為合理一些就好了，可是出現這樣的情形純屬偶然，我捉到的就是這樣一些蟲，根本不由得我挑選。我搜尋了附近石頭下找到的所有金步行蟲，也顧不得是什麼性別，因為光從外表是很難區分的。在籠子裡飼養一段時日後，我知道了腰圍粗一些的是雌性。我的動物園裡性別比例如此不協調，完全是偶然的結果，看來在自然環境下雄性並不是那麼多。

另一方面，在自然情況下，同一塊石頭下面絕不會聚集這麼大一群金步行蟲。金步行蟲幾乎是離群索居，很少見到兩三隻住在一起，像我籠子裡那樣的群體實屬罕見。這裡倒沒有出現騷亂，在玻璃屋裡有足夠的空間讓牠們散步和進行日常的嬉戲，想獨自待著就獨自待著，想找個伴就馬上能找到。

這種監禁的生活似乎並沒有使牠們感到煩悶。頻繁地大吃大喝和每天反覆進行的交尾說明了這一點。自由地生活在野外時，牠們也不見得比現在更有精神，說不定還不如現在呢，起碼食物就沒有大籠子裡這麼豐盛。至於舒適的程度，這些囚犯

們生活在正常狀態下，完全可以保持牠們的習俗。

　　只不過，同類相遇的機會在這裡比在野外多得多。也許正因為如此，對雌性來說這是虐待那些自己不再想要的雄性，咬住牠們的屁股，掏空牠們的內臟的最好機會。由於住得近，捕殺昔日情人的現象變得更為嚴重了。但這並不是新花樣，這種習俗不是臨時興起的。

　　交尾結束後，一隻雌蟲在野外與雄性相遇時會把牠當成獵物對待，將牠嚼碎以結束婚姻。每次翻開石頭我都無緣見到這種場面，不過這也沒關係，在大籠子裡所看到的景象已經足以使我堅信這一點。金步行蟲的世界是多麼殘忍啊！當已婚的胖婦卵巢裡受了孕，不再需要助手時，竟把助手吞進了肚裡。那裡的生殖法規如此不尊重雄性，竟然這樣任意地宰割牠們。

　　愛過之後，接著便是同類相食，這種現象是否很普遍？目前，我知道三個最為典型的例子：修女螳螂、隆格多克大毒蠍和金步行蟲。將愛人當作獵物的可怕行徑，在螽斯家族中沒有那麼殘酷，因為被吞食的是屍體，而不是活生生的螽斯：雌白面螽斯專愛吃死去的雄性的大腿，而綠色蟈蟈兒也有著同樣的習性。

在某種程度上這種飲食習慣是有原因的，再怎麼說白面螽斯和綠色蟈蟈兒是肉食昆蟲。雌性遇上了雄性的屍體多多少少都要吃一些，不論牠是不是自己從前的情人。獵物就是獵物，情人也不例外。

那麼對素食昆蟲的行為又該如何解釋呢？臨近產卵期時，雌短翅螽斯竟把牠的配偶活活咬死，剖開牠的肚皮，大吃一頓，直至腦滿腸肥。溫和的雌蟋蟀突然性情變得乖戾，牠打著那位昔日充滿激情地為牠演奏小夜曲的戀人，還將牠的翅膀撕破，砸爛牠的小提琴，甚至咬了音樂家好幾口。由此看來，交尾期後雌性對雄性的極度厭惡，也許具有一定的普遍性，尤其在肉食昆蟲的世界裡。為什麼會有這種凶殘的習俗？如果我條件俱足，一定會把握時機，好好進行一番研究。

八月初，籠子裡只剩五隻雌金步行蟲了。自從開始吞食雄性以來，雌金步行蟲的舉止有了極大的改變，食物已引不起牠們的食慾，牠們不再湧向我為牠們供應的剝掉了一半殼的蝸牛，以及牠們以前喜愛的肥胖螳螂和毛毛蟲，取而代之是躲在木板下打瞌睡，很少露面。牠們是不是在準備產卵？我每天都去探望，很想看到在簡陋的條件下出生而不受任何呵護的新生幼蟲，因為雌金步行蟲並不擅長護理嬰兒，這樣的情形是可以預見的。

　　我的期待落空，那裡沒有幼蟲。十月，天已開始轉涼，四隻雌金步行蟲死了，牠們是自然死亡的。活著的那隻金步行蟲對此並不關心，牠拒絕將牠們埋葬在牠的胃裡，這種埋葬方式是專為那些被活剖了的雄性準備的。牠在泥土裡蜷縮成一團，盡可能地鑽進籠子裡貧瘠的泥土深處。當十一月來臨，馮杜山被第一場白雪覆蓋時，牠在洞穴深處冬眠了。從此牠可以得到安寧了。牠將能夠度過冬天，一切似乎都很樂觀，要到來年春天牠才會產卵。

第十六章

藍蒼蠅產卵

　　為了把死屍的污染物清除乾淨，並讓其中的物質回歸生命的寶庫，有一大批肉品承包商投入了工作，其中有我們家鄉常見的藍蒼蠅（圓形麗蠅）和灰肉蠅。誰都認識藍蒼蠅，牠是一種深藍色的大蒼蠅。牠飛到沒有關好的碗櫥裡做壞事，停在我們的玻璃窗上嗡嗡叫，到太陽下取暖讓另一批卵成熟。這些偷吃我們的獵物或從肉店買來的肉食的蠅蛆，是如何產下牠的卵的？藍蒼蠅有哪些伎倆，我們如何才能防範牠？這正是我打算研究的問題。秋天直至嚴冬到來前的大部分時間裡，藍蒼蠅經常飛到我們的家裡。但是牠在田間出現得更早，從早春二月開始，我們便能看見非常怕冷的藍蒼蠅貼著向陽的牆壁取暖。四月，我看見許多藍蒼蠅在月桂樹的花果上，看來牠們是在那裡交尾，並且吸著白色小花的甜汁。整個春季牠們都在外面度過，在相距不遠的泉源之間飛來飛去。當秋季來臨，追逐的對

藍蒼蠅（放大2倍）

象出現時，牠便闖入我們家中，直到天寒地凍時才離開。

　　這倒正好合我的意，我上了年紀，腿也不靈活了，習慣待在家裡；現在我不必跟著我的研究對象東奔西跑了，牠們自己會找上門來。此外，我還有一些機警的助手，我的家人都有捉蒼蠅的經驗。每個人都把用小紙筒裝著的、剛從玻璃窗上逮到的不安份來訪者──蒼蠅送給我。

　　就這樣我的籠子裡藍蒼蠅越來越多，這個籠子是用一個大金屬網罩做的，罩在一個裝滿沙的罐子上。一個裝有蜜的小碗就是牠們的食堂。那些囚犯們休閒時就到這裡來用餐。我用兒子從荒石園裡打來的小鳥，如燕雀、朱頂雀、麻雀，為牠們創造產卵的條件。

　　我剛把一隻前天射殺的朱頂雀端上桌。這時在籠子裡只放進一隻藍蒼蠅，僅此一隻，為的是避免混亂。這隻藍蒼蠅大腹便便，表明牠就要產卵了。果然，一小時後，囚犯因被囚禁所引起的衝動情緒平息了下來，牠正在繁殖後代。牠艱難地邁著蹣跚的步子過來探察那小獵物，從獵物的頭部移向尾部，然後

又從尾部移向頭部。巡迴了幾次之後，牠來到了小鳥的一隻眼睛附近停下來。那隻眼眶裡的眼球已經凹陷，完全萎縮了。

　　藍蒼蠅的產卵管彎成直角插進鳥喙的連合處，直插至底部，產卵持續約半小時，藍蒼蠅動也不動，專注於牠的產卵大業。產卵者在我的放大鏡監視下，我稍微動一下就會驚動牠；如果我悄悄地待在那裡，便不會引起牠的不安，對牠來說我算不了什麼。

　　藍蒼蠅不是連續不斷一下子就把卵產完，而是間隔一段時間產下幾袋卵。牠幾次離開鳥到網紗上休息，兩隻後腳互相搓來搓去，再次產卵之前，牠得把產卵的工具──產卵管擦乾淨，磨光。不久牠感到腹部脹滿了，於是又回到鳥喙結合處的同一地點，接著產卵。牠斷斷續續地一會兒到鳥的眼睛附近停下產卵，一會兒來到網紗上休息，就這樣過了兩小時。最後產卵結束了。那隻蒼蠅沒有再回到小鳥身上，這表示卵已經產完了。第二天蒼蠅死了。牠產下的卵在鳥的喉嚨口、舌頭底下和軟顎上密密麻麻地貼了一層，數量相當可觀，鳥的整個喉嚨裡都白白的。我把一根小木棍卡在鳥的兩片大顎之間，使鳥喙一直張開著，以便讓我看到將要發生的一切。

　　這樣我便知道了孵化需要兩天時間。剛誕生的小幼蟲成群

地湧動著，離開了出生的地方，消失在喉嚨的深處。現在想更進一步了解牠們的情況也是枉然，不過稍後等到觀察條件較為有利時我們將會了解到。

被侵占的鳥喙一開始是關閉著的，自然合攏的大顎就像個酒桶，底部有一個窄槽，最多也只夠伸進一根馬鬃，產卵就是透過這個窄槽完成的。產卵的藍蒼蠅伸長牠那根小型伸縮望遠鏡似的產卵管，將較硬的角質尖端插進槽裡，那細細的探針和窄小的入口正好相稱。可是，如果鳥喙緊緊閉著，藍蒼蠅能把卵產在哪裡呢？

我用一根線把鳥喙緊緊捆上，再把另一隻藍蒼蠅放在那隻口腔裡已存放了卵的朱頂雀前面。這一次卵產在鳥的一隻眼睛裡，眼皮與眼球之間。又過了兩天，孵化的幼蟲鑽進了眼窩深處的肉裡。眼睛和喙顯然是鑽進這隻禽鳥身體的主要通道。

還有別的通道，那就是傷口。我替一隻朱頂雀戴上紙套以阻止喙和眼睛被侵入，然後將這隻鳥放進網罩，供第三隻藍蒼蠅產卵。鳥的胸部被鉛彈擊中過，但是傷口沒有流血，外面沒有血污，根本就看不出那個致命的傷口。儘管如此，我還是把鳥的羽毛重新整理好，用鑷子把毛理順，以至於那隻鳥從很整齊的外表看是完好無損的。

那隻蒼蠅很快就湊過來了。牠仔細地從頭到尾觀察那隻鳥兒，用前腳的蹠節拍拍鳥的胸脯和腹部。這是一種觸摸診斷法，根據羽毛的反應，蒼蠅就能知道下面有什麼。如果說嗅覺能幫上忙，那恐怕也是很有限的，因爲那獵物還沒有腐臭味。很快傷口就被找到了，傷口上一滴血也沒有，被鉛彈射入的一團羽毛塞住了傷口。蒼蠅沒有把羽毛扒開就在那裡安頓下來，牠動也不動地待在那裡，肚皮隱在羽毛裡，兩小時都沒挪動。我一直好奇地待在那裡觀看，也絲毫沒有妨礙牠的工作，使牠分心。

當牠產完卵後，我取走了牠。在鳥的皮膚和傷口上什麼也沒有發現。我得把那團羽毛拔掉，挖到一定的深度時，產在裡面的卵才會暴露出來。藍蒼蠅將可伸縮的產卵管伸長，穿過傷口的那團羽毛。那些卵裹在一個卵囊裡，約有三百枚。如果藍蒼蠅無法從鳥的眼睛進入，而且那隻鳥也沒有傷口，產卵工作還是會進行的，不過這時蒼蠅會猶豫不決，並且精打細算。我把鳥身上的羽毛全拔光，以便進一步弄清情況；另外，我還用紙套把鳥頭包起來，阻塞牠們一般所使用的通道。那即將產卵的蒼蠅邁著蹣跚的步子，久久地探查著那隻鳥的身體。牠最喜歡在鳥頭上產卵，因而用前蹠節在那裡扣診，牠知道那裡有牠需要的洞穴；牠同樣知道幼蟲很脆弱，無法把那道阻止產卵管進入的奇怪屏障捅破並穿越。那個紙套讓牠覺得很可疑，儘管

被蒙著的頭部很有誘惑力，仍然沒有任何一枚卵產在那套子上，不論這套子有多薄。

蒼蠅徒勞無功地繞著這道屏障轉，也無法找到突破口。牠最後決定從別處下手，但不是在胸部、腹部和背部，看來是因為這些地方的皮膚太硬，而且光線太強。牠需要陰暗的藏身處，而且那裡的皮膚必須特別細嫩。適合的地方是腋窩和大腿與腹部交接處，牠在這兩個地方產下了一些卵，可是數量很少，這表明了腹股溝和腋窩只是牠們在沒有更好的選擇時，勉強湊合著用的產卵所。

我用一隻沒有拔過毛而且頭部套上紙套的鳥，進行同樣的實驗，卻沒有成功，受到羽毛阻隔的蒼蠅無法進入那些隱密的地帶。總而言之，在去了皮毛的鳥身上，或者乾脆在一塊肉上，藍蒼蠅可以在任何一處產卵，只要那裡是陰暗處就行，越暗越好。

從以上不同的實驗結果可以得出這樣的結論：藍蒼蠅喜歡在露出肉的傷口，或者是口腔黏膜和眼內膜這些沒有強韌皮膚保護的地方產卵，而且牠還喜歡黑暗。不久之後我們將會明白牠為什麼會有這些偏好。

　　紙套能夠有效地阻止幼蟲侵入眼和口的通道，這就促使我試著用同樣的方法把鳥的全身包起來，即用一種人造皮把那隻鳥包起來，讓它像天然皮膚那樣保護鳥，以便打消藍蒼蠅在此產卵的念頭。我使用園藝用的那種紙折成的、不用膠水黏的小袋子，把一些朱頂雀分別包起來；牠們有的身上有傷，有的完好無損。做紙袋的紙很普通，沒什麼韌性，用一些普通的報紙就行了。

　　我把一大批用紙袋套起來的屍體放在實驗室的桌上，沒有遮掩。隨著一天中日照角度的變化，牠們時而背陽，時而在強烈的陽光下。那些肉散發的氣味，將藍蒼蠅吸引到了我那間窗戶始終大開的實驗室裡，每天都可以看到一些藍蒼蠅在腐臭味的指引下，降落在那些袋子上，牠們非常忙碌地搜索著，不停地來來往往，由此可見牠們占有這堆屍體的慾望有多麼強烈。然而沒有一隻藍蒼蠅決定在袋子上產卵，牠們甚至也不嘗試把產卵管插進紙袋的折縫裡。產卵期過了，一枚卵也沒在極富誘惑力的袋子上留下。由於考慮到那層薄薄的紙是幼蟲無法穿越的屏障，所有的雌藍蒼蠅都避免在此產卵。我對雙翅目昆蟲這種謹慎的做法一點也不感到吃驚，母愛在任何時候都會使母親們表現出極度的明智。讓我感到吃驚的是以下的結果：裝著朱頂雀屍體的袋子在沒有遮掩的沙地上，放了一年、兩年、三年竟然還在那裡。有時我會打開袋子看看裡面的情況，只見那些

小鳥完好無損，羽毛很整齊、無臭，像木乃伊一樣蒸乾了水分，變得很輕。牠們沒有腐爛，而是成了木乃伊。

我原以爲牠們會爛掉，像我們在露天地裡看到的屍體那樣流出膿血。結果相反，那些屍體除了變乾、變硬以外，沒有別的變化。是缺少什麼條件才使牠們沒有腐爛呢？很簡單，沒有雙翅目昆蟲的干預，蠅蛆是屍體腐爛的最主要原因，牠們是最好的腐化劑。

一個有趣的、不可忽視的結果將從我的紙袋中得到。在市集上，尤其是在南方的市集上，野味被毫無遮掩地掛在攤位上，其中包括一打一打用繩子吊住鼻孔的雲雀、斑鶇、鶇、鳳頭麥雞、野雞、小山鶉。這些秋天遷徙的候鳥被人捕獲後拿到市集上兜售，牠們日復一日，甚至連續幾週都暴露在可惡的雙翅目昆蟲面前。顧客被野味無懈可擊的外表所吸引，於是買下了牠。等回到家，準備要烹調時，才發現本來打算用來製作美味烤肉的野味已經生了蛆，好可怕呀！得把這個可怕的蠅蛆窩扔掉。

藍蒼蠅是罪魁禍首，這一點誰都知道；但是，不論是零售商、批發商還是獵人，誰也沒有認眞考慮如何防範牠們。爲了防止長蛆應該做些什麼呢？幾乎不用花費什麼，將野味分別裝

進一個紙袋即可。如果在雙翅目昆蟲到來之前就採取了這項防範措施，任何野味都不會受到侵襲，那麼美食家們想把野味存放多久都沒問題。

　　肚子裡塞上橄欖和香桃木的科西嘉烏鴉是一道美味佳肴。在歐宏桔時，我們有時會收到一些用小紙袋包著，層疊擺放在通風的籃子裡的烏鶇。這些烏鶇保存得很好，符合烹調的嚴格要求。我祝賀那位不知名的批發商，是他想到了用紙袋包裹烏鶇這種聰明的辦法。那麼，是否將會有人仿效他呢？我對此表示懷疑。

　　這樣的防範措施會遭到嚴厲的指責。貨物包在紙裡就看不見了，那還怎麼招徠顧客，再說顧客也無法知道裡面裝的是什麼商品，以及品質如何。有一個辦法可以讓顧客看得見商品，那就是給鳥戴上一頂紙帽。因為牠的頭部受威脅最嚴重，那裡有喉嚨和眼睛，一般只要把頭部保護好，就可阻止雙翅目昆蟲在上面產卵。

　　我們繼續從不同的途徑來對藍蒼蠅進行研究。一個約一百公分高的白鐵盒裡裝著一塊鮮肉，斜蓋著的蓋子有一邊留有一條窄縫，最多只能插進一根細針。當誘餌開始散發出氣味時，產卵者來了。有時只來一隻，也有時一下來了好幾隻，牠們是

素食昆蟲

268

被從細縫裡散發出的氣味吸引來的；而我，則幾乎沒聞到什麼氣味。

牠們在那個金屬容器上探測了一陣，想尋找一個入口。由於沒辦法搆著那塊令人垂涎的肉，牠們決定在白鐵皮上產卵，就在那條縫的旁邊。有時，當窄縫允許牠們把產卵管插入時，牠們就會將產卵管插入罐頭，將卵產在罐頭上那條窄縫裡。不管是產在裡面還是外面的卵，都較爲規則地排列成一層，白色的卵很顯眼。我用小鏟子，也就是用紙做的刮刀把卵從罐子上鏟下來。如果是在已經變質的肉上採集，便不會留下任何無法避免的污痕。就這樣，我得到了用於研究所需要的卵。

我們剛才看到藍蒼蠅拒絕在紙袋上產卵，儘管裡面的朱頂雀散發出腐屍味；然而現在牠卻毫不猶豫地把卵產在鐵皮上。這是否和支撐物的性質有一定關係呢？我把白鐵皮蓋拿掉，用一張紙繃緊黏在罐口上，然後用小刀尖在這個新蓋子上割開一條縫。這樣就行了，產卵者接受了紙蓋。

讓牠拿定主意的不單單是牠們喜歡的、甚至從沒有裂縫的紙袋裡也會散發出來的那股氣味，而是那條縫，那條能使罐子外面靠近縫隙處的幼蟲進入鐵罐的縫。蠅蛆母親有牠的邏輯和合理的預見，牠預知自己那些柔弱的幼蟲無法穿過那層有一定

阻力的屏障，爲自己打開一條道路。因此，儘管有氣味的誘惑，只要牠沒有發現能讓新生兒自己鑽入的裂口，牠就會避免在那裡產卵。

我想知道障礙物的顏色、亮澤、硬度等特點，是否也會對必須在一定條件下產卵的雌藍蒼蠅產生影響。爲了弄清楚這個問題，我找來一些小的廣口瓶，每個瓶子裡放一塊鮮肉，瓶蓋不是用各種色紙做的，就是用漆布，或者是燒酒商用來封酒瓶的德坦紙，那種紙鑲著耀眼的金色或銅色花紋。

產卵者沒有在任何一個瓶蓋上停下來產卵的意思，但是當我用小刀把瓶蓋割開一條細縫時，所有的瓶蓋都陸續被藍蒼蠅光顧了，裂縫的附近還撒上了白色種子。障礙物的外觀對產卵沒什麼影響，不管是色澤暗淡還是鮮亮，有亮光的，還是彩色的都無所謂，這些細節不重要，重要的是那條可以讓幼蟲進入的通道。

在外面孵化的新生兒，離垂涎的那塊肉有一段距離，牠卻知道如何才能找到食物。一旦破殼而出，牠們就能憑著準確的嗅覺，毫不遲疑地從沒有蓋好的蓋子邊上滑下去，或者是鑽進用小刀割開的細縫裡。現在牠們進入了牠們的樂園，那惡臭的天堂。

　　牠們這麼迫不及待地趕來，會不會從牆上摔下來？不會。牠們在廣口瓶壁上慢慢地爬行，用尖尖的頭部做支撐，扒住瓶壁，試探著一直往前走。一旦搆著那塊肉，牠們就馬上在那裡安頓下來。

　　我們更換容器，繼續進行研究。一個一拃多高的大試管底部安放了一塊鮮肉，上面蓋著金屬網，網眼大約只有兩公釐寬，雙翅目昆蟲無法通過。藍蒼蠅在牠那比視覺靈敏得多的嗅覺指引下，來到了我的容器邊。牠們以同樣的熱情飛向罩著不透明套子的試管和裸露著的試管。不可見的物質和可見的物質一樣能引吸牠們。

　　牠們停在瓶口的網紗上，仔細地勘察，但是不知是我的運氣不好，還是金屬網紗引起牠們的懷疑，我從沒見過牠們在那裡產卵。牠們的舉動使我心存疑問，我如果想得到答案便得求助於灰肉蠅。

　　雌灰肉蠅在為幼蟲做準備工作時沒有那麼仔細，牠們生下的是已經成型的健壯幼蟲，因此牠們對幼蟲的體力充滿信心，牠們會讓我輕易地看到我所希望看到的情景。灰肉蠅探查完那個網紗之後，選好一個網眼，將腹部末端插入，並沒有因為我在場而感到局促不安，一連產下約十二條幼蟲。牠們肯定還將

多次光顧這裡，以一種我不曾見過的規模擴大牠們的家庭。

由於新生兒身上具有黏液，牠們一度黏附在金屬網紗上；接著牠們開始蠕動，掙扎著擺脫束縛，跳進一拃多深的深淵裡。這一切完成後，母親們便離去了，牠們確信自己的孩子有能力克服困難。如果幼蟲掉在那塊肉上，自然是再好不過了，如果掉在別處，牠們也會爬到那塊肉上去。

牠們單憑聞到的氣味，就這麼自信地跳進了不知深淺的深淵。這種自信值得更進一步研究。雌灰肉蠅敢讓牠的孩子從多高的地方跌落下去？我在那個試管上再加一根和瓶頸一般粗的管子，管口上沒有金屬網紗，而是罩著一張紙，紙上有小刀割出的一條窄縫。容器總的高度是六十五公分。別擔心，對脊背柔軟的小幼蟲來說摔下去並不要緊。沒幾天工夫那個試管裡就住滿了幼蟲，從牠們尾部那帶流蘇的、像小花瓣般張開閉攏的冠冕狀門，一眼就能認出是灰肉蠅的孩子。我沒有看見產卵的母蠅，因為牠產卵時我不在；但是牠肯定來過，而且牠的孩子從高處跳了下去。試管裡的幼蟲就是確鑿的證據。

我欣賞牠們的勇氣，為了得到更具說服力的證據，我用另一根管子替代原來那根管子，現在容器的高度為一百二十公分。那根管子豎在一個雙翅目昆蟲經常光顧、且光線較柔和的

地方，那罩著金屬網紗的管口和其他已有了居民或正在準備接待居民的容器——試管和廣口瓶的開口高度相同。因為擔心來訪者被那些更容易開發的地點吸引，當蒼蠅已經熟悉那個地方之後，我便讓那根管子單獨豎在那裡，不時地有藍蒼蠅和灰肉蠅停在網紗上，牠們試探了一下就飛走了。整個春季那管子一直豎在那裡，三個月了還沒一點結果，裡面根本沒有幼蟲。這是什麼原因？是因為那塊肉在深處臭氣散發不出來嗎？不是，臭味散發出來了，連我那遲鈍的嗅覺都聞到了。而且我還把孩子們叫來聞，他們對臭味更為敏感。

那麼為什麼剛才還讓幼蟲從很高的地方跌落下去的灰肉蠅，現在拒絕把孩子從比先前高出一倍的罐子上推下去呢？牠們是害怕幼蟲從太高的地方跳下去摔死嗎？沒有什麼能證明是管子的高度引起了牠們的擔心。我從沒見過牠們探勘那根管子，測量它的高度，牠們只在罩著網紗的管口上停留過，僅此而已。難道牠們能憑著冒上來的臭味判斷出深淵的深度嗎？難道牠們憑著嗅覺就能判斷那個高度能否被接受嗎？也許行吧。

然而，儘管有著氣味的誘惑，灰肉蠅也沒有把幼蟲投入過深的管中。也許牠更清楚地預見到從蛹殼裡出來的成蟲長著翅膀，一飛起來就會撞在長管道壁上，牠是不是擔心牠們飛不出來呢？凡事都要考慮將來的需要，這很符合母性的本能。

　　但是如果深度不超過某個限度，灰肉蠅新生的幼蟲照樣會被扔下去，就像我的實驗所證明的那樣。這個結果讓我想到了一個節省家庭開支、且有實用價值的方法。昆蟲的奇蹟有時能引發出一些簡單實用的方法，這倒是好事。

　　普通的食品櫃都像一種大籠子，四個側面安裝著鐵紗網，上下兩面是木頭的，頂板上釘著鉤子方便懸掛食物，以防蒼蠅叮咬。為了充分利用空間，食品往往被隨意擱在層板上。採取了這些措施是否就能確保食物不被雙翅目昆蟲和牠的幼蟲叮咬了呢？根本不能。

　　人們也許能防範藍蒼蠅，因為牠們很少在遠離肉塊的網紗上產卵，但是防範不了灰肉蠅，牠們更加膽大妄為，繁殖更迅速，能把幼蟲從網眼送入，讓牠們落到食品櫃裡去。由於牠們的幼蟲身體靈活，善於爬行，一旦落入菜櫥很容易就能搆著放在層板上的食物；只有吊在頂上的食物牠們搆不著，因為食肉的幼蟲沒有爬高的習慣，特別是爬繩索。

　　人們也常運用金屬紗罩。罩在食物上的圓拱形紗罩的防蠅作用還不如食品櫃，灰肉蠅不在乎這些，牠可以經由網眼把幼蟲投放到牠覬覦的肉上面。

那我們該怎麼辦呢？再簡單不過，只要把要保存的東西如斑鶇、山鶉、山鷸等野味一一用紙袋裝起來即可。這種方法甚至適用於鮮肉的保鮮。只要有紙袋這個使空氣流通的保護層，即使沒有網罩，沒有食品櫃，任何幼蟲都不可能侵入。倒不是紙張具有什麼特殊的保鮮作用，而僅僅是因為它形成了一道不可逾越的屏障。藍蒼蠅很謹慎，不會在紙袋上產卵，灰肉蠅也不會在那裡生孩子。因為牠們知道，初生的幼蟲絕對無法鑽過這層屏障。

用紙袋對付羊毛製品和皮貨的害蟲——衣蛾也同樣有效，為了驅走這些剪毛毯者和皮貨脫毛師，人們通常使用樟腦、樟腦丸、菸葉、薰衣草等氣味濃烈的香精。不是我有意貶低這些預防措施，而是應當承認所有這些方法效果都很差，氣味的揮發幾乎不能阻止衣蛾的肆虐。

我建議家庭主婦們用規格適當的報紙來代替所有的藥品，將要保存的衣物、皮貨、法蘭絨、毛衣等仔細地疊好，用報紙包起來，在邊上折兩折，用別針別好。如果包得緊密，衣蛾絕不能鑽進紙套。自從我家裡根據我的建議採用了這個方法後，再也沒有蒙受以前常有的損失。

我們還是回到雙翅目昆蟲這個話題上來。我把一塊肉埋在

廣口瓶的底部，一指寬厚度的乾沙裡。敞開著的容器是一個寬頸瓶，不受任何阻礙的蒼蠅將會被臭味吸引而來。

不久藍蒼蠅就來造訪我的容器了；牠進入廣口瓶裡，然後又走了，不久又回來，牠就這麼來來去去。牠是根據氣味在探測那個被埋藏起來看不見的東西。我密切地監視著牠們，只見牠們很忙碌，牠們探測沙層，用跗節輕輕地踏一踏，探探虛實。一連兩三週，我讓來訪者自由出入，但是沒有一隻蒼蠅在此產卵。

這情形和我們以前從裝著鳥的那個袋子所看到的一樣。那些蒼蠅拒絕在沙子上產卵，看來也是出於同樣的原因。那層紙在牠們看來是不可穿越的屏障，要穿過沙子那就更困難了。粗糙的沙粒會磨破新生兒柔嫩的皮膚，乾燥的沙子會吸乾牠們的水分，使牠們無法爬行。到了蛻變期，已經有了力氣的幼蟲將完全有能力挖土，並能夠鑽進土裡，但是剛出生時這樣做對牠們來說是很危險的。考慮到種種不便，母親們不管氣味多麼有誘惑力，也會克制自己不在那裡產卵。經過長久的等待後，我擔心牠們在我不注意時產下了卵，於是將那個廣口瓶翻過來，底朝天，肉裡和沙子裡既沒有幼蟲也沒有蛹，絕對是一無所有。由於沙子只有一指寬的厚度，所以我們必須採取一些防範措施，變了質的肉可能會膨脹起來，只要那些小鳥露出一點腐

肉，蒼蠅就會來這裡繁殖，加上有時腐肉的滲出液還會浸透一小片沙地，這將滿足幼蟲最初安置的需要。如果將沙土有一法寸厚，就可避免這些不利因素，屆時藍蒼蠅、灰肉蠅等專營死屍的雙翅目昆蟲都會退避三舍。

為了渲染死亡的恐怖，講臺上的演說家誇大了墳墓裡啃屍蟲的作用，千萬別相信他們那些淒慘的言辭。化學分解雄辯地解釋了我們苦惱的事情，沒有必要把死亡想像得那麼可怕，墳墓裡的啃屍蟲是那些思想憂鬱苦悶、不敢直接面對現實的人的臆想。僅僅在幾法寸深的地下，死人便可安靜地長眠，絕不會有雙翅目昆蟲去那裡開採他們。

在地面上，在露天裡，死屍被蠅蛆啃咬的情況倒是有可能發生的，甚至是必然的法則。屍體畢竟是屍體，人類的屍體不會比劣等野獸更有價值。雙翅目昆蟲利用牠們的權力，像對待普通的動物屍體那樣對待我們。在牠們的工作坊裡，大自然對我們極端無情。在熔爐裡，野獸和人，乞丐和貴族絕對是同樣一回事。在蠅蛆面前人人平等，這是真正的平等，也是世界上唯一的平等。

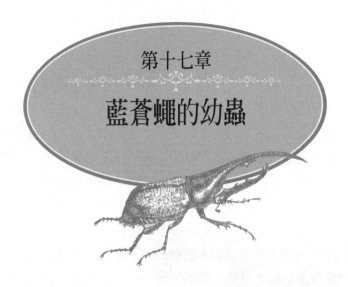

第十七章
藍蒼蠅的幼蟲

　　在炎熱的季節幼蟲孵化需要兩天，牠們不是直接在我容器中的肉上孵化，就是在允許牠們進入的窄縫外面孵化。藍蒼蠅幼蟲立刻開始了工作，從嚴格意義上說，牠們不吃東西，也就是說牠們不分割食物，不用咀嚼的方式研磨食物，牠們的口器不是在這裡派上用場的。牠們的口器有兩根角質小棍，滑溜溜的背靠著背，彎鉤形的頂端不是相對著的，如此安排的兩根小棍不可能具有抓和咬的功能，喉頭的這兩個爪鉤主要是用於行走而不是用來攝取營養。幼蟲用這兩根小棍依次支在路面上，尾部同時收縮便可前進。牠那管狀的喉頭裡相當於鐵杖的爪鉤，為牠提供支撐並使牠可以行進。

　　蠅蛆不僅可以利用喉頭的兩個爪鉤在地面爬行，還能輕易地鑽進肉裡；我看到牠們鑽進肉裡就好像潛入奶油那樣輕巧。

牠們在肉上打洞，但在所經之處，牠們只不過喝幾口湯，其他什麼也不要；牠們不曾撕下過也不曾吞嚥過一小塊肉，那不是牠們的飲食習慣。牠們需要的是粥，是清燉肉湯，是牠們自製的一種李比希提取液。既然整體看來消化不過是液化，人們完全有理由說，藍蒼蠅的幼蟲在吞食食物之前，已先用酶消化了食物。

為了治療胃功能衰弱，製藥師刮下豬和羊的胃黏膜，提取出一種胃蛋白酶，這是一種消化酶，具有溶解蛋白質特別是肌肉的特性。他們不能刮下蠅蛆的胃實在是太可惜了，否則他們會得到一種療效更高的藥品。食肉的蠅蛆也具有發揮特殊作用的蛋白酶，以下的實驗將會證明這點。

在沸水中煮熟的蛋白被我切成小丁放在一個小試管裡。在蛋白表面我撒了一些藍蒼蠅的卵，不帶任何污穢的卵，牠們是被沒有完全蓋好的白鐵皮罐裡的肉引誘來的藍蒼蠅產在鐵罐外的卵。在另一個同樣的試管裡裝進蛋白，但不放卵，用棉球把試管口塞住，兩個試管被置於一個陰暗的角落裡。

幾天後，有新生蠅蛆湧動的試管裡，出現了一種像水一樣透明的液體。如果把試管倒過來，裡面什麼也不會剩下，蛋白全消失了，變成了液體。而幼蟲已經開始長大，看起來牠們在

裡面很不舒服。由於無法上岸呼吸空氣，大部分幼蟲已淹沒在
牠們製作的湯液裡；而有些比較壯實的則爬上了試管管壁，一
直爬到棉塞上，並且穿過了棉塞。牠們那尖尖的帶有爪鉤的前
部，像釘子一樣扎在纖維塊上。

　　這個試管旁邊的另一支試管所處的環境條件一樣，卻沒有
發生什麼明顯的變化。煮熟的蛋白仍然保持著不透明的白色，
而且還是硬的，放進去時是什麼模樣，現在仍然是什模樣，最
多也只有在上面長出了一些黴點。這個初步實驗的結果很明
顯：在藍蒼蠅幼蟲的作用下，煮熟的蛋白變成了液體。人們根
據一克蛋白酶所能液化的熟蛋白數量來測定蛋白酶的藥效。混
合物必須置於六十度的恆溫箱中，而且要經常搖動。我那個裝
著藍蒼蠅卵的試管既沒有被晃動，也沒有被放在恆溫箱中，一
切都在靜止狀態下，在溫度變化的條件下發生的。然而，短短
幾天，煮熟的蛋白就在幼蟲的作用下，變成了像水一樣的透明
液體。

　　我沒能觀察到這種引起液化的反應劑，那些幼蟲吐出的溶
劑劑量應該是微量的。當牠們喉部那兩根小棍不停地運動，從
嘴裡伸出來，收回去，一伸一縮時，蠅蛆就一點一點吐出了溶
劑。伴隨著這種活塞似的運動，和一下一下接吻似的動作，溶
劑便釋放了出來。至少我是這樣想的。蠅蛆往食物上吐口水，

牠把東西塗在食物上，使它變成粥。要計算出幼蟲吐出的液體
數量不是我能辦得到的；我看到了結果，卻不知道引起結果的
原因。

　　然而，當我們看到用量那麼少卻能取得這樣的結果，著實
令人吃驚。不論是豬的還是羊的蛋白酶，都比不上蠅蛆的蛋白
酶。我手上有一瓶蒙貝利耶藥學院製作的蛋白酶。我把藍蒼蠅
的這種用科學方法提煉的藥物撒在煮熟的蛋白上，就像以前我
把卵撒在蛋白上那樣。我沒有按說明用恆溫箱，也沒加蒸餾水
和鹽酸這些添加劑，實驗完全是按照用蠅蛆做實驗時那樣的條
件來進行的。

　　結果完全出乎我的預料，蛋白沒有液化，只不過表面有些
潮濕，而且潮濕可能是那些很容易受潮的蛋白酶潮解的結果。
是的，我從前沒說錯，如果可行，從蠅蛆的胃裡提取消化劑對
藥廠來說更爲划算。在這方面蠅蛆遠遠勝過了豬和羊。

　　還是採用同樣的方法，繼續我的實驗。我把藍蒼蠅的卵放
在實驗物上孵化，任由幼蟲自由地工作。只取瘦肉的羊肉、牛
肉和豬肉，沒有變成液體，而是變成了一種帶有酒味的棕色稀
糊；肝、肺和脾已被充分地腐蝕，充其量也只不過變成了半流
質狀態，這種流質能和水攪在一起，看上去甚至像溶解在水中

了；穀物也不被液化，只能溶解成稀糊。

另外，脂肪、牛脂、新鮮肥肉、奶油，也沒有明顯的變化，而且，用這些食物餵養的蠅蛆很快就死了，一點也沒有長大。這樣的食物不適合牠們。為什麼呢？看來是因為這些食物無法被蠅蛆吐出的溶劑液化。同樣的，一般的蛋白酶也不能腐蝕脂肪，得靠胰酶才能將它們乳化。蠅蛆的溶劑對蛋白質可以發揮作用，但對脂肪物質卻不行，蠅蛆吐出的溶劑和高等動物所具有的蛋白酶相似，或者說是相同的。

這裡還有另一個證明，一般的蛋白酶不能溶解皮膚這種角質。雙翅目昆蟲的蛋白酶也不能溶解皮膚。我用開膛的蟋蟀餵養藍蒼蠅的幼蟲就很容易，但如果蟋蟀是完好無損的則辦不到，蠅蛆不會在蟋蟀那美味的肚子上鑽洞。牠們受到皮膚的阻礙，牠們的溶劑對皮膚無法發揮作用。我也餵牠們剝了皮的青蛙腿，這個兩棲類動物的肉變成了粥並且消解得只剩下了骨頭。如果我不把皮剝掉，青蛙腿就會完好地存在於蠅蛆之中，那層薄薄的皮就足以保護牠們了。

蠅蛆的溶劑對皮膚無法發揮效用的特點，向我們揭示了為什麼藍蒼蠅必須選擇性地在被開發的動物身上產卵。牠必須選擇鼻、眼、喉部等處的薄黏膜，或者是露出肉的傷口，其他部

位即便味道極好，而且位於陰暗處也不適合產卵。如果我不插
手，在找不到更合適的位置時，牠們最多也會決定把卵產在小
鳥的腋窩下或是腹股溝這些皮膚特別細嫩的部位。憑著母性的
預見力，雌藍蒼蠅很清楚唯有那些能變軟、能被新生兒的唾液
腐蝕滲出液體的部位，才是最佳的選擇。未知的種種變化對牠
來說已習以爲常，儘管牠自己以前沒有經歷過，母性這種來自
本能的非凡靈感啓迪了牠們。

　　藍蒼蠅在選擇產卵地時非常仔細，可是牠們爲孩子們準備
食物時就不怎麼在意食物的品質，只要是屍體就行了。義大利
學者熱蒂是第一個推翻蠅蛆只吃腐敗物這個古老而又愚腐觀點
的人，他用各種來源不同的肉餵牠養的蠅蛆。爲了使他的證據
更具說服力，他擴大了食物的範圍，老虎肉、獅子肉、熊肉、
豹肉、狐狸肉、狼肉、羊肉、豬肉、馬肉、驢肉和其他一些由
佛羅倫斯那座大動物園提供的肉食。對沒有飲食偏見的胃來
說，狼和羊實質上是同樣的。

　　做爲熱蒂這位蠅蛆博物學家的遠方信徒，我從他不曾考慮
過的一個新角度重新研究了這個問題。任何一個高等動物的肉
都適合雙翅目昆蟲家族。如果取低等一些的動物肉，比如魚、
兩棲類動物、軟體動物、昆蟲、多足綱，蠅蛆也會接受這些食
物嗎？特別是能將牠們液化嗎？這是首要的條件。

　　我提供了一塊生牙鱈的肉。這種肉是白色的，肉質細膩，半透明，容易被人的胃消化，也同樣容易被蠅蛆的溶劑所消化。它化成了一種乳白色溶液，像水一樣會流動，幾乎和煮熟的蛋白液化後差不多。在這種液體中還留有一些堅實的小島，蠅蛆先是長胖了，後來牠們失去了依託，有被稀溶液淹死的危險，牠們爬到玻璃管壁上，焦急不安，想離開此地。牠們一直爬到塞在瓶口的棉塞上，想穿過棉花逃跑。憑著百折不撓的毅力，儘管前方有障礙，牠們幾乎全部都逃了出去。裝著蛋白的試管曾讓我見識過同樣的遷徙。儘管菜肴很合牠們的口味，牠們不斷長大就是最好的證明；但是當眼看著就要被淹死時，蠅蛆不再進食，逃了出來。

　　用其他魚肉，如鱤魚和沙丁魚，或者是用雨鮭和青蛙的肉餵養時，這些肉只分解成了糊狀物。蚯蚓、蜈蚣、修女螳螂剁成的碎塊也是如此。

　　在所有這些實驗中，蠅蛆溶劑發揮的作用和牠對畜肉產生的作用一樣明顯。而且，蠅蛆似乎對我異想天開地強加於牠們的這些奇怪的食物感到滿意；牠們在食物中長大，在那裡變成了蛹。

　　因此，這個結論比熱蒂只憑想像的更具有普遍意義。任何

肉，不管是高等動物的還是低等動物的，都適合藍蒼蠅安家。獸類和禽鳥的屍體最受歡迎，也許是因為牠們的肉多，可以允許藍蒼蠅產下大量的卵。也許當得不到更好的食物時，蠅蛆也接受其他食物，而且不會感到不適。任何動物的屍體都納入了這些屍體開發者的開採範圍。

一隻母蠅產多少卵？我曾經說過一窩可產三百枚卵，那是一枚一枚累加起來的。一次偶然的機會讓我有了更進一步的了解。一九〇五年一月的第一週，我們地區驟然出現了短暫的寒流，氣溫降至零下幾度，凜冽的北風使橄欖樹葉變得枯黃，有人給我送來一隻倉鴞，也稱鐘樓貓頭鷹。牠被發現時已經死了，躺在地上，就在離我家不遠的露天地裡。因為我有個動物愛好者的綽號，人家才把牠當成禮物送給我，心想我會為此感到高興的。

這禮物的確讓我歡喜，但是送禮的人肯定猜不出我高興的原因是什麼。這隻鳥完好無損，羽毛很整齊，看上去沒有一點傷，也許牠是凍死的。我非常感激地接受牠的原因也許正是別人拒絕牠的原因。牠那因死亡而變得暗淡的大眼睛，已經被一層圓圓的白色的卵覆蓋住了，我認出這是藍蒼蠅的卵；此外，牠的鼻孔周圍也有一團一團的卵。如果說我想得到一批蒼蠅卵，我現在得到的卵之多是前所未有的。

　　我把屍體放在罐子裡的沙土上，蓋上金屬網罩後，一切任其發展。我放動物的實驗室正是我的工作室，那裡幾乎和外面一樣冷，我以前用來養石蠶蛾幼蟲的魚缸裡，水凍結成了一大塊冰塊。在這樣的氣溫條件下，貓頭鷹眼睛上的那層卵依然保持著原樣，沒有變化，沒有一點動靜，也沒有蠅蛆蠢動。等得不耐煩了，我便不再去注意那具屍體；還是讓未來來說明，寒流是否已滅絕了雙翅目昆蟲的家庭。

　　當年三月，那一包包卵消失了，我也不知道牠們消失多久了，而且那隻鳥似乎是完好的。在朝天的腹部那一面，羽毛仍然排列整齊，保持著新鮮的色澤，我把屍體拿起來，輕得很，乾巴巴、硬梆梆的像隻被夏日艷陽烤乾了的舊鞋，沒有一點氣味，乾燥扼制了發臭，再說在這個天寒地凍的季節牠從未被動過。相反的，在與沙子接觸的背部卻腐爛發臭了，一部分骨頭裸露出來，肌肉脫落，露出了白骨，皮膚已經變成了黑色的皮革，上面還有一個個像篩子膜般的小圓孔。無比醜陋，但確實非常具有教育意義。

　　那隻背部破爛不堪可悲的貓頭鷹首先告訴我們，零下幾度的低溫也不會危害藍蒼蠅幼蟲。幼蟲毫無困難地冒著凜冽的寒風誕生了，牠們喝著美味的肉汁，變得又大又肥。牠們採用在鳥皮上鑽圓孔的方法鑽到了地下。牠們的蛹現在應該在罐子裡

的沙土中。

　　果然不出我所料，蛹埋在沙裡，而且不計其數，爲了把牠們揀出來我不得不使用篩子，如果用鑷子夾恐怕永遠也揀不完。沙子從篩子的網眼裡漏掉了，蛹留在了上面。一個一個數我可沒這耐心，我用斗①來量，也就是用一個我知道容量的頂針來量出大約有多少個蛹。我估算的結果大約是九百個。

　　這一家子是一隻藍蒼蠅的子孫嗎？我樂意接受肯定的回答。嚴冬季節在我們的住宅裡很少見到藍蒼蠅，而且外面寒風肆虐，牠們外出結夥一起產卵的可能性極小。

　　想必是一隻發育遲緩的藍蒼繩，在北風的驅趕下在貓頭鷹的眼睛上卸下了擠壓著卵巢的重負，這次產下的九百枚卵也許還不是全部，但卻證明了雙翅目昆蟲在使屍體液化中所發揮的作用。

　　在扔掉那隻已被蠅蛆開發過的倉鴞之前，克制一下我們的厭惡感，來看一眼這隻鳥的內部。這簡直是一個被面目全非的廢墟所包圍的坑窪地，肌肉和內臟都不見了，變成了糊狀並漸

---

① 斗：古代容量名，約合12.5升。──編注

漸地被蠅蛆消蝕掉。水分蒸發之後到處都變得十分乾燥的，堅硬代替了泥濘。

我徒勞地用鑷子在各個角落裡搜尋，一隻蛹也沒發現。所有的蠅蛆都遷徙了，絕對一個不剩。從第一個到最後一個，牠們放棄了使牠們柔嫩的皮膚得到溫暖的屍體，牠們離開了絲絨般柔軟的地方，來到粗糙的地面。牠們現在真的需要乾燥嗎？屍體已經夠乾燥了，那裡的水分已完全被吸乾了。牠們是為了禦寒和避雨嗎？沒有一個避庇所能比厚厚的羽絨更適合牠們了，牠不會對肚皮、胸部以及其他不接觸地面的部位造成任何傷害。可是牠們卻逃走了，看來這裡只是過多的好地方。當蛻變期到來時，蠅蛆全都離開了貓頭鷹的屍體這極佳的居所，鑽進了沙土。

牠們在屍體的皮膚上鑽出一個個小圓洞，然後從這些洞裡爬出來。這些洞是蠅蛆的作品，對此不容置疑。但是，我們剛才看到產卵者拒絕在任何受到柔韌的皮膚保護的地方產卵，原因是蛋白酶對皮膚無法發揮作用。不能使食物液化，蠅蛆也就喝不成肉粥了。

另一方面，蠅蛆不能或者至少可以說不會，利用喉頭的那兩根小棍在鳥皮上打洞，然後把皮撕爛，進而得到可液化的瘦

肉。這些新生兒力不從心，尤其是牠們沒有這種意願。但是當
牠們該鑽入地下的時刻來臨，健壯的蠅蛆卻突然之間開了竅，
精通了這種方法，此刻牠們深知只要持之以恆地破壞，通道就
會打開。

牠們用行走的爪鉤當鎬頭挖呀，抓呀，撕呀，是突然的靈
感激發起了這本能。牠們無師自通，到了採用某種技能時，自
然而然就會做出以前從沒做過的工作。成熟的蛆蟲為了把自己
埋起來，在障礙物上打了洞，以前忙於喝粥的蠅蛆何曾想過用
牠的蛋白酶和爪鉤來打洞呢？

為什麼蠅蛆要放棄這副骸骨，放棄這麼好的藏身處？為什
麼要定居在泥土中？做為清理屍體的第一批清潔工，蠅蛆以最
快的速度將屍體吸乾，但是留下了許多無法被化學溶劑腐蝕的
殘餘物。這些殘餘物也應該清除掉。繼雙翅目昆蟲之後來了一
些解剖師，牠們重新揀起那具乾屍，將皮、肌腱蠶食掉，並把
骨頭剔得發白。

皮蠹是從事這項工作的高手，牠們熱衷於啃食動物的屍
骨，遲早都會出現在已被雙翅目昆蟲開發過的屍體上。但是，
如果蒼蠅的蛹在那裡，會有什麼後果呢？看得出來，愛吃硬物
的皮蠹會用牙去咬那些角質圓桶，輕輕咬上一口就會造成傷

害。牠不會動蛹殼裡的活物，也許那東西讓
牠討厭。可是牠好像還是要嚐嚐那個容器，
那個無生命的物質。那樣的話，未來的蒼蠅
將會因為牠的外套破了而送命。同樣的，在
紡織品商店裡，皮蠹咬開蠶繭也是為了吃那
些長著角質硬殼的蛹。

皮蠹（放大4倍）

蠅蛆預見了這種危險，在皮蠹到來之前就連忙逃走了。貧
乏且沒有頭腦的蠅蛆足智多謀，可是牠把智慧藏在哪裡呢？牠
那尖尖的前部稱為頭都有些勉強，牠怎麼知道為了保護蛹應該
離開那具屍體，為了保護成蠅不宜埋得太深呢？

破殼而出的藍蒼蠅為了從地下鑽出來，把頭分成活動的兩
半，鼓著兩隻大紅眼，時而分開，時而靠近，在裂開的額頭中
間有個巨大的透明的突起，一鼓一癟，一鼓一癟。當額頭分成
兩半時，一隻眼被擠向右邊，另一隻眼被擠向左邊，好像這隻
昆蟲要把顱骨劈開，讓裡面的東西噴出來似的。當突起物鼓起
時，頭上渾圓，鼓鼓的像個大頭釘，然後額頭重新合攏，突起
物縮了回去，只能看到一個模模糊糊的像吻端似的東西。

總之，額頭那個搏動有力的、一次一次從深處跳出來的鼓
包，是藍蒼蠅破土而出的工具，是搗槌，剛出殼的雙翅目昆蟲

用它撞擊沙土，使土塊崩坍。隨著腳不停地把土扒到身後，藍蒼蠅便逐漸地升上了地面。

採用這種使頭部裂開，並一下一下鼓氣的方法挖掘相當艱苦，而且，這種耗費體力的工作偏偏落在剛破殼而出、還極度虛弱的昆蟲身上。剛完成蛻變的蒼蠅臉色蒼白，站不穩，衣冠不整，翅膀還沒長好，上面還有縱褶，折成了一個曲曲拐拐的凹槽，短短的翅膀十分寒酸地蓋在脊背上部，灰色的睫毛亂蓬蓬的，看上去可憐巴巴的，一副膽怯的樣子。能飛的大翅膀稍遲才能舒展開來，目前在穿過障礙時翅膀也許是個累贅。不久藍蒼蠅將會換上莊重的黑底襯著深藍色的閃光服裝。

藍蒼蠅額頭上那個一跳一跳、能震塌土塊的鼓包，在破土而出後一段時期內還能發揮作用。我用鑷子夾住剛破土而出的蒼蠅的後腳，蒼蠅頭部那個工具馬上起動了，它鼓起來，又癟下去，和剛才在沙土裡打洞時一樣運行著。行動受到束縛的昆蟲就像在地下時那樣，用盡全力去與牠遇到的唯一障礙鬥爭，牠用搏動的鼓包在空氣中亂撞，就像之前撞擊阻礙牠的泥土那樣。每當遇到麻煩時，牠的唯一對策就是讓頭部裂開，亮出額頭上那個一鼓一癟的鼓包。那個搏動的機關在我的鑷子尖上運行了約兩小時，中間因疲勞有過幾次停頓。

然而絕望者的皮膚開始變硬了，牠展開翅膀，穿上了牠那件黑色和深藍色交雜著的喪服。這時被擠向兩側的眼睛靠攏回到正常的位置，額頭的裂縫閉合起來；額頭上那個解救過牠的突起物已經縮回去了，永遠也不會再出現。但是在此之前得留心完成一件事，用前跗節把那個將要消失的鼓包精心地刷洗乾淨，以免兩半頭顱合起來時將沙礫永遠留在顱內。

蠅蛆知道當牠蛻變成蒼蠅要鑽出泥土時，在牠眼前是什麼樣的麻煩。牠預見了只憑著牠所擁有的脆弱工具，要回到地面是何等困難，甚至只要路程稍長一些便會要牠的命，牠得迎接危險，同時又盡力小心地加以避免。憑著喉頭那兩根鐵棒，牠能輕鬆潛入牠所需要的深度。要想最大限度地得到安寧，要想得到一個溫度不至於太低的居所，就得盡可能地把洞穴挖得深些。只要條件許可，埋藏得越深對蠅蛆和蛹越有利。

蠅蛆完全可以將埋藏自己的工作做得漂漂亮亮，完全可以自由地憑著靈感行事，可是牠卻克制自己不那麼做。我將蠅蛆養在一個很深的罐子裡，罐裡裝滿了又細又乾的沙，很容易挖掘。但牠們總是將自己藏的很淺，約有一掌寬的深度，這已經是深得不能再深了，大部分蠅蛆甚至只藏在靠近地表的地方。在一層薄薄的沙子下面，蠅蛆的皮膚變硬了，活像一口棺材，一隻正在蛻變的蠅蛆在棺木盒裡安眠。幾週後，被埋藏的蟲子

甦醒了，牠已改頭換面，但很虛弱，只有裂開的額頭上那個搏動的鼓包能幫牠鑽出沙土。

如果我執意要了解雙翅目昆蟲能從多深的地下鑽出來，我可以輕易地讓蠅蛆做牠避而不做的事情。我把十五隻冬天得到的藍蒼蠅蛹，放在一個一頭封閉的試管裡，在蛹身上蓋上又細又乾的沙，每個試管中蓋的沙厚度不同。四月到了，成蟲開始出殼。

沙子最少的、只有六公分厚的那支試管所得到的結果最佳，埋在裡面的十五隻蛹有十四隻變成了蒼蠅，並輕鬆地回到了地面，只有一隻死去，這一隻根本沒有打算鑽出土來。沙厚十二公分的試管裡有四隻蒼蠅鑽出了沙土。沙厚二十公分的試管裡只出來了兩隻，就再也沒有了，其他的蒼蠅在中途終因精疲力竭而死去了。

最後一支試管中沙層有六十公分厚，我只得到了一隻獲得自由的蒼蠅。為了穿越這樣的深度，這隻勇敢的蒼蠅想必是竭盡了全力，其他十四隻蒼蠅甚至沒能掀開牠們的棺材蓋。我猜想滾動的沙子以及由此產生的向四周類似於液體的壓力，是挖掘時常遇到的困難。

　　我用同樣的方法又準備了另外兩支試管，但是這一次裝的是潮濕的土，稍微壓實一點，土就不會再滾動了，如此一來便可以去除壓力帶來的不利因素。結果是：土厚六公分的試管裡埋了十五隻蛹，出來了八隻；土厚二十公分的試管裡，只出來一隻。

　　成功率比裝沙子的試管還低。我用人為的方法減小了壓力，但同時卻增加了靜止的阻力。沙子在額頭的撞擊下會自動坍塌；而在不會滾動的泥土裡則需要挖出一條通道。在蒼蠅走過的路線上我的確發現了一條向上的狹長通道，它無限地延續著。蒼蠅是用兩眼之間那個搏動的臨時鼓包打開通道的。

第十八章

以蠅蛆爲食的寄生蟲

　　對藍蒼蠅來說不僅在挖掘時會遇到危險，應該還有其他危險等著牠們。生物界就像一個個肢解工作坊，今天是食客，明天就被吃掉。死屍的開採者也逃脫不了被開採的下場。我認識一位蠅蛆的滅殺者，那就是閻魔蟲。牠在屍體潮解後形成的沼澤邊垂釣小肥腸。麗蠅、灰肉蠅和藍蒼蠅的蠅蛆一起在沼澤裡蠕動。閻魔蟲將牠們拉上岸，不加區別地吞食，對牠來說所有的蠅蛆都一樣；而這樣的獵物只有在野外，在強烈的陽光下才能見到。閻魔蟲和麗蠅從來不會進入我們的住宅，灰肉蠅也只是非常謹慎地光顧我們的屋子，在這裡牠感到不自在；只有藍蒼蠅來得最勤，這倒使牠擺脫了成爲食肥腸者供品的厄運。但是在野外，牠樂意把卵產在遇到的任何一具屍體上，牠的幼蟲也和別的蒼蠅幼蟲一樣，大量地被閻魔蟲這個惡魔消化掉了。

此外，我確信，如果發生在牠的競爭對手灰肉蠅身上的不幸也會落在牠身上，那會是造成藍蒼蠅家庭成員大批死亡最深重的災難。至今我還沒有機會在藍蒼蠅那裡觀察到我在灰肉蠅那裡看見的景象；沒關係，關於前者我會毫不猶豫地重述從後者那裡觀察得到的結果，因為這兩種雙翅目昆蟲的幼蟲實在非常相似。

現在就來看看實驗的經過。我剛剛在一個飼養蠅蛆的容器裡收集了一大堆灰肉蠅的蛹，用來觀察牠那個像火山口般凹陷、周圍有一圈花飾的尾端。我打開了其中一個蛹，用小刀尖挑掉了尾部的體節，那個角質袋裡沒有我期望發現的東西，而是裝滿了層層相疊的幼蟲，像裝在廣口瓶裡的醃魚那樣擠得緊緊的不留空隙。這裡除了變成了棕色硬殼的皮膚以外，原本居住於此的蠅蛆不見了，只剩下一堆晃動的群體。

裡面有三十五個占領者，我把牠們重新放進牠們的箱子。其餘的收穫物中肯定還有另外一些蛹，也被以同樣的方式占領了。我將牠們放在試管中以便觀察其發展變化，重要的是要知道住在裡面的是哪一種寄生蟲的幼蟲。當然不用等到成蟲出殼，只要從牠們的生存方式便很容易看出牠們是誰。

牠們屬於小蜂科成員，是動物腸道的微型害蟲。在本書中

我們已經看過其中的一種小侏儒，一小群正在吞食象鼻蟲的
蛹，這個奇怪的球象鼻蟲為了蛻變，把自己裹在大腸膜似的薄
膜氣球中。

在不久前的冬季，我從一個大天蠶蛾的蛹殼裡掏出四百四
十九條同一類的寄生蟲，未來的蛾已蕩然無存，只剩一個蛹殼
完好無損，形同一個漂亮的俄羅斯皮袋。皮袋裡擠滿了幼蟲，
一個個挨得緊緊的，幾乎黏在一起。我用鑷子把牠們一砣一砣
的夾出來，要費點勁才能把牠們一個一個分開。整個蛹殼都被
占得滿滿的，消失了的大天蠶蛾，恐怕也不會撐得比現在更
滿。死者的物質變成了等量的活性物質，不過被分得很細。正
是靠這只已經變成了尚未定型的乳製品的蛹，這群幼蟲才得以
成長。那巨大的乳房已被牠們吸乾。

當我們想到這些新生的肉體，一點一點地被四、五百個用
餐者蠶食時，感到不寒而慄，受刑者遭受的折磨恐怖得令人無
法想像。但是否真正存在著痛苦呢？這是允許被懷疑的。痛苦
是高貴的憑證，它讓受難者的身分地位顯得更高。在動物界的
底層，痛苦應該是微不足道的，甚至可能根本不存在，特別是
對於一個正處在變化之中尚未定型的生命。蛋白是有生命的物
質，卻能一點也不帶顫抖地忍受針刺。被幾百個解剖師分解成
一個個細胞的大天蠶蛾蛹不也是一樣嗎？藍蒼蠅和象鼻蟲的蛹

難道不是如此？這相當於把一些身體重新熔煉之後轉化成卵，
從中誕生出一個新的生命。因此，有理由相信對牠們來說，被
分解成碎屑是寬容的做法。

臨近八月底，灰肉蠅蛹殼裡的寄生者蛻變為成蟲出來了。
我猜得沒錯，牠們正是小蜂科昆蟲。牠們從一兩個用堅韌的牙
咬出的小圓洞裡鑽出來。我數了一下，每個蛹殼裡大約有三十
隻寄生蟲，如果數量再多一些就住不下了。

這些小矮子姿態優美，苗條，可是多麼小啊！幾乎只有兩
公釐長。牠們身著銅黑色服裝，腳白，腹部呈心形，尖尖的，
帶一點小肉柄，從牠們身上根本找不到能在卵體上接種的探針
痕跡。腦袋的寬度略大於長度。

雄蟲只有雌蟲一半大，而且數量也較少。也許在這裡交尾
是次要的事，與在其他地方所見的情況一樣，稍加節制也不會
影響種族的繁衍。然而，在我安頓那群昆蟲的試管裡，數量稀
少的雄蟲非常熱情地向過往的雌蟲獻殷勤。只要屬於灰肉蠅的
季節還沒結束，外面就有許多事要做；事情緊迫，矮子們急於
盡快地充當滅絕者的角色。

寄生者是怎麼侵入灰肉蠅蛹殼的呢？陰霾總是掩蓋著眞

相。關於侵略者採用的計策，我有幸得到的那些被侵害的蛹什麼也沒有告訴我。我從沒見過小蜂科昆蟲開發我容器裡的那些蛹。我的注意力不在那裡，以一件沒被想過的事來說。這沒什麼難理解的；即使在這裡不能直接觀察，光靠邏輯推理大致也能夠推斷出答案。

首先有一點很清楚，入侵者不可能是穿過堅硬的蛹殼侵入的，靠矮子那點本事那太難了，太難以攻克了，只有蠅蛆細嫩的皮膚才能接受卵被輸入。突然到來的產卵者視察著在膿血沼澤表面蠢動的蠅蛆，挑選適合的對象。牠停在蠅蛆身上，然後從尖尖的腹部末端抽出那根在此之前一直藏而不露的短探針。牠給病人開刀，在牠的肚子上扎了一個很細的針眼，把卵接種在裡面。探針可能要多次插入，看來要安置三十個寄生者就得如此。

總之，蠅蛆的皮膚不是有一處針眼，就是有多處針眼，後一種可能性更大。這一切是蠅蛆在腐肉溶液中游泳時發生的，說到這裡，出現了一個問題，一個非常有意義的問題。為了說明這個問題就得扯到另一件事情，它看起來和研究的主題毫無關聯，但實際上卻有著緊密的關聯。如果沒有一段開場白，後面的事情恐怕將無法理解。我們就來段開場白吧。

從前我忙於研究隆格多克大毒蠍的毒液以及它對昆蟲的作用。只要蠍子能自由活動，那麼想要牠將毒針引向受害者的某個部位，控制毒液的釋放劑量是不可能的，而且也十分危險。我希望讓我自己選擇穿刺的部位，而且還希望根據我的意願改變毒液的劑量。怎麼才能做到呢？蠍子不像胡蜂和蜜蜂那樣有個聚集和儲存毒液的球形容器。蠍子尾部的最後一個體節，形似葫蘆，頭上有一毒針，毒囊裡只有一塊發達的肌肉，裡面分布著分泌毒液的細管。

由於蠍子沒有一個儲存毒液的圓泡，可讓我割下來隨意使用，我取下了牠尾巴的最後那個體節，也就是毒針的底部。這是從一隻已經死去並已曬乾了的蠍子身上取下來的，我用一塊表蒙玻璃當盆，加上幾滴水把體節掰開，放進水裡碾碎，讓它浸泡二十四小時，結果就得到了我準備用於接種的溶液。如果在這隻蠍子尾部的葫蘆裡有毒液，至少表蒙玻璃片裡的溶液中也該含一些毒液成分。

我的接種工具很簡單，就是一根尖頭玻璃管。我用嘴吸氣時將試液吸入管中，吹氣時便將試液推出去。幾乎像髮絲一樣細的尖頭使我得以根據需要逐漸地加大劑量。兩立方公釐是一般的劑量。注射點一般是選擇長著角質皮的地方。為了避免把很脆的注射器尖頭折斷，我先用針在注射點上扎好針眼，再從

那個針眼裡為受害者注射毒液。我先把注射器的尖頭插進針眼，然後吹氣，注射一下子就完成了。這個方法非常快捷且特別，適合於進行一些較為精確的研究。我對這個簡陋注射器感到滿意。

我對取得的結果也很滿意。蠍子自己用毒針刺的時候，由於毒液濃度沒有我那表蒙玻璃裡盛的試液那麼濃，產生的效果和我用注射器注射的效果不一定相同。注射液的毒性更強，受試者痙攣得更厲害。人工提取的毒液濃度超過了天然蠍毒。

實驗反覆進行多次，總是用相同的混合物，被自然風乾後，就加幾滴水，再風乾，再加水，我可以不斷地使用，這樣毒性不但沒有減弱，反而增強了。接受注射後死亡的昆蟲，屍體發生了奇怪的變質現象，這在我以前的觀察中從沒發現過。因此我想這與真正的蠍毒無關，我用蠍子尾部那個連著毒針底部圓球的最後一個體節製成的溶液，用蠍子的其他部位也應該能製成。

我從蠍子尾前部遠離毒囊的地方取下一個體節，碾碎後浸在幾滴水中，經過二十四小時的浸漬，我得到了一種溶液，和先前用帶毒針的體節製成的溶液效果完全相同。

　　我又用蠍子的螫鉗，內部只有肌肉塊的螫鉗製作溶液，結果仍然沒有改變。從蠍子身上的任何部位掰下一塊浸泡以後都能製成毒液，這引起了我極大的興趣。

　　西班牙芫菁周身的每個部位，不論是外部還是內部都浸透了糜爛性毒素，但是蠍子根本不同，牠的毒液只存在於尾部的小泡裡，其他任何地方都不存在。因此我觀察到的結果是一種普遍存在於任何昆蟲體內，哪怕是最沒有危險的昆蟲身上也會存在的物質所引起的。

　　為此我觀察了溫和的「犀牛」——葡萄根犀角金龜。為了確定物質的屬性，我沒有用研缽把昆蟲整個搗爛，而只把曬乾的葡萄根犀角金龜的外殼敲碎，取出胸內組織，或者再取出腿中已經風乾了的肉。我也用同樣的方法從松樹鰓金龜、天牛、花金龜的屍體上提取肌肉組織。在每一種提取物中加一些水，放在表蒙玻璃裡浸泡兩天，使粉末和可溶性物質溶於液體中。

葡萄根犀角金龜（雄）

　　這一次邁出了一大步，所有的溶液全都一樣帶有劇毒。我

們來進行檢驗吧。我選擇的第一個受試者是聖甲蟲,憑牠的個頭和健壯的體格,接受這種實驗是再合適不過了。我在十二隻聖甲蟲的前胸、胸部和腹部,還特別在遠離非常敏感的中樞神經的一條後腳上施行了手術,不管我把溶劑注射在哪個部位,結果幾乎相同。

昆蟲閃電般迅速倒下,仰躺著亂蹬著腳,尤其是前腳。如果我讓牠重新站立,牠就像在跳聖圭舞①:低頭,拱背,痙攣的腳踮了起來,牠在原地踏著,向前邁進一步,又倒退一步,東倒西歪,完全失去了控制,無法保持平衡,也無法前進。一切都是由於劇烈的顫抖引起的,顫抖的強度並不比身體健康的動物的力量弱。這是一種深度的損害,像一場風暴打亂了肌肉力量的協調配合。在我所從事的昆蟲研究中,做爲施刑者我還很少見到如此的慘狀,如果今天我隱約看到的只是一粒流沙,而有朝一日它能幫助我們踏入知識殿堂,那我就可以問心無愧了。生命在哪裡都一樣,不管是食糞性甲蟲還是人類,研究昆蟲的生命,也就是研究我們自己,也就是逐步去研究不可忽視的發現。這種願望使我寬恕了自己,我做的研究看似殘酷、幼稚,而實際上值得認眞重視。

① 聖圭舞:即舞蹈病。——譯注

在我的十二個受難者中有的迅速死亡了，有的掙扎了幾個時辰，漸漸地全都死了。我將屍體留在露天的沙地裡，儘管流動的空氣很乾燥，那些屍體沒有像那些因窒息死亡而被做爲標本的昆蟲那樣風乾變硬，反倒都變軟了，關節變得鬆軟，屍體關節脫了臼，分解成易於分開的活動構件。

用天牛、松樹鰓金龜、黑步行蟲、步行蟲做的實驗結果也相同。所有的昆蟲都先後出現了突然的失常、迅速死亡、關節鬆弛，以及迅速腐爛的現象。在一隻沒有角的遇難者身上，肌肉腐爛的速度快得更加驚人。我們看到一隻花金龜幼蟲被蠍子刺傷，甚至刺了好幾針都還能硬撐著，但是如果我將這種自製的溶液注射到牠身上的任何一個部位，牠就會在很短的時間內死亡。此外牠還會變成深褐色，再過兩天之後就會變成黑色的腐屍。

對蠍毒不太敏感的大天蠶蛾，對注射液的抵抗能力也並不比聖甲蟲和其他昆蟲強。我在兩隻大天蠶蛾的腹部進行了注射，牠們一雌一雄，一開始好像還能忍受，沒什麼不適，但是很快毒性對牠們發揮作用了。牠們死的時候可不像聖甲蟲那樣鬧翻了天，而是死得很平靜，翅膀輕輕地抖動了一下，便安詳地升天了，然後從柵欄上跌下來。第二天，那兩具屍體軟得出奇，腹部的環節脫離開來，輕輕拉一下就裂了。拔掉牠們身上

的毛，只見原先白色的皮膚已變成了棕色，並且正在變黑，腐爛的速度很快。

也許這是談論微生物和肉湯培養基的好機會，但我不會利用這機會來做任何事情，在不可見物質和可見物質的界限上，顯微鏡引起了我的懷疑，它很容易用想像的目鏡取代眞實的目鏡，好意地爲理論提供所希望看到的事實。再說，就算找到了微生物，如果存在的話，問題就轉移了，而不是被解決了。對於注射引起身體毀滅的問題，是否可以代之以另一個同樣隱晦的問題呢？前面所說的微生物是如何導致毀滅的呢？牠是如何發揮作用的？其威力何在呢？

我該如何解釋剛才所講述的這些事實呢？我不想做任何解釋，也絕對不會做任何解釋，因爲我也並不知道。由於想不出更好的辦法，我只能在此打兩個比方或是隱喻，這樣做僅僅是想讓我們那探索這一片漆黑的未知世界的思想放鬆一下。

在童年的時候，我們每個人都愛玩推紙牌遊戲，紙牌越多越好，紙牌縱向彎成半圓形，我們把它豎立在桌子上，一張一張按一定的間隔排列整齊，排好的一列紙牌彎彎的，而且十分整齊，看起來很好看。這裡存在著秩序，這是一切生物存在的條件。

　　我們只要輕輕地推第一張紙牌，它便會倒下，接著碰倒第二張牌，第二張牌又會碰倒第三張牌，如此連鎖反應直到最後一張牌。只用一會兒工夫，紙牌如波浪式地向前倒伏，漂亮的建築倒塌了，有序被無序代替，我幾乎想說被死亡代替。要使紙牌依次倒下需要什麼條件呢？需要一個很小的推力，這個力量與紙牌大片倒伏時產生的力量不成比例。

　　或者我們用圓底燒瓶加熱超飽和的明礬溶液，當溶液沸騰時，塞上一個軟木塞，然後讓溶液冷卻。溶液始終保持著流動的狀態，並且是透明的，之所以有流動性，是因為那裡有著模糊的生命幻影。拔掉軟木塞，放進一小塊固體明礬，不管多麼小，液體會突然重新變成一大塊固體並且放出熱氣。這到底是怎麼回事？事情是這樣的，明礬溶液一旦接觸成為引力中心的那塊明礬便開始結晶，然後漸漸地從中心向四周擴展，新的固體接融了周圍的液體，又引起周圍液體的固化。這種推力來自原子，液體不斷地被震動，小小的原子使龐然大物發生變遷。

　　很自然地，人們可能會認為我用這兩個例子和我注射引起的結果進行對比，說明不了什麼問題，只是試圖讓人模模糊糊地看到些什麼。一列紙牌接連倒下就因為我們用手觸動了第一張紙牌，大量的明礬溶液突然變成固體，是受到一塊明礬看不見的影響。同樣的，我的受試者的死亡和痙攣是由一滴微不足

道、看上去無害的液體引發的。

在這可怕的溶液裡究竟有什麼？首先有水，它本身沒有任何作用，只是啓動者的載體。如果需要一個說明水無害的證據，這裡就有。我把清水注入金龜子那六隻腳中的任何一隻裡，而且劑量比致命的溶液的劑量大，牠獲得自由後，像平時一樣疾步小跑離開了，牠站得很穩，重新回到糞球前時，牠又像接受實驗之前一樣熱情地滾起糞球來。牠對我注射的清水沒有什麼反應。

表蒙玻璃裡的混合液中還含有什麼成分呢？裡面有屍體的碎屑，主要有風乾的肌肉渣。這些物質中一些可溶成分是溶於水中了呢？還是僅僅被碾成了細粉末？我不能肯定，實際上這並不太重要，反正毒性來自於溶液，絕對是從那裡來的。停止了生命的動物物質是破壞身體的原凶。死亡了的分子殺死了活性分子；對於如此脆弱的生命來說，死亡的原子就是一粒沙，它拒絕發揮支撐作用，從而導致了整個建築的坍塌。

說到這裡，回想一下醫生們所熟悉的被稱作解剖劃傷的可怕事故。一個學解剖的學生由於不熟練，或許也是因爲大意，在工作時被解剖刀劃傷，他的手上出現了一條細微的刀痕，這條沒有引起人們注意的傷口是被小刀尖劃開的，如果人們對待

它就像對待荊棘或其他東西劃出的傷口一樣滿不在乎，不盡快用強力滅菌藥殺菌的話就會致命。那把解剖刀接觸了屍體的肉已被污染，手也一樣被污染了。這就足夠了，病毒被帶入了傷口，如果得不到及時的救治，傷者就會死亡。死屍殺死了活人。這又讓我想到了那種被稱作炭疽蠅的蒼蠅，牠們那沾染了屍體膿血的口器，會造成極可怕的事故。

總之，我在昆蟲身上所做的事，僅相當於解剖刀的割傷和炭疽蠅的叮咬。

炭疽病除了使肉體壞死、變黑之外，還會像蠍毒那樣引起我們見到過的那種痙攣。從痙攣的結果看來，蠍子的毒針注入的毒液和我裝進注射器的肌肉注射液很相像。於是我不禁自問，從總體的作用來看，那些毒液，難道不也是一種破壞性物質，不是處於不斷地新陳代謝的身體中的殘渣嗎？最終這些物質會成為垃圾。垃圾之所以沒有及時被清除，也許是為了儲藏起來做為進攻和防禦的武器。動物可以用自己的廢物武裝自己，同樣的牠們有時也會用排泄物來建造住房。什麼也沒損失，生命的殘渣被用來當作防禦武器。

從各方面考慮的情況看來，我的製劑就是肉汁。如果把昆蟲的肉換成別的肉，比如牛肉，我是否會得到同樣的結果呢？

按邏輯推理應該能得到同樣的結果。我往幾滴水裡加了一些很寶貴的烹調原料——李比希提取液。用這種溶液注射到六隻花金龜身上，其中有四條幼蟲、兩隻成蟲。起初受試者還能像平時一樣活動，第二天那兩隻成蟲死了，幼蟲的耐受性強些第三天才死。幼蟲和成蟲都關節鬆弛，肉體變成了棕色，這是腐爛的標誌。因此假如把這種液體注入我們的靜脈中，可能也同樣會致命。對消化道有益的東西對循環系統卻可能是有害的；在這裡成了毒藥，在那裡卻是食物。

另一種李比希提取液，是一種肉醬，裡面有蠅蛆液化器在湧動。就算這種提取物的毒性不比我的製劑更強，也具有同樣的毒性。所有的受試者，天牛、金龜子、步行蟲都因發生痙攣而死亡了。

兜了一大圈之後，我們又回到了我們的出發點——灰肉蠅的蠅蛆。總是浸泡在膿血裡的蠅蛆，是否也會因注射了那些餵胖了牠們的溶液而受到傷害呢？我不敢指望自己親手來做這個實驗；因為我的工具太簡陋，再加上我的手會有些顫抖，我擔心會在那些幼小脆弱的受試身上劃出太深的傷口，動作稍有不慎就會導致牠們死亡。

幸好我有一位無比能幹的合作者，牠就是小蜂科寄生蟲。

我們去向牠求助吧。為了把牠的卵安插進蠅蛆的體內，牠在蠅蛆的肚子上打了一個洞，甚至還要再打好幾個洞。那些洞眼很小，但是周圍的病毒是無孔不入的，結果過了一段時間病毒便侵入了洞口。然後發生了什麼呢？

來自同一個容器的蛹很多，根據我看到的不同結果，牠們被分成不完全相等的三類，一類變成了灰肉蠅，還有一類被寄生蟲替代，其餘的大約占三分之一，沒有任何結果，當年沒有，第二年還是沒有。

前兩種情況比較正常。幼蟲不是長成了蒼蠅，就是被寄生蟲吃掉了。

第三種情況卻是個意外。我打開乾了的蛹殼，發現蛹殼裡塗上了一層黑黑的東西，那是腐爛發黑的死蛆的殘餘物，蠅蛆受到了從小蜂鑽的洞眼裡侵入的病毒的感染。牠們的皮膚雖然已經變成了硬殼，但是太遲了，牠們的身體已被感染。

正如我們看到的，浸泡在粥一樣的腐屍液中的幼蟲面臨著嚴重的威脅。然而，這個世界需要蠅蛆，需要很多很多非常貪吃的蠅蛆，盡快地將地面上屍體的污穢物清除乾淨。林奈告訴我們：「三隻蒼蠅吃一匹死馬，和一頭獅子吃一匹馬一樣快。」

　　這話一點都不誇張。是的，的確是這樣，灰肉蠅和藍蒼蠅之子辦事迅速，一大群蠅蛆擠在一堆拱個不停。牠們總是在尋找著什麼，總是在用尖嘴吸吮。在這些擁擠的蠅蛆堆裡，相互之間的擦傷是不可避免的，如果蠅蛆也像其他肉食昆蟲一樣有著大顎，有用來切割、撕碎、裁剪的大剪刀，割破的傷口將受到周圍可怕的漿液的腐蝕，而造成致命的後果。

　　在可怕的工作坊裡蠅蛆是怎樣得到保護的呢？牠們不吃固體物質，而是喝湯。牠們吐出蛋白酶，先將食物變成粥。由於牠們採用的是一種奇特的飲食方法，不需要動用到那些危險的切割工具和解剖刀。我所知道的或是我想到的關於環境衛生局的衛生官員——蠅蛆的點滴情況，今天就說到這裡。

第十九章

童年的回憶

　　在幾乎和昆蟲互不分離的歡樂童年時代，我總是熱衷於用山楂樹當床，把鰓金龜和花金龜放入一個扎了孔的紙盒裡，然後擱在那張床上餵養。我幾乎和鳥類一樣，無法克制自己對鳥巢、鳥蛋和張著黃色鳥喙的雛鳥的渴望。蘑菇很早就以它豐富多彩的顏色吸引了我。當那個天真的小男孩第一次穿上吊帶褲，開始沈迷於難以理解的書籍時，我覺得自己彷彿就像第一次發現鳥窩和第一次採到蘑菇時那樣著迷。我就來說說這些重大的事情，老年人總愛回憶過去。

　　我的好奇心開始甦醒，並且從無意識的朦朧狀態中擺脫出來，多麼幸福的時光啊，對您的久遠回憶又將我重新帶回了那最美好的歲月。在陽光下午休的一窩小鶉受到一位路人的驚嚇，迅速地四下散開。像漂亮的小絨球似的小鳥各自奪路而

逃，消失在荊棘叢中；恢復平靜後，隨著第一聲呼喚，所有的
小鳥又都跑回來躲到了媽媽的翅膀下。

此情此景喚起了我童年的記憶，往事就好比一群雛鳥，牠
們被生活中的荊棘勾掉了羽毛。其中有些從灌木中逃出來時頭
撞痛了，走路搖搖晃晃；還有些不見了，悶死在荊棘叢的某個
角落裡了；還有些仍然氣色很好。然而擺脫了歲月的利爪的記
憶，最富生氣的是那些最早發生的事。這些事情在兒時記憶的
軟蠟膜上留下的印痕，已變成了青銅般永恆不變的記憶。

那一天，我眞走運，不僅有個蘋果做爲點心，而且還有自
由活動的時間。我打算到附近那座被我當成世界邊緣的小山頂
上去看看，就在那山坡上有一排樹，它們背對著風，彎腰鞠躬
並且不停地搖擺著，就像要被連根拔起飛走似的。

從我家的小窗戶望去，我不知多少次看到它們在暴風雨中
頻頻點頭，不知多少次我看見它們被從山坡上滑過的北風捲起
的滾滾雪暴撼動而絕望地搖擺著。這些飽受蹂躪的樹正在山頂
上做什麼呢？

我對它們柔軟的脊背感到興趣，今天它們靜靜地屹立在藍
天下，明天當雲飄過時便會擺動起來。我欣賞它們的冷靜，也

爲它們驚恐不安的樣子感到難過。它們是我的朋友，我時時都能見到它們。早晨太陽從淡淡的天幕後升起，放出耀眼的光芒。太陽是從哪裡出來的？登上高處，也許我就會知道了。

我向山坡上爬去。腳下是被羊群啃得稀稀落落的草地，沒有一簇荊棘，要不然我的衣服說不定就會被刮得盡是缺口，回家後還得爲此承擔後果；坡上也沒有大岩石，要不然攀登時還可能會有危險。除了一些稀稀疏疏的扁平大石頭之外什麼也沒有，只要在平坦的道路上一直往前走就行了。但是這裡的草地像屋頂一樣有斜度，斜坡很長很長，可是我的腳卻很短，我不時地往上看。我的朋友們，也就是山頂上的樹木，看起來並沒有靠近。勇敢些，小伙子！堅持往上爬。唉，那是什麼從我腳邊經過？原來是一隻美麗的鳥剛從藏身的大石板下飛出來。眞幸運，這裡有個用髦毛和細草築的鳥窩。這是我發現的第一個鳥窩，也是鳥類第一次爲我帶來歡樂。在這個鳥窩裡有六顆蛋，一個挨著一個聚在一起很好看，蛋殼藍得那麼好看，就像在天藍色的顏料中浸過似的。完全陶醉在幸福感之中的我，索性趴在草地上，觀察起來。

然而就在這時，雌鳥的嗓子裡一邊發出塔克塔克的聲響，一邊驚慌地從一塊石頭飛到不遠處的另一塊石頭上，我在那個年齡時還不懂得什麼是同情，十足是個大笨蛋，我甚至無法理

解做為母親的那種焦憂不安的心情。我的腦子裡盤算著一個計畫，那是抓小動物的計畫。我想兩週後再回到此地趁鳥飛走之前掏鳥窩。在此之前，先拿走一個鳥蛋，就一個，以證明我有了了不起的發現。害怕把蛋打破，我把那個脆弱的蛋用一些苔蘚墊著放在一隻手心裡。

就讓童年時沒有體驗過第一次找到鳥窩時那種狂喜的人來指責我好了。

我小心翼翼地握著鳥蛋，生怕一腳踩空會把它捏爛。乾脆不再向上爬了，改天再去看山上太陽升起處的樹木。我走下山坡，在山腳下遇到了邊散步邊看日課經的副牧師。他見我走路時的那嚴肅模樣，就像一個搬運聖物者似的，他發現我的手裡藏著什麼東西。

「孩子，你手裡拿著什麼？」牧師問道。我局促不安地張開手，露出了那個躺在苔蘚上的藍色的蛋。

「啊！是『岩生』，」牧師說道，「你是從哪弄來的？」

「山上，一塊石頭底下。」

　　在他的連連追問下，我招認了自己的小過失。我很偶然地發現了一個鳥窩，我並不是特意去掏鳥窩的。那裡面有六個蛋，我只拿了一個，就是這個，我等著其他的蛋孵化。等到小鳥的翅膀上長出粗羽毛管時，再去掏那個窩。

　　「我的小朋友，」牧師答道，「你不可以那麼做，你不該從母親那裡搶走牠的孩子；你應該尊重那個無辜的家庭；你應該讓上帝的鳥長大，從鳥窩裡飛出來。牠們是莊稼的朋友，牠們清除莊稼的害蟲。如果你想做個乖孩子的話，以後別再去碰那個鳥窩了！」

　　我答應了，牧師繼續散步去了。我回到家裡，那時兩顆優良的種子插進了我孩童時荒漠的頭腦中，剛才牧師一席威嚴的話語告訴我糟蹋鳥窩是種壞行為。我還不明白鳥如何幫助我們消滅蟲子，消滅破壞收成的害蟲，但是在我的心靈深處，我已經知道讓母親悲傷是不對的。

　　「岩生，」牧師看到我找到的這個東西時是這麼說的。瞧！我心想，動物也像我們人類一樣有名字。是誰給牠們取的名字？在牧草上和樹林裡我所認識的其他一些東西都叫什麼呢？「岩生」是什麼意思？

幾年過去了，我才知道拉丁語「岩生」是指生活在岩石中
的意思。當年我正出神地盯著那窩鳥蛋看時，那隻鳥的確是從
一塊岩石飛向另一塊岩石。牠的家，也就是那個巢，是用突出
的大石板做為屋頂的。我從一本書中進一步了解到這種喜歡多
石山崗的鳥也叫土坷拉鳥，在耕種季節牠從一塊泥土飛到另一
塊泥土上，搜索著犁溝裡挖出的蟲子。後來我又知道普羅旺斯
語稱牠為白尾鳥，這個非常具象的名稱讓人一聽就想到：牠突
然飛起，在休耕田上做特技飛行表演時，展開的尾巴就像隻白
蝶蛾般。

　　如此產生的名稱，有天也將讓我能夠用牠們的真實姓名，
與田野這個舞臺上成千上萬個演員和小徑旁千千萬萬朵小花打
招呼了。牧師未加任何特別說明，隨口說出的那個名稱向我展
示了一個世界，一個有自己真實名稱的草木和動物的世界。還
是把整理浩翰詞彙的事留到將來去做吧。今天就讓我們來回憶
一下「岩生」這個詞彙。

　　我們村莊西面的山坡上層層分布的果園裡李子和蘋果成熟
了，看上去宛如一片鮮果瀑布。鼓突的矮牆圍起層層梯田，牆
上布滿了密密麻麻的地衣和苔蘚。在斜坡下有條小溪，幾乎從
任何一個地方都能一步橫跨到對岸。在水面開闊的地方，有些
半露出水面的平坦石頭可供人們踩著過溪。這裡不存在當孩子

不見時母親們擔心孩子跌落深水渦流的焦慮，最深的地方也不會淹沒過膝蓋。

親愛的溪水，您是那麼清新，那麼明澈，那麼安詳；此後我見過一些浩瀚的河流，也見過無垠的大海，在我的記憶中沒有什麼能比得上您那涓涓細流。您之所以能在我的心目中有這樣地位，就在於您是第一個在我腦海中留下印象的神聖詩篇。

一位磨坊主人竟然打算利用這穿過牧場的歡愉溪流，在半山坡上依著坡的斜度開出一條溝渠讓一部分水分流，將溪水引進一個蓄水池，為磨盤提供動力。這個坐落在一條人來人往的小徑邊的水池被圍牆圍了起來。

騎在一位伙伴的肩膀上，從那堵髒兮兮長著蓊草鬍鬚的圍牆高處張望，看到的是深不見底的死水，上面漂浮著黏糊糊的綠色種纓。滑膩膩的綠毯露出一些空洞，空洞裡一種黑黃色的蜥蜴在懶洋洋地遊著，現在我應該稱牠為蠑螈。那時我覺得牠像眼鏡蛇和龍的兒子，就是我們夜裡睡不著時講的恐怖故事裡的那種怪物。我的媽呀，我可看夠了，趕快下去吧。

再往下走一段，水匯集成了溪流，兩岸的赤楊和白蠟樹彎下腰來，枝葉相互交織，形成了綠蔭穹窿。盤根錯節的粗根構

成了門廳，門廳往裡是幽暗的長廊，成了水生動物的藏身所。在隱蔽所的門口透過樹葉縫隙照射下來的光線，形成了橢圓形的光點，光點晃動著，在洞裡住著紅脖子魚。我們悄悄往前移動，趴在地上觀察。那些喉部鮮紅的小魚多美啊！牠們成群結隊，肩並肩頭朝著逆流方向，鰓幫子一鼓一癟，牠們沒完沒了地漱口，牠們只要輕輕地抖動尾巴就能在流動的水裡保持不動。一片樹葉落入了水中。刷！那群魚消失了。小溪的那一邊是一片山毛櫸小樹林，樹幹光滑筆直，像柱子似的。在它們奇偉的樹冠的枝葉間，小嘴烏鴉呱呱叫著，一邊從翅膀上拔下一些被新羽毛替換下來的舊羽毛。地上鋪著一層苔蘚，我在這柔軟的地毯上才走了幾步，就發現了一個尚未開放的蘑菇，看起來像隨地下蛋的母雞丟下的一個蛋。這是我採到的第一個蘑菇。我第一次用手拿著蘑菇翻來覆去地看著，帶著好奇心觀察著它的構造，正是這種好奇心喚起了我觀察的慾望。

不一會兒，我又找到了別的蘑菇。它們的形狀不同，大小不一，顏色各異。這可讓我這個新手大開眼界了。它們有的像鈴鐺，有的像燈罩，有的像平底杯，有的長長的像紡錘，有的凹陷像漏斗，也有的圓圓的像半球。我看到一些蘑菇即刻變成了藍色，還看到一些爛掉的大蘑菇上有蟲子在爬。

還有一種蘑菇像梨子，乾乾的，頂上開了一個圓孔，像個

煙囱，當我用手指尖彈它們的肚子時，從煙囱裡冒出一縷煙來。這是我見到過最奇怪的蘑菇，我裝了一些在圍兜裡，有空時可以拿來冒煙玩耍，當裡面的東西散發完以後，最後只剩下一團像火絨的東西。

這片歡樂的小樹林爲我帶來了多少樂趣啊！自從第一次發現蘑菇以後，我又去過那裡好幾次。就是在那裡，在小嘴烏鴉的陪伴下，我獲得了關於蘑菇的基本知識。我不知不覺地採了好多蘑菇，然而我的收穫物沒有被家人採用。被我們稱爲「布道雷爾」的那種蘑菇，在我家人那裡名聲很壞，說是吃了它會中毒。不管三七二十一，母親便將它們從餐桌上清除掉了。我幾乎弄不明白爲什麼外表那麼可愛的「布道雷爾」竟會那麼險惡，但是最終我還是相信了父母的經驗，儘管我冒失地和這種毒物打過交道，卻從未發牛什麼意外。

我繼續光顧山毛櫸樹林，最後我把我的發現物歸成了三類。第一類最多，這類蘑菇的底部帶有環狀葉片。第二類底部襯著一層厚墊，帶有許多難以看見的洞眼。第三類有著小尖頭頗像貓舌頭上的乳突。爲了便於記憶我找出了一些法則，這促使我發明了一種分類法。

很久以後，我得到了一些小冊子，從書上我得知我歸納的

三種類型早就有人知道了，而且還有拉丁語名稱，這也沒掃了我的興。為我提供了最初的法文和拉丁互譯練習的拉丁語名稱讓蘑菇變得高貴起來；教區牧師頌彌撒時所用的那種語言為蘑菇帶來了榮耀，蘑菇在我心目中的形象高大起來了。想必它真的重要，才配得上有名字。

這些書還告訴我，那種曾經以它那冒煙的煙図引起我興趣的蘑菇的名稱，它叫狼屁。這個名稱使我不悅，讓人覺得挺粗俗。旁邊還有一個更體面的拉丁文名稱，「麗高釋東」，但這原來只是一種表象，因為有一天我根據拉丁語詞根弄清了原來「麗高釋東」正是狼屁的意思，植物誌裡存在著大量並不總是適宜翻譯的名稱。古時候遺留下來的東西不如我們今天留下的那麼嚴謹，植物學常常不顧文明道德而保留了那種粗魯直率的表達方式。

對有關蘑菇的知識表現出獨特好奇心的美好童年時代，已經離我多麼遙遠了啊！賀拉斯感嘆過，歲月如梭啊！的確如此，歲月在飛快地流逝，特別是當歲月快到盡頭時。歲月曾經是歡快的溪流，悠然地穿過柳樹林，順著感覺不出的坡面流淌。而今卻成了蕩滌著無數殘骸、奔向深淵的急流。光陰轉瞬即逝，還是好好地利用它吧。

當夜暮降臨時，樵夫急忙捆好最後幾綑柴。同樣的，已是風燭殘年的我，做爲知識森林中一名普通的樵夫，也想著要把那粗柴綑整理好。對昆蟲的本能所做的研究中，我還有哪些工作要做呢？看來沒有什麼大事，充其量也不過剩下幾個打開的窗口，窗口朝向的那個世界尚待開發，它值得我們給予充分的關注。

從我童年時就鍾愛的植物——蘑菇，今後將有著更糟的命運。我從未割斷過與它們的聯繫，至今依然如此。我拖著沈重的腳步，在秋日晴朗的下午去看望它們。我總是怎麼也看不過癮那些從紅色的歐石楠地毯上冒出來的大腦袋牛肝蕈、柱形傘蕈和一簇簇紅色的珊瑚蕈。

塞西尼翁是我最後的一站，那裡的蘑菇爭妍鬥豔讓我眼花撩亂。周圍長著繁茂的聖櫟、野草莓樹和迷迭香的山上遍地都是蘑菇。這幾年，那麼多的蘑菇使我產生了一個荒誕的計畫，那就是把那些無法按原樣保存在標本集裡的蘑菇畫成類比圖收集起來。我開始按照實際的尺寸，把周圍見到從最大的到最小的各種蘑菇繪製下來。我不懂水彩畫的技法，這也沒關係，不曾學過的事，也可以探索著去做。開始做不好，慢慢就會越做越好，與每日爬格子寫散文那份費神的工作相比，畫畫肯定能消煩解悶。

最後我終於成了幾百幅蘑菇圖的擁有者，圖畫上那生長在周圍的蘑菇，大小尺寸和顏色都和自然的一樣。我的收藏有一定的價值。如果說在藝術表現手法上有些欠缺，可是它至少具有真實的優點。這些畫引來了一些參觀者，一到週日就有人前來觀賞，來的盡是鄰里的鄉親。他們天真地看著這些畫，不敢相信不用模子和圓規竟能用手畫出這麼美麗的圖畫來。他們一眼就認出了我畫的是什麼蘑菇，還能叫出它們的俗名，這證明了我的畫有多逼真。

然而，這一大堆水彩畫，花費了那麼多工作才得來的成果將會變成什麼呢？也許我的家人一開始會將我的這份遺物珍藏起來，但是遲早它會變成累贅，從一個櫃子搬到另一個櫃子裡，從一個閣樓搬到另一個閣樓上，不斷被老鼠光顧，沾上污漬。它會落入一個遠房外孫的手中，那孩子會將圖畫裁成方紙用來折紙雞。這是必然的事。我們抱持著幻想以最摯愛的方式愛撫過的東西，最終總是會遭到現實無情的蹂躪。

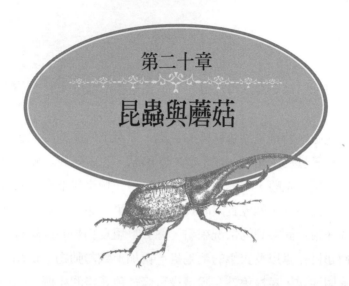

第二十章

昆蟲與蘑菇

如果在這個非常有趣的問題中沒有昆蟲的加入，一味地回憶我與牛肝蕈和珊瑚蕈結下的不解之緣，就顯得不合時宜了。

有很多蘑菇是可食用的，甚至有些相當出名，另外有一些可怕的毒菇。如果不對那些並非人人可及的植物進行研究，又如何能區別無毒和有毒呢？根據一條人們普遍信奉的定律：「凡是被昆蟲以及其幼蟲和蠕蟲所接受的蘑菇，都可以放心地採用；凡是昆蟲不吃的蘑菇，千萬別去碰。」昆蟲的健康食品也應該是我們的健康食品，而那些能毒害牠們的東西也一樣對我們有害。

人們憑著事物表面上存在的邏輯關係，做出了如此的推理，而不去考慮不同動物的胃對不同食物消化能力上的差異。

到底這種信條是否站得住腳呢？這正是我準備研究的。

　　昆蟲，特別是幼蟲狀態的昆蟲，是傑出的蘑菇開採者。昆蟲消費者分為兩類。一類是真的吃蘑菇，也就是說一點一點地咬下蘑菇，咀嚼，嚼爛之後吞下去；另一類是先把食物變成粥狀，然後吸食，就像食肉的蠅蛆那樣。第一類食客較少，僅僅從我在附近觀察到的情況來看，屬於咀嚼食物類的昆蟲有：四種鞘翅目昆蟲以及衣蛾的毛毛蟲，再加上軟體動物、蛞蝓，或更確切地說，是棕色外套膜邊緣有條紅色花邊的小個子蛞蝓。總的來說這類昆蟲為數不多，但是十分活躍，侵略性很強，尤其是衣蛾。

巨鬚隱翅蟲（放大4倍）

　　在喜歡吃蘑菇的鞘翅目昆蟲中，穿著紅藍黑三色搭配的美麗服裝的巨鬚隱翅蟲應該排在首位。靠後部的一根柱子支撐行走的隱翅蟲和牠的幼蟲，經常光顧楊樹傘蕈，牠們是吃單一飲食的專家。我經常和牠們相遇，或在春季，或在秋季，而且總是在這種傘蕈上。

　　儘管如此，牠的選擇很具眼光，不愧是個美食家。楊樹傘

蕈是最好的蘑菇之一，雖然它白得有點可疑，外表常有裂痕，傘蓋下的皺褶四周附著紅棕色的孢子，顯得有些髒。但是千萬不可以貌取人，當然也不可從外表判斷蘑菇的優劣。有些形狀漂亮顏色鮮豔的蘑菇恰恰是毒菇，某些外表難看的倒是好菇。

　　還有兩種專吃蘑菇的鞘翅目昆蟲身材都很小。一個是特里普拉克斯蟲，牠的頭和前胸呈棕色，鞘翅呈黑色，牠的幼蟲吃帶刺多孔蕈。這種大而肥的蘑菇上面長著直毛，側貼在老桑樹的樹幹上，有時也長在胡桃樹和榆樹上。另一個是桂皮色的球蕈蟲，牠的幼蟲專門生長在松露中。吃蘑菇的鞘翅目昆蟲中最令人感興趣的是包爾波賽蟲，我在別處曾經提到過牠的生活方式[1]，說過牠像小鳥歌聲般的啾啾叫聲，還有牠為了尋找慣食的地下蘑菇而挖的垂直洞穴。牠也是松露的熱愛者。我曾經從住在洞底的包爾波賽蟲的腳間拿走了一塊真正的松露，有榛果那麼大，那是一種塊蕈。我試圖飼養牠以便知道牠的幼蟲是什麼模樣。我把牠放在一個裝滿新鮮沙土的罐子裡，罩上罩子。由於找不到地下蘑菇和松露，我用幾種較硬的有點像松露的蘑菇來餵養牠，其中有馬鞍蕈、珊瑚蕈、雞油蕈和盤蕈，可是被牠全都拒絕了。

---

① 見《法布爾昆蟲記7——裝死》第二十五章。——譯注

　　不過我用一種叫做「里左波貢」的植物餵養牠，卻取得了圓滿的成功。這種植物常見於松林的淺土層裡，甚至於地表，模樣像小馬鈴薯，我在飼養籠裡撒了一把這種食物。夜晚，我幾次撞上從洞裡出來的包爾波賽蟲，牠們在沙土裡搜尋，要找一塊不太大能拖得動的食物，然後悄悄地把它滾回家裡。牠把那塊食物留在門口，自己進了家門，像一堵牆

包爾波賽蟲（放大2倍）

似的里左波貢太大了，無法塞進家門。第二天，我又發現了那塊被啃咬過的食物，但僅有下面被咬了。

　　包爾波賽蟲不喜歡在露天的公共場合用餐，牠必須單獨待在地下室裡吃東西。如果牠在地下找不到食物，就會到地面尋找。一旦找到適合牠口味的食物，如果可以塞進家門，牠就會將食物運到地下室，運不進去就只好把食物留在地洞門口。之後便不再露面了，而是待在洞裡啃咬那塊食物的底部。

　　到目前為止我只知道牠吃地下蕈、松露和里左波貢這些食物。列舉的這三種食物證明，包爾波賽蟲不像巨鬚隱翅蟲那樣只吃一種食物；牠會變換菜單，也許牠會不加區別地接受所有的地下蕈類。

衣蛾的取食範圍更廣。牠的幼蟲長五・六公釐，身體潔白，頭部黑亮，在大部分蕈類中都能發現大量聚集的衣蛾幼蟲。牠們喜歡吃蕈柄，因爲蕈柄吃起來有股說不出的味道。牠們從蕈柄一直向蕈蓋上擴散。牠們通常宿居在牛肝蕈、珊瑚蕈、乳蕈和紅蕈上，除了某些蕈科裡的幾種蕈以外，什麼蕈牠都吃。這種弱小幼蟲是蕈類最主要的開採者，牠們將在被糟蹋過的蘑菇下織造一個小小的白色絲繭，然後變成一隻微不足道的蛾。

除了蛞蝓以外，還值得一提的是一些貪吃的軟體動物，個頭不算太小的各類蘑菇牠們都吃。牠們在蘑菇裡鋪一個寬敞的窩，怡然自得地在裡面吃東西。和其他開採者相比，牠們的數量不算多，一般離群索居。牠們的頜像把鋒利的鉋刀，把蘑菇掏出一個個大洞，造成的破壞十分明顯。

從被啃過的蘑菇上留下的咬痕和掉下的蛀屑，就能分辨出是哪位食客吃剩的殘羹。牠們有的在蘑菇裡挖出洞壁明顯可見的隧洞，有的挖溝槽，有的腐蝕內部而外表不露痕跡，有的從事切割。另一類液化蘑菇者則是靠著化學作用腐蝕蘑菇，利用化學反應溶解食物。牠們是雙翅目昆蟲的幼蟲，是屬於蠅科的賤民，種類很多。如果想區別出牠們，就得用飼養的方法得到成蟲，但是那不但沒什麼意思，還得浪費很多時間，我們還是

用蠅蛆這個統稱來稱呼牠們吧。

為了看見牠們工作，我選了撒旦牛肝蕈做為開發對象，這是最大的蕈種之一，在我家附近隨處都可採到。撒旦牛肝蕈的蕈蓋是白色的，上面好像很髒，蕈管口呈鮮豔的橘黃色，蕈柄腫脹像鱗莖，並帶有美麗的胭脂紅脈絡。我把一個生長良好的撒旦牛肝蕈切成兩等分，放在兩個並列的深盤裡。一半就這麼放在盤子裡做為對照物；另一半的蕈管層上放了二十四隻從另一個已經完全腐爛的牛肝蕈上捉來的蠅蛆。

受試者當天就發揮了蠅蛆溶劑的作用。牛肝蕈表面先是變成鮮紅色，蕈管層變成了棕色，滲出的液體垂掛在斜面上像黑色鐘乳石。很快蕈肉受到了侵蝕，不用幾天就變成一種像瀝青似的糊狀物，流動性幾乎像水那麼好。蠅蛆在稀糊中湧動，屁股一拱一拱的，尾部的呼吸孔不時地露出液面。這完全和以前所見的液化器──灰肉蠅和藍蒼蠅的蠅蛆液化屍體時的情形一模一樣。

另一半沒有放蠅蛆的牛肝蕈，依然結結實實，和原來一樣，只是由於蒸發作用外表顯得有些乾燥。因此不管怎麼說，液化是蠅蛆的作品，是牠們的專利品。

液化是一種簡單的變化過程嗎？當人們最初看到在蠅蛆的作用下，固體那麼快就變成了液體時，會認為是這樣的。而且有幾種蕈，如擔子蕈會自發地發生液化，變成一種黑色的液體。其中一種還有個很具象的名稱──墨盒擔子蕈，這種擔子蕈會自動變成墨水。

在某些情況下，變化非常迅速。有天我從一個小囊袋裡或者說從蕈托上取下了一個最漂亮的擔子蕈，還沒等我畫完，這個剛採下兩小時的新鮮蘑菇模型就已經不見了，只在桌上留下了一灘墨水。只要我稍有延誤，時間就不夠用，就會讓我失去一個罕見而又奇怪的發現物。

不能由此而認為其他蕈類，尤其是牛肝蕈也是曇花一現，無法保存的。我用可食用的牛肝蕈進行實驗，牛肝蕈十分膾炙人口，備受青睞。我心想或許可以從中提取一種可用於烹調的李比希調味素吧。為此，我把食用牛肝蕈切成小塊，一部分放在清水裡煮，另一部分放在加了小蘇打的水裡煮。加工過程持續了整整兩個小時。牛肝蕈肉是無法馴服的，得用烈性藥物來對付它，但是對於我期望得到的結果來說，這樣的藥物是無法採用的。長時間在沸水中烹煮，甚至在加小蘇打的沸水中烹煮也絲毫無損的食用牛肝蕈，卻被雙翅目昆蟲的幼蟲迅速分解成了流質，這和蠅蛆把蛋白變成液體是同樣的。在兩種情況下液

化都是悄悄地發生的，也許是靠特殊的蛋白酶的作用。在兩種
情況下所使用的酶可能不同，肉類液化器採用的是一種蛋白
酶，牛肝蕈液化器採用的則是另一種蛋白酶。

　　盤子裡裝滿了一種黑色的流質，很稀，頗像瀝青。如果讓
水分蒸發掉，稀糊就變成了一個硬塊而且易碎，頗像甘草提取
物。嵌在這個硬塊裡的幼蟲和蛹由於無法脫身都死了，那種化
學溶劑為牠們帶來了厄運。當侵蝕發生在地面時情況就完全不
同了，滴在地上的液體被地面吸收了，因而使得那些蠅蛆獲得
了自由。在我的大碗裡，液體不斷積聚，當它變成一塊固體時
便殺死了那些居民。

　　蠅蛆作用於紫牛肝蕈和撒旦牛肝蕈產生的結果都一樣，也
就是說最終看到的是一種黑色稀糊。應當注意的是這兩種蕈切
割後，特別是壓碎後會變成藍色，然而食用牛肝蕈切開後肉色
始終不變，呈白色，被蠅蛆液化後變成的液體則呈淺褐色。用
毒蠅蕈作實驗，結果液化成了一種看上去像杏子醬似的粥狀
物。用不同的蕈所做的實驗證實了一條定律：所有的蕈在蠅蛆
作用下都變成了糊狀，或稠或稀，而且顏色有所不同。

　　為什麼那兩種長著紅色蕈管的牛肝蕈，紫牛肝蕈和撒旦牛
肝蕈，會變成黑色的稀糊呢？我似乎找到了原因。兩者切開後

都會變成藍色並夾雜著綠色。第三種藍色牛肝蕈顏色變化極明顯，稍微有點碰傷，不管是在什麼地方，蕈蓋也好，蕈柄或是蕈管也好，被碰傷的地方馬上會皺起，一開始是純白的，然後變成很漂亮的藍色。把這種牛肝蕈放在二氧化碳中，現在我們就是將它挫傷、壓碎、磨成漿，藍色也不會出現了。但是從被壓碎的牛肝蕈中取出一些，一遇空氣，那種物質馬上就變成了漂亮的藍色。這倒讓人想到了某種染色方法。浸漬在石灰、硫酸鐵和綠礬溶液中的靛青，將失去一部分氧而褪色，變得可溶於水，就像它原先以無色液體的形式存在於尚未加工的木藍草裡時一樣，可是如果把一滴這樣的液體放在空氣中，液體即刻發生了氧化，又成了不溶於水呈藍色的靛青。

這和那些牛肝蕈迅速變成藍色的道理是相同的，這些牛肝蕈中確實含有可溶解的無色靛青嗎？如果不是某些特性引起了疑問，我們就可以肯定這一點了。在空氣中暴露久一些，那些變成藍色的牛肝蕈，特別是藍色牛肝蕈不但沒能保留住可能是真正的靛青標誌的藍色，反而褪色了。儘管如此，這些蕈裡還是含有一種在空氣中易變的顏料。這難道不能認定是牛肝蕈被蠅蛆液化後發黑的原因嗎？其他蕈類，例如肉質為白色的食用牛肝蕈，被蠅蛆液化後並不會呈現瀝青色。

所有那些切開後變成藍色的牛肝蕈都聲名狼藉；書上說它

們是危險份子，或者至少也是可疑份子。用撒旦這個名詞稱呼其中一種牛肝蕈，便足以證明我們對它的懼怕了。

衣蛾和蠅蛆與我們的看法不同；牠們熱衷於食用令我們懼怕的那些蕈菇。但奇怪的是，這些撒旦牛肝蕈的熱愛者都絕不肯接受一些我們認為特別美味的蘑菇，最有名的如食用紅鵝膏蕈，羅馬帝國時期的羅馬人，古代的美食家，將這種諸神的佳肴稱為凱撒傘蕈。

在我們食用的各種蕈菇中這是最漂亮的一種，當它準備掀開乾裂的泥土出來時，是一個漂亮的整個被蕈托包裹著的卵形小球。後來這個袋子慢慢地裂開，從那個星形的洞口能看見一部分漂亮的橘黃色球體，就像一個水煮蛋。剝掉蛋殼，剩下的是在囊袋中的傘蕈，就像剝去蛋殼的蛋。初生的傘蕈就彷彿是個上端剝去了部分蛋白，露出一點蛋黃的雞蛋，兩者完全相似。因此對這種相似有著深刻印象的當地人稱它為「盧葫塞迪烏」，也就是蛋黃的意思。不久蕈蓋完全張開了，平展開來像張唱片，摸起來像綢緞般柔軟，看上去比金蘋果更絢麗，在玫瑰紅色的歐石楠中顯得那麼美麗迷人。

可是蠅蛆卻堅決不吃這種被視為諸神的佳肴的漂亮凱撒傘蕈。在頻繁的野外觀察中，我從未發現過一個被蟲咬過的紅鵝

膏蕈。即使把蠅蛆關在廣口瓶裡，不提供別的食物，促使牠去吃紅鵝膏蕈，搗爛了的像果醬似的紅鵝膏蕈看來照樣不受歡迎。當液化完成後，那些蠅蛆試圖離開，說明這種食物不討牠們的喜歡。軟體動物也一樣，蛞蝓就遠不是一個狂熱的紅鵝膏蕈消費者。假如牠走過傘蕈身邊，而且又找不到更好的食物時，才會停下來，嚐上一口，不過牠並不會刻意追求。假如我們非得請昆蟲作證，甚至於請蛞蝓作證，識別哪些是可食用蕈，我們豈不是會錯失這最好吃的蕈了。

幼蟲不敢吃的漂亮傘蕈最後還是受到了破壞，不是被幼蟲破壞，而是被一種，紅色不完全菌的真菌所破壞。這種菌使蘑菇上出現紫紅色的斑點並腐爛，除此之外，我沒見過任何昆蟲開發過紅鵝膏蕈。

另一種蕈蓋邊緣有著美麗花紋的鵝膏蕈是種精美的食物，幾乎和紅鵝膏蕈一樣鮮美。在此地我們把它稱為小灰蕈，因為它的顏色一般是灰色的，不論是蠅蛆還是更膽大的衣蛾卻從不碰它。豹點鵝膏蕈、春鵝膏蕈和檸檬黃鵝膏蕈也同樣被拒絕了，不過這三種鵝膏蕈都是毒蕈。

總之，不論那些鵝膏蕈對我們來說是美味佳肴還是毒蕈，沒有一種被蠅蛆所接受，只有蛞蝓有時會咬上一口。拒絕的理

由我們不清楚，例如豹點鵝膏蕈，人們認為它之所以被拒絕是因為它含有危害昆蟲的生物鹼。令人深思的是為什麼沒有任何毒性的紅鵝膏蕈、凱撒鵝膏蕈等一樣嚴格地被拒絕了。是不是口感欠佳，缺少能引起食慾的香辛料？生的鵝膏蕈嚼起來確實沒有任何誘人的香味。

帶有辛辣味的蕈又將會告訴我們什麼呢？在松林中有種邊緣捲成渦形，並長著卷毛的羊乳蕈，其味道比卡宴辣椒還辣，它被稱為「多米諾綏司」，意思是「引起腹痛的食物」，這真是名副其實。要吃這種食物，除非有個經過特殊加工的特別胃。然而，蠋蟲就有這種胃，牠們吃著辛辣的羊乳蕈，就像澤漆②上的幼蟲吃可怕的大戟葉那樣津津有味。對我們來說，兩種東西吃起來就像嚼火炭般。

蟲子需要怎樣的香辛料呢？牠們絕不需要調味料。在同樣的松林裡，還長著另一種美味乳蕈，橘紅色，形狀像漏斗，鑲著一圈一圈的紋線，十分美麗，搓揉過的地方會變成灰綠色，也許是與牛肝蕈變藍有關的靛青的變種。這種蕈沒有羊乳蕈那種辛辣味，生嚼起來味道可口。那也無所謂，溫和的乳蕈也好，辛辣的乳蕈也好，蟲子吃得一樣起勁。對牠們來說，不管

② 澤漆：一種植物名。——編注

是溫和的還是帶有刺激性的，不管是沒滋味的還是辣的，都是一樣的。

用美味這個詞來形容從傷口裡流出血滴的蘑菇，未免太誇張了點。乳蕈是食用蕈，這倒不假，但它是一種粗纖維食物，不易消化。我家裡拒絕用它來做菜，寧可把它浸在醋裡，然後當醋漬小黃瓜食用。這種蕈的實際價值被過分的溢美之詞給誇大了。

為了適合蟲子的胃口，是否需要某種介於柔軟的牛肝蕈和堅硬的乳蕈之間的中性物質？為此我們來採訪一下橄欖樹傘蕈，這是一種漂亮的棗紅色蕈。它的俗名並不十分恰當，在老橄欖樹下這種蘑菇確實常見，但是我也在黃楊樹、聖櫟、李樹、柏樹、杏樹、繡球樹等樹底下採到過這種蘑菇。看來它所賴以生長的樹木的性質對它來說並無所謂，它和其他蕈類最明顯的區別之一是，它會發出燐光。

它的底面，只有那裡才會發出一種白色的光，類似於螢火蟲的光。它閃閃發光是為了慶祝婚禮和散播孢子。這和化學家所稱的磷無關；這是一種緩慢的燃燒，是一種比正常狀態下的呼吸更急促有力的呼吸。這種光在不適於呼吸的氣體氮、二氧化碳中會熄滅，在流通的空氣中能持續發光，在煮沸的沒有空

氣的水裡便不再發光。再說這種光很微弱，只有在很暗的地方才能感覺到。夜晚，甚至於白天，如果你預先在小地窖中待過一段時間再觀看這種傘蕈，便會看見它發出的奇妙燐光猶如一輪明月。

然而蟲子會怎麼樣呢？牠們被信號燈所吸引了嗎？不，根本沒那回事。蠅蛆、衣蛾和蛞蝓從來不碰發光的蘑菇。先別急於用「橄欖傘蕈中含有所謂毒性很大的有害成分」這個理由，來解釋牠們爲何拒絕這種蘑菇。的確，在咖里哥宇矮灌木叢多石子地上生長著的刺芹傘蕈和橄欖傘蕈一樣結實。普羅旺斯人稱它爲「貝里古洛」，這是最有價值的蕈種之一，然而蟲子卻不吃它。我們當作佳肴的東西，牠們卻不喜歡。

沒必要再繼續這樣的調查了，到處都會得到相同的答案。吃某種蘑菇而不吃其他蘑菇的昆蟲，根本無法告訴我們哪種蘑菇能吃，哪種蘑菇危險。昆蟲的胃不等於我們的胃，我們認爲有毒的蘑菇牠卻認爲好吃，我們認爲很好的蘑菇牠卻認爲有毒。那麼，如果我們缺乏植物學的知識，大部分人既沒時間也沒興趣獲得這方面的知識，採蘑菇時應該遵循怎樣的規範呢？這種規範再簡單不過了。

我住在塞西尼翁已經三十年了，卻從沒聽說過村裡有誰吃

蘑菇中毒的事，而這裡蘑菇的消費量很大。尤其在秋天，沒有一家不到山上採蘑菇，珍貴的蘑菇可以補充食物的不足。人們採什麼蘑菇呢？樣樣都採一些。

我多次跑到附近的樹林裡，翻看採蘑菇的男女們盛蘑菇的籃子，他們自願翻給我看。我看到了一些令真菌學家反感的東西，我常常能找到被列入最危險的蘑菇之列的紫牛肝蕈。一天，我批評了一位採了紫牛肝蕈的男人，他吃驚地瞧著我說，「您說狼麵包[3]是毒藥！」他一邊說著一邊用手指彈著多肉的紫牛肝蕈，「得了吧！這是牛精髓，先生，是真正的牛精髓。」他笑我太過謹慎，對我掌握的有關蘑菇的知識很不以為然，他走開了。

在那些籃子裡我發現了環狀傘蕈，這方面的專家佩爾松認為這種蘑菇具有劇毒。但這也是他們最常食用的一種蘑菇，因為數量眾多，桑樹下尤其豐富。我在籃子裡還發現了危險的誘惑者撒旦牛肝蕈、像羊乳蕈一樣辛辣的帶乳蕈，還有光頭鵝膏蕈，它有一個從蕈托裡綻開的漂亮蕈蓋，邊緣鑲有一些粉渣像絡蛋白片似的，那股噁心的肥皂味讓人對這種象牙色的蕈蓋產生懷疑。

---

③ 狼麵包：當地人把牛肝蕈一律稱作狼麵包。——譯注

　　這樣無所顧忌地採摘，人們是怎樣防止意外發生的呢？在我們村子以及遠方的村莊，人們照例要把採來的蘑菇川燙一下，也就是放在沸水中煮一下，略加點鹽，然後再放在冷水裡洗幾遍就算處理好了。之後人們按自己的需要將各種蘑菇分開。經過這種方法加工，那些一開始可能有毒的蘑菇也就變得無害了，因為先煮沸再漂洗就能將主要的有害成分去除。

　　我個人的經驗證明了這種鄉下土方法的有效性。我和我的家人經常食用那種被認為毒性很強的環狀傘蕈，經過沸水的消毒，這道菜只會贏得稱讚。經常出現在我家餐桌上的還有在沸水中煮過的光頭鵝膏蕈，如果不用這種方法處理，吃這種蘑菇可不是沒有危險的。我嘗試過藍色牛肝蕈，特別是紫牛肝蕈和撒旦牛肝蕈，這種被那位不相信我的謹慎勸告的採菇人美稱為牛精髓的蘑菇相當普通。我有時也食用豹點鵝膏蕈，這種蘑菇在書上被說得很糟，卻沒有產生任何不良的後果。一位當醫生的朋友，聽我介紹用沸水烹煮的處理方法後也想試一試，他選用了和豹點鵝膏蕈一樣聲名狼藉的西特里那鵝膏蕈做為晚餐。一切都很順利，他沒有遇到任何麻煩。我的另一位盲人朋友，就是曾經和我一起品嚐羅馬美食家口中的木蠹蛾的那位，也用這種方法吃了橄欖傘蕈，儘管人們認為這種蘑菇非常可怕，這道菜如果稱不上美味，至少也是無害的。

這些事實證明先用沸水把蘑菇川燙一下，是防止可能發生蘑菇中毒的最佳方法。

如果說昆蟲只吃某種蘑菇而拒絕其他蘑菇對我們選擇蘑菇上毫無幫助，至少鄉下人的智慧，長期經驗的結晶，教給了我們一種行之有效而又簡便的做法。當蘑菇引誘您去採摘，而您又不完全了解它們是有毒還是無毒時，那麼您就把它們放在開水裡，好好地煮一下。一旦經過開水煮過，本來可疑的蘑菇現在就可以放心大膽地食用了。

但是人們會說這是野蠻的烹飪法；用沸水處理會把蘑菇煮成醬的；而且會去掉所有的鮮味。這就大錯特錯了，蘑菇很耐煮。我曾經說過當我想從牛肝蕈中提取溶液時，也無法使它煮到溶化。在水中長時間的浸煮並借助於小蘇打，都不能把它變成糊狀，而且幾乎對它沒有絲毫損傷。另外一些個頭大、很適合作菜的蘑菇也一樣耐煮。

再說蘑菇的鮮味一點也不會喪失，香味幾乎不會減弱；而且煮過的蘑菇變得更容易消化了，這對一種不易消化的菜肴來說是最重要的。因此，在我家裡習慣把採來的蘑菇放在清水裡煮一下，即使是自命不凡的鵝膏蕈也不例外。

　　我是個美食外行人，這是真的，我是個很難受到精美飲食誘惑的野蠻人。我關注的不是美食家，而是吃粗茶淡飯的人，尤其是田間的工作者。如果能讓普羅旺斯人烹調蘑菇的秘訣廣為人知，讓人們用蘑菇來變換口味，不論這是多麼微不足道的一件事，但是當人們不用學會鑑別蘑菇有無毒性的複雜方法，就能吃到美味的蘑菇時，我想我持之以恆的研究就已經得到了回報。

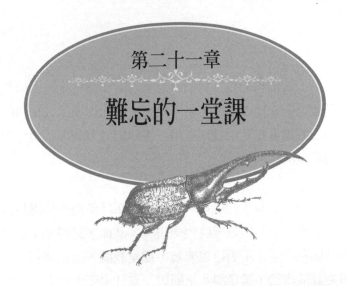

第二十一章

難忘的一堂課

　　我帶著遺憾告別了蘑菇，關於它還有那麼多的問題要解決呢！為什麼雙翅目昆蟲吃撒旦牛肝蕈，卻蔑視紅鵝膏蕈？為什麼牠們認為可口的東西卻對我們有害？我們認為精美的食品牠們卻相當厭惡呢？在蘑菇裡是否有些特殊成分，一些看上去會隨植物種類的不同而變化的生物鹼呢？我們能否提煉出這些生物鹼，並深入研究它們的特性？誰知道在醫學上是否能用這些成分減輕我們的痛苦，就像利用奎寧、嗎啡等物質一樣呢？

　　有待於思考的是擔子蕈自發性的液化和牛肝蕈在蠅蛆作用下液化的原因，這兩種現象是不是屬於同種性質？擔子蕈是不是自己利用一種類似於蠅蛆蛋白酶的酶進行消化的？

　　我想知道是什麼可氧化物質使得橄欖傘蕈發出白色的，像

滿月反射出的柔和光亮。我們所感興趣的事情就是，弄清楚某些牛肝蕈之所以變成藍色，是不是有一種比印染工人使用的靛青更易變的靛青在其中發揮作用，美味的乳蕈碰傷後會變綠是否也有類似的原因。

　　如果我有最基本的工具，特別是如果能使逝去的漫長歲月倒流，我真想耐心地做一些化學研究。然而，已經來不及了，我的時間不多了。不過這也無妨，還是談論一下化學吧；既然沒有更好的辦法，還是讓我來回憶一些往事吧。如果說歷史學家不時要在他的昆蟲史裡占一點篇幅，讀者將會原諒他的，因為老年人總愛回憶青少年時期一些美好的往事。一生中我總共上過兩門自然科學課，一門是解剖課，一門是化學課。第一門課是博物學學者莫干-唐東教授的，當我們從科西嘉的荷諾索山採集植物歸來時，他向我們講解了蝸牛的結構。這一堂課時間雖短卻卓有成效，我受到了啟蒙。從此，在沒有大師指點的情況下，我就能操起解剖刀有模有樣地解剖動物的內臟器官了。第二門課是化學課，這回可沒有那麼幸運。事情是這樣的──在我就讀的師範學校，科學教育最為薄弱。算術和一些幾何學的皮毛知識構成了科學教育的核心，物理幾乎被排除在外。學校只大略教一些氣象學的特徵，如太陰月[1]、白霜、露

① 太陰月：月球繞地球公轉的週期，約29.5天。──編注

水、雪、風，並且有點以鄉村常見的物理現象爲基本內容。在這方面我們學到的知識相當多，完全能和農民談論下雨和晴天等氣候現象。

博物學完全沒有被提到。植物沒有被講授到，這種高雅的消遣屬於漫遊的內容；而昆蟲從未涉及，儘管昆蟲的生活習性那麼有趣；石頭更是無從談起，儘管從化石這個豐富的檔案館裡能得到許多知識。博物學這扇可以讓人開闊眼界的窗戶，通向斑斕世界的窗戶，沒有向我們敞開。文法扼殺了生命。

化學根本不受重視，這是顯而易見的。但是化學這個名詞我還是知道的。我偶爾讀過一些這方面的書，但是由於沒有實驗演練，很難理解其中奧秘。我從書中得知，化學研究的是物質結構的變化，即不同的單質的結合與分解。但是在我的想像中這該是多麼新奇！它對我來說，就像是巫術，是煉丹術。在我的想像中，化學家工作時手裡都拿著一根魔棒，頭上戴著尖尖的、鑲著星星的魔術帽。

有位名譽教授經常到我們學校來訪問，這位大人物不是爲了轉變我這些愚蠢的想法而來的。他在高中教物理和化學，每週兩次，從晚上八點到九點，在學校附近一個很大的場所免費公開上課。那裡原是聖馬休爾古教堂，如今已經成了新教的禮

拜堂了。

如同我想像的那樣，這的確是巫師招魂占卜的神秘場所。在鐘樓頂上，生鏽的風信旗發出哀怨的吱嘎吱嘎聲。黃昏時分，一些大蝙蝠有的繞著教堂飛來飛去，有的鑽進排水管；夜晚，貓頭鷹在平臺頂上叫著。化學家就是在那巨大的窟窿下進行他的實驗。他會製造出什麼該死的合成劑呢？我永遠都不會知道嗎？

今天他來看我們時並沒有戴著尖帽，一身平常的裝束，不太古怪。他一陣風似地走進了我們的教室。他那張通紅的臉嵌在齊耳高的大立領裡，鬢角上垂著幾絡棕紅色的頭髮；高高的額頭亮亮的像個久藏的象牙球。他用命令的語調和生硬的手勢向兩三個學生提問，對待他們的態度有些粗暴，然後他腳跟一轉，又像來時一樣一陣風似地走了。不，絕不是這位實際上很有才能的人，讓我對他所教的東西產生好感。

他的配藥房有兩扇齊肘高的窗戶面向學校的花園，我經常跑到那裡張望，試圖憑著我那知識貧乏的腦子琢磨出化學到底是什麼。不幸的是我的目光所投入的那間屋子並非一座聖殿，而是一間清洗實驗用具的陋室。

挨著牆壁的地方安裝了一些自來水管和水龍頭，牆角有些木槽，有時蒸氣加熱爐在沸騰，冒出一股蒸氣，裡面煮著一種紅色的粉末，像磚粉般。我得知那裡正在熬一種做爲染料的植物根──茜草根，目的是煉成一種更純更濃的產品。這就是那位大師喜歡從事的研究。

我並不滿足於站在那兩扇窗口觀看，我多麼想進去，走得更近些，我的這個願望得到了滿足。那是在學期末，我提前完成了規定的學業，剛剛獲得了高中畢業證書。我沒什麼事可做，在畢業之前還剩幾週時間。十八歲正是充滿憧憬的時候，我是否該在校外度過這些日子呢？不，我要在學校裡面度過，兩年來學校讓我得到了一個安靜的小窩和飲食的保障，我期待著能在學校得到一個職位。我心甘情願聽從您的發落，您可以根據您的需要來造就我，只要能學習就行了，別的事情我都不在乎。

校長有著一顆金子般的心，他很理解我對學習的渴望，並堅定了我的決心，他打算讓我重新與長久被遺忘了的賀拉斯和維吉爾建立聯繫。這位正直的人精通拉丁語，他將透過讓我翻譯幾段拉丁語，重新燃起我那泯滅的火種。

不僅如此，他還提供我一本雙語對照的樣本，一邊是拉丁

語，另一邊是希臘語。借助基本上能讀懂的第一篇，我再來譯第二篇，這樣可以擴充我在翻譯伊索寓言時所能掌握的詞彙，也同樣有益於我今後的研究。這是多麼意外的收穫啊！住所、飯碗、古詩、學術語言，人世間一切幸福美好的事物都讓我得到了。

我得到的還不止這些，我們的自然科學課老師，不是名譽的，而是專屬的，他每週兩次來為我們講解比例法[2]和三角定理。他想出了一個好主意，要讓我們以學術節的方式慶祝學期結束。他答應要給我們看氧氣。做為這所高中的化學家的同事，他得到許可帶我們去那間著名的實驗室，並當著我們的面製造他在課堂上所講的氧氣。是的，氧氣，就是能使一切燃燒的氣體，這就是明天我們將要看到的東西。我興奮得一夜都無法入眠。

那是星期四，午飯以後的事。化學課剛結束，我們就要出發去遠足，到翁格勒[3]附近那個坐落在海邊峭壁上的村子去。因此我們都穿上了節日和外出時才穿的黑色禮服，戴上了大禮帽。學生總共有三十來個，由一位學監帶領著，他也和我們一

② 比例法：只已知三數時，根據比例求第四數的方法。——編注
③ 翁格勒：法國西南部城鎮，以精美刺繡聞名。——編注

樣沒見識過老師將要演示給我們看的東西。

我激動地跨進了實驗室的門檻，走進了一個有穹頂的大殿。在這空蕩蕩的教堂中連說話都有回音，微弱的光線從裝飾著葉脈和圓花的彩繪玻璃上透了進來。裡面有一排排寬寬的階梯座位，可以容納幾百名聽眾，對面唱詩班站的地方有個寬大的壁爐臺，中間有張被藥品腐蝕了的大桌子。在桌子的一端，有個塗著柏油的箱子，裡面包著一層鉛，箱子裡裝滿了水。我馬上就明白了，那是個儲氣罐，專門用來收集氣體的。

老師開始操作了，他拿起一個又長又大的無花果形的玻璃器皿，鼓突的瓶肚部位連著一個垂直彎管，他告訴我們這是蒸餾瓶。他用紙做的漏斗把一些像碳粉似的黑色粉末倒進蒸餾瓶，老師告訴我們這是二氧化錳，它裡面含有大量的氧氣，氧氣被壓縮和金屬化合在一起，我們就是要得到這種氣體。一種油狀的、能引起劇烈反應的硫酸液體將使氧氣釋放出來。加入了藥粉的蒸餾瓶被置於一個點燃的爐子上，用一根玻璃管將它與放在儲氣罐的小金屬板上裝滿水的罩子連接起來，現在準備工作全做好了。會產生什麼結果呢？我們等著溫度發揮作用。

我的同學們急切地湊到裝置的周圍，惟恐湊得不夠近。有的人在那裡瞎忙，為能夠幫忙做準備工作而感到光榮。他們把

傾斜的蒸餾瓶重新擺正，用嘴吹炭火。我不喜歡他們隨隨便便
地擺弄自己不了解的東西。寬厚的老師對此並不反對。反正我
很討厭好奇地擠來擠去，用肘部頂撞別人的那夥人。他們拼命
地擠到第一排，有時乾脆像小凶狗一樣吵起架來。還是躲開一
點好，讓他們去忙，可看的東西有的是，而氧氣還在形成中！
我們利用這個空檔，瀏覽一下化學家的成套用具。

在寬敞的壁爐下，有一系列奇形怪狀套著鐵皮的爐子，有
長有短，有高有矮，每個爐子的爐身上都有些小窗戶，上面封
著燒過的泥團。這裡有個小塔形的爐子是由好幾個部分重疊而
成的，上面帶有寬寬的耳，用手握住耳就可將小塔拆卸下來。
圓頂上有個鐵皮煙囪。爐子裡面想必能燃起煉獄之火，不費吹
灰之力就能熔化石子。

另一個爐子很低，躺在那裡像彎曲的背脊，兩端各有一個
圓孔，每個圓孔裡都伸出一根粗磁管。我想像不出這樣的儀器
有何用途。點金石的研究者想必就有這樣的儀器。這些是揭開
金屬奧秘的刑具。

在層板上排列著玻璃器皿。我看見了大大小小的蒸餾瓶，
每一個蒸餾瓶的鼓突部分都接著彎管。有幾個蒸餾瓶的凸肚上
除了有根長管之外，還帶有一根短管。瞧，它那麼小，別想猜

出這個奇怪的器皿的用途。我發現了一些很深的圓錐形帶腳玻璃管，我欣賞著一些奇形怪狀的瓶子，有的上面有著兩個或三個狹窄入口，有的是帶有長細管的球形小瓶。好一個奇特的工具啊！

這裡有個玻璃櫃，裡面放著一堆裝滿藥品的小瓶子和廣口瓶，瓶子上的標籤寫著鉬酸鹽、氯化銻、高錳酸鉀，還有許多令我困惑的名稱，我在書本上從沒遇到這麼艱澀難懂的文字。

突然，只聽見碰的一聲，接著是跺腳聲、驚叫聲和呻吟聲。出了什麼事？我跑進廳裡。原來是蒸餾瓶爆炸了，容器中沸騰的溶液向周圍飛濺。對面的牆上污跡斑斑，我的同學們或多或少都受到了波及。有一位最為不幸，爆炸物正好濺到他的臉上和眼睛裡。他像地獄裡的受難者般嚎叫著。

在一位傷勢較輕的同學幫助下，我使勁把傷者拖出去，把他帶到水槽邊，幸好水槽離得很近，我將他的頭按到水龍頭下。迅速的沖洗見效了，劇痛減輕了一些，受傷者恢復了意識，他自己繼續用水沖洗。

我迅速的搶救工作確實挽救了他的眼睛。滴了醫生開的眼藥水，一星期後他已完全脫離了危險。幸虧我有先見之明，離

得遠遠的！我獨自站在裝藥品的玻璃櫃前，才使我能果斷地盡快做出反應。其他人呢，那些由於離化學炸彈太近被濺到的人怎麼樣了？

我回到大廳裡，場面並不樂觀。老師受到大面積侵害，他的襯衣前襟、背心、褲子的上部都被濺得黑黑的。溶液冒著煙，具有腐蝕性，他趕緊脫掉一部分危險的衣物。那些穿著最講究的同學借給他一些衣褲好讓他穿上趕緊回家。

我剛才欣賞過的那些圓錐形玻璃器皿中有個放在桌上，盛滿了氨水。被嗆得又咳嗽又流眼淚的人們，紛紛把手絹的一角在氨水裡浸濕，用那團濕布一遍又一遍地擦拭著，有的擦帽子，有的擦禮服。用氨水可以擦掉可怕的溶液留下的紅斑，稍加一些墨水就能恢復衣服的色彩。

那麼氧氣呢？當然這已不是問題了，學術節結束了。不管怎樣，這災難性的一課對我來說是個重要事件。我進入了那個化學藥品室，瞥見了奇怪的工具。教學最重要的不是老師對所教的內容理解了多少，而是在於激發學生的潛能，激發潛能就像用火種去引爆潛沈的炸藥。總有一天，我自己將能得到因意外的不幸而沒能得到的氧氣；總有一天，即使沒有老師，我也能學會化學。

我將學習化學，儘管開頭很不順利，可是我還是要學。怎麼學呢？邊教邊學。我永遠不會向任何人推薦這種方法。有老師指點和示範的學生多幸福啊！他面前的道路平坦、筆直，暢行無阻。而另一種人走的是多石子的小徑，他常常失足，他摸索著在那條陌生的路上走著走著，迷失了方向。為了重新找到正確的道路，如果失敗沒有使他氣餒，他只能靠持之以恆，這是不幸的人們唯一的嚮導。這正是我的命運，我是邊學習邊教別人，我日復一日地用犁在貧瘠的荒原上耕種，然後把收穫到的微薄的成熟種子傳授給別人。

硫酸鹽炸彈事件之後，又過了幾個月，我被派往卡爾龐特哈④，擔任中學的初級教學。第一年很苦，學生多到我都忙不過來，總之，學生的拉丁語一塌糊塗，他們的書寫分成好幾種進度。第二年學生分成了兩半，我有了一名助手，抽籤工作在我那些冒冒失失的學生的吵鬧聲中進行。我留下了年紀最大、最能幹的學生，其他人將到預備班學習。

從這一天起，事情發生了變化，不再有固定的教學計畫。在這幸福的時刻，教師的善良願望得到了一定的發揮，人們不受像機器般規律運行的校規束縛，我憑著自己的願望行事，但

④ 卡爾龐特哈：馮杜山坡地產酒中心，以松露和水果香糖聞名。——編注

是怎樣才能使這所學校無愧於高等初級學校的稱號呢？

　　當然啦！我要把化學課列入課表。我讀了不少書，覺得讓學生掌握一些使農田肥沃的知識倒也不壞。我的學生中有許多來自農村，他們將來還要回去開墾他們的土地，就教他們土壤是由什麼構成的，莊稼吸收什麼養料。其他人將從事工業，他們將成為鞣革工、金屬鑄造工，三十六行中的燒酒釀造者、肥皂商和魚桶零售商；那就教他們醃漬、製皂、蒸餾、使用鞣酸、和鑄造金屬吧！

　　這些東西我當然不懂，但是我可以學，因為我必須把這些教給別人，教給那些對老師的結結巴巴毫不留情的聰明人。

　　正好那所學校有個小實驗室，小得不能再小了。那裡有個儲氣罐、十二個球形瓶、幾支試管和很少的幾種藥品。如果我能擁有它那就夠了。可是那裡是最神聖的地方，是留給學哲學的學生的。除了老師和準備文學學士⑤文憑的學生以外，任何人不得入內。我這個外行人竟想進這方聖地，那是不合適的；它的主人是不會容許的。我很清楚這一點，一個初等文化程度的人豈敢隨隨便便地踏入高等文化的領地。我也可以不到那裡

⑤ 文學學士：法國中學畢業會考及格者。──譯注

去，只要人家借給我工具就行了。

我向主管這些財產的負責人報告了我的計畫。那時，一個幾乎不懂科學，只懂拉丁語的人不太受到尊重，他不明白我提出這個要求的目的是什麼。我謙恭地一再請求，努力使自己得到理解。我謹慎地點明問題的關鍵，我的學生很多，比學校裡任何一班的人都多，他們吃奶油以及蔬菜，那是中學校長最操心的事。這群人，我們應該去滿足他們，吸引他們，盡量提高他們的程度。只要多給幾盤湯就能使我得到一次成功的機會。我的要求被接受了。科學啊，您多麼不幸！為了把您介紹給沒有得到過西塞羅和狄摩西尼[6]的精髓滋養的普通人，我使用了多少外交辭令啊！

我得到許可，每週可動用一次儀器。為了實現我那雄心勃勃的計畫，這些工具是必不可少的。我們從二樓存放科學儀器的神聖而隱蔽的場所，將工具搬到我上課的那個地窖般的教室裡，最重的是那個罐子，要先把它清空才能搬動，用完之後得再重新裝滿水。有位走讀生[7]是我的熱心追隨者。他匆匆吃完午飯，上課前兩小時便來幫我的忙，就靠我們兩個人來搬家。

⑥ 狄摩西尼：西元前384～322年，古希臘雄辯家、民主派政治家。——譯注
⑦ 走讀生：不住學校宿舍，僅用餐的學生。——編注

做這次實驗的目的是爲了得到氧氣，這種氣體以前曾讓我的希望突然破滅了。

　　我憑著參考書，從容地制定了我的實驗方案，想好先做什麼，後做什麼，用這種方法還是用那種方法，最主要還是考慮到防止危險的發生；因爲還得用硫酸熱處理二氧化錳，弄不好會讓我們變成瞎子。各種擔心使我想起了我以前的同學像煉獄中的受難者嚎叫著的情景。啊！還是試試看吧，機會總是喜歡勇者。爲了謹愼起見，除了我之外誰都不得靠近那張桌子，萬一發生事故，也只會傷到我一個人。而且，依我看來，爲了認識氧氣就算皮膚被燒傷一點也值得。

　　兩點的鈴聲響了，學生們進了教室。我故意誇大了可能會發生的危險，叫他們每個人都坐到自己的長凳上，不得走動。大家都照我說的做了，我可以放手去做了。我身邊除了站在一旁準備幫忙的那位追隨者之外沒有別人。時候到了，大家注視著這令人敬畏的未知事物，安靜極了。

　　不一會兒，罩子裡的水面上冒起了氣泡，發出咕嚕咕嚕的聲音。這就是我要的氣體嗎？我的心激動地跳著。我眞的第一次就能毫無困難地獲得成功嗎？我們來瞧瞧。我把一根剛熄滅、燭芯還有一點紅的蠟燭，用一根鐵絲吊著放進一個盛滿我

的產品的試管。棒極了！蠟燭帶著一聲很小的爆炸聲又燃了起來，火焰特別亮。這眞的是氧氣。

　　這是個莊嚴的時刻，我的觀眾欣喜萬分，我也一樣。我是爲取得的勝利，而不是爲那支蠟燭重新燃燒而欣喜。我的臉上泛起一陣陣虛榮的紅光，感到熱血在血管裡奔湧，但我克制著不讓內心的情感流露出分毫。在學生們的眼中，老師對所教的東西應該是習以爲常的，如果我讓這些調皮鬼看出我的驚喜，如果他們知道了我本人也是第一次做這種奇妙的實驗，他們會怎麼看我啊！我會失去他們的信任，那將有失我的身份，那豈不等於把自己降低到了學生的地位。挺起胸來，繼續下去，做出一副對化學駕輕就熟的樣子。該輪到用鋼帶了，這是一條像開瓶器一樣盤捲的舊手錶發條，上面黏上一塊火種，靠著這個簡易引信，那條鋼帶應該能在裝滿我那種氣體的廣口瓶裡著點起火來。它的確在裡面燃燒起來，變成了燦爛的煙火，伴隨著劈啪聲，四射的光芒和鐵鏽色的煙霧在瓶子裡撒上了一層粉。從燃燒的螺旋鋼帶的一端，不時滴下一滴紅色的溶液，溶液顫動著穿過留在瓶底的水層，嵌入玻璃，玻璃突然變軟了。

　　無法控制的火熱金屬淚滴令人毛骨悚然。人們跺腳，驚叫，拍手。那些膽小的學生用手捂住臉，只敢透過指縫觀看。課堂上的觀眾大喜，我憑著自己的能力取得了勝利，嘿！我的

朋友們，化學很美妙吧？

對我們之中的每一個人來說，這是一生中值得用一顆白卵石記錄下來的幸運日子。一些講求實際的人做成了幾筆生意，賺到了錢，便驕傲地昂起首。而沈思者，獲得了思想，他們在現實這本大賬簿上得到了一筆新收入，他們靜靜地享受著神聖的真理帶來的喜悅。

對我來說，一生中最值得記住的日子之一，就是我第一次和氧氣打交道的那一天。那天下課後，所有儀器被送回原處後，我彷彿覺得自己長高了。做為一個無師自通的操作者，我剛才非常成功地展示了那種兩小時前我還不認識的東西。沒發生任何意外，甚至沒有留下一點被硫酸腐蝕的痕跡。聖馬休爾古教堂裡的那堂課的可悲結局，讓我以為這個實驗很難、很危險，可是實際上並不像我想像的那麼難、那麼危險，只要眼尖一點，謹慎一些，我完全可以繼續進行。想到這些，我就感到很高興。

該輪到做氫氣實驗的時候了，我一邊讀書一邊認真思考。在肉眼看到氫氣之前，我的思想之眼已不止一次看到了它。我讓燃燒的氫氣在一支因受熱而滴出水滴的玻璃管裡唱歌，這使得那些呆頭呆腦的學生興高采烈。我用混合物的爆炸聲把他們

嚇得跳了起來。

後來的課都上得一樣成功，我們領略了磷的壯美、氯氣的猛烈、硫的惡臭、碳的變化等等，總之，在這一年裡，幾種主要的金屬及其化合物都在課堂上一一受到了檢閱。

事情傳開了。一些新生被學校的新鮮事吸引而來聽我的課。餐廳裡得再多添幾套餐具了，擔心肥肉燉豌豆多於化學的校長，為寄宿生的增加而誇獎了我一番。第一炮已經打響了，剩下的事只需時間和不屈不撓的毅力來完成。

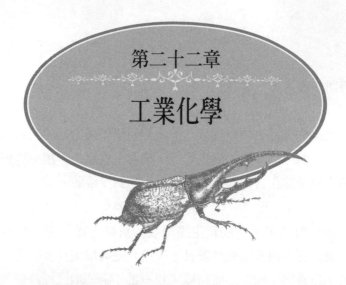

第二十二章

工業化學

一切都可能發生。當我從朝著院子的矮窗戶瞧著工作坊裡正冒著熱氣的茜草罐時；當我在那個教堂裡第一次也是最後一次聽化學課，目睹差點毀了我們容貌的硫酸鹽爆炸時，我何曾想到過我自己將會在這個拱頂下扮演的角色啊！若是預言宣告我有朝一日將代替那位老師，我那時是不會相信的，是時間為我們安排了這麼些意想不到的事。

連房子也會經歷意想不到的變化，如果有什麼東西能震撼它的話。原則上說來，聖馬休爾的那個建築物曾是座教堂，如今卻成了禮拜堂。以前人們在那裡用拉丁語禱告，現在都用法語。在此期間，有幾年時間它用於科學——驅除黑暗的美好祈禱，未來會使它成為什麼模樣呢？像城市裡的其他教堂一樣，這座發出叮叮噹噹聲響的教堂，會不會像哈伯雷所說的那樣將

成為煤炭店、廢鐵商或運輸業者的車庫呢？誰會知道呢？房地產有它們的用途，其用途與我們人的命運一樣難以預料。

當我用它做為市政課實驗室時，這個大殿仍然保持著我那次訪問時的樣子，我那次訪問短暫而糟糕。在右邊的牆上散布著刺眼的黑色斑點，就好像有個瘋子抓起一個墨水瓶扔到牆上，瓶子砸碎時濺上的污點，我一眼就認出這是以前從那個蒸餾瓶裡飛濺出來的腐蝕性溶液。自那遙遠的時候到現在，人們卻沒有想過上一層石灰把這些斑點掩蓋掉。這也好，這些斑點將是給我的最好忠告。每堂課這些斑點都在我的眼前，不斷地提醒我要謹慎小心。

儘管化學有著種種誘惑力，它還是沒能讓我忘記一項我思慕已久的、更符合我的志趣的計畫。那就是到一所大學去教博物學。一天有位督學到我們學校來聽我的課，然而，他可不是來給我打氣的。我的同事們私底下都管他叫鱷魚，也許是因為他在巡視時訓了他們。儘管他的方式有些粗暴，從本質上說他是個了不起的人。他提的一項意見對我以後的研究產生了很大的影響。

這一天，他獨自一人，意外地出現在我訓練學生畫幾何圖形的教室裡。說真的在那個時候，為了彌補我那點微薄的收

入，好歹維持我那一大家子一年的生活費用，我在校內和校外
兼任了許多職務。在公立中學上完兩小時的物理課、化學課或
博物學課之後，另外還開了兩節課專門教學生如何畫幾何圖，
如何畫測量平面圖，如何根據弧線的一般定律，畫一條任意的
弧線。我們將這門課叫做製圖課。

　　這位令人畏懼的大人物的擅自闖入，並沒有使我感到特別
緊張。十二點的鐘聲響了，學生們離開了教室，然後我和督學
一起單獨走出教室。我知道他是幾何學家，一條畫得很完美的
超越曲線可能會取悅於他。學生交來的圖畫中確實有些會令他
滿意，我應該好好地利用這個機會。我有個學生其他科目都很
差，唯獨對角規、尺子和直線筆的使用掌握得極好。他頭腦遲
鈍，雙手卻很靈巧。我先利用錯綜複雜的相切線向他揭示相切
線的規則和走向，我的藝術家先是畫出了普通的旋輪線①，繼
而畫出了外擺線和內擺線；最後畫出了延長和縮短了的相同弧
線。他的畫就像令人羨慕的蜘蛛網，精巧的弧線層層套疊。線
的走向那麼精確，人們很容易就能從中推導出那麼難以計算的
美的定理。

　　我把那些幾何圖形傑作交給了督學，聽說他本人酷愛幾

---

① 旋輪線：一個圓在直線上滾動，由圓周上一定點所描出的軌跡。——編注

何。我很謙恭地介紹著圖形，希望這些畫能引起他的好感，激發出好的結果。我的努力白費了，當我把圖紙放在他面前時，他只瞥了一眼，就把圖紙扔回桌上。我心想：「糟糕了！暴風雨即將來臨，擺線也救不了你，該輪到你來領教鱷魚牙齒的厲害了。」

我完全猜錯了。這位令人敬畏的大人物很溫和。他坐在一條長凳上，兩腿叉開，然後請我坐在他旁邊。我們談了一會兒製圖課，然後他話鋒一轉問道：

「您有財產嗎？」

我被這奇怪的問題給搞糊塗了，微微一笑算是回答。

「別害怕，」他說，「請對我講實話。我問這個問題是出於對您的關心。您有財產嗎？」

「我並不為自己的貧窮感到臉紅，督學先生。我可以坦率地告訴您，我一無所有，我的所有收入就是我那點微薄的工資。」

他聽了我的回答皺了皺眉，然後我聽到他低聲地說了這麼

一句話，就好像聽人告解的神父在自言自語：

「眞遺憾，實在是太遺憾了。」

聽到他對我的貧窮表示遺憾我感到很吃驚，我想知道爲什麼。我還不習慣從我的上司那裡得到這樣的安慰。

「這眞是很大的遺憾，」這位被人描繪得那麼可怕的先生繼續說，「我讀了您發表在《自然科學年鑑》上的論文。您有敏銳的洞察力，有從事研究的興趣，語言生動，文筆流暢。您本該成爲一名傑出的大學教授。」

「這正是我的奮鬥目標。」

「放棄這個目標吧。」

「是我的學識還達不到要求嗎？」

「不，您完全符合條件，但是您沒有財產。」

巨大的障礙昭然擺在了我的面前。不幸的事怎麼總是落在窮人頭上！想從事高等教育首先得有個人的定期利息，不管您

是多麼平庸，只要有金錢表明您地位顯赫就行了。這才是關鍵問題，其他條件是次要的。

這位令人尊敬的先生向我講述起自己極度貧困的經歷。儘管其貧困程度不及我，卻仍然因此而遭到了挫折；他動情地向我講述了那些苦澀的經歷。聽了他的敘述，我的心碎了，我感到那座自己一心想躋身進去，使我的未來得到庇護的庇護所倒塌了。

我對他說：「先生，您剛才的話對我很有啓發，您使我不再徬徨。我要暫時放棄我的計畫，先想想有沒有可能累積一點必要的家產，好讓我能體面地教書。」

之後我們友好地握了手，便分手了，從此我再也沒見過他。他像慈父一般循循善誘，很快就把我給說服了。我已經成熟了，完全能夠承受痛苦和不平。幾個月前我得到了一份去普瓦提耶②代課的差事，講授動物學。報酬很微薄，扣去搬家費之後每天僅剩下不到三法郎，我還得用這筆收入維持七口之家的生活。我趕緊謝絕了這份看似非常體面的差事。

---

② 普瓦提耶：法國西南部普瓦圖省的首府。——編注

　　不，科學不該開這樣的玩笑，如果我們這些平庸之輩能派上用場，至少它也得讓我們活下去。如果它無能為力，那也得讓我們到大路上去敲碎石子。啊！是的，我已經成熟了，當那位正直的人向我講述不幸的痛苦經歷時，我已經看清了現實。我講的是過去的事，但並不很久遠。自從那次以後，事情有了很大的改觀，但是當梨子成熟時，我已經過了採收的年齡。

　　現在，為了擺脫我的督學所指出的以及我個人的經歷所證實的逆境，我該怎麼辦呢？我將從事工業化學。在聖馬休爾教堂上公開課時，我可以使用那個儀器還算齊全的寬敞實驗室；何不利用這機會呢？

　　亞維農的重要工業是茜草工業，由農業提供的茜草經工廠加工後，能變成更純、更濃的茜草染料。我的前任教師就是幹這行的，並且收益挺好。我繼續步他的後塵，利用繼承來的罐子和爐子等昂貴的工具。行了，就著手做吧。

　　我該研製怎樣的產品呢？我打算從染料中提取出主要成分茜素，把它從茜草根部蘊含的龐雜物質中分離出來，得到一種純淨的，可直接用來染布的染料，這種方法完全不同於古老的印染工業，而且更為便捷。

　　當一個問題迎刃而解時，您就會覺得它簡單得不能再簡單
了；可是當問題正需要我們去解決時，總是顯得那麼棘手。往
事不堪回首。我為此絞盡了腦汁，不知耗費了多少耐心，不厭
其煩地做了多少次實驗，什麼也無法使我動搖，哪怕得不到期
待的結果我也不罷休。我不知多少次在黑暗的教堂裡沈思默
想，也不知做了多少美夢。不久後，當事實推翻了我的方法
時，那是多麼難以承受的挫折啊！我就像古代的奴隸為了積攢
一筆贖身費而百折不撓頑強苦幹。我要以第二天的成功來回答
前一天的失敗，可是，第二天也常常和其他日子一樣失敗了，
不過有時也能取得一些進展。我毫不鬆懈地繼續往前走，我有
不可征服的、超越自我的雄心。

　　我會成功嗎？也許會吧。現在我總算得到了令人滿意的答
案。我用一種實用而不太昂貴的方法，得到了純淨的、體積很
小的濃縮染料，不論是用來印還是用來染，效果都極好。我的
一位朋友開始在他的工廠裡大規模地採用我的方法。幾家印布
工作坊也採用了這種染料，都表示滿意。未來終於向我微笑
了，在陰霾的天空終於出現了一條玫瑰映染的雲霞，我將能得
到那筆小小的財富了，沒有它我就不能從事高等教育。擺脫了
難以忍受的飢餓痛苦，我將能夠安安心心地生活在昆蟲之中
了。在決定事情成敗的工業化學給我帶來的喜悅中，對我關愛
有加的一線陽光為我增添了新的快樂，那得從更早兩年說起。

　　兩位督學到我們學校視察，一位負責文科，一位負責理科。視察結束，行政文件審查完畢後，教員們被召集到校長辦公室聽兩位大人物作最後的指示。分管理科的督學先講。

　　他說的話，我實在不願去回想。那完全是例行公事，毫無生動可言。沒有激情的言語讓人聽罷轉身就忘了。確切地說，不論是對說者還是聽者而言，這簡直是活受罪。我以前聽過不少這樣的說教，從沒有一次給我留下過印象。

　　輪到文科督學講話了。剛聽他說了幾句話，我心想：「哎！這次大不相同了。」他講得慷慨激昂，熱情洋溢；語言生動，不落俗套；他跳躍的思維遨翔在父愛哲學的明朗天空裡。這一次我洗耳恭聽，甚至深受感動。這不再是行政說教；他熱情奔放，講起話來很吸引人，這是個擅長說話藝術的人，這正是演說家一詞的古老定義。在多年的學校生涯中我還從未聆聽過如此激動人心的講話。

　　走出會議室的時候，我的心跳比平時加快了。「多可惜呀，」我心想，「我是搞理科的，無緣和這位督學建立聯繫；我覺得我們應該能成為朋友。」我向那些總是消息比我靈通的同事打聽他的名字。他們告訴我他叫維克多・杜雷。

然而兩年後，有一天，我正在我的蒸餾瓶之間巡視，兩手因經常接觸紅色的染料變得紅通通，像煮熟的龍蝦螯爪似的擦也擦不掉。這時我意外地看見有個人走進了聖馬休爾的那個工作坊，他的身影一下就喚起了我的記憶，我沒認錯，就是他，是督學先生，他的講話曾經使我激動不已。杜雷先生現在是公共教育部部長，人們用閣下來稱呼他，這個虛浮的稱謂今天才真的名副其實了。我們的部長身居這樣的要職遊刃有餘，我們都打從心底佩服他。這是個謙遜而又勤勉的人。

來訪者微笑著說道：「這是我在亞維農停留的最後一刻鐘，我想單獨和您一起度過這一刻鐘，好讓我從正式的禮節中解脫出來放鬆一下。」

我為獲得如此的殊榮而感到局促不安，請他原諒我沒穿外套，特別是我那雙似龍蝦螯爪般紅通通的手，背在身後好一陣子不敢伸出來。

「您不必道歉，我就是來探視工作者的。工人穿著帶有油污的工作服比穿什麼都好，我們聊一會兒吧。您現在在做什麼？」

我用三言兩語報告了我的研究課題，拿出生產出的產品，

當著部長的面做了一個用茜紅印染的小實驗。我的實驗室沒有蒸氣室應配備的玻璃漏斗，只有一個簡陋的圓底器皿，這個器皿正在沸騰。實驗的成功以及那個簡陋的圓底器皿使他感到有些驚訝。

「我要幫助您，」他說道，「您的實驗室需要什麼設備？」

「不需要什麼，部長先生，我什麼也不需要，稍微想點辦法，我現有的工具也就夠用了。」

「什麼？什麼也不需要！像您這樣的人恐怕找不出第二個，別人都會向我提一大堆要求，還老是嫌他們的實驗室設備不全。而您，這麼清貧，卻拒絕我給予的幫助！」

「不，我很願意接受某些東西。」

「說說看，是什麼？」

「能否讓我榮幸地握一下您的手？」

「來，朋友，我們握手，最由衷的握手，但是這還不夠。再做點什麼呢？」

「巴黎植物園是您的管轄範圍。如果有鱷魚死了，請他們為我留一張皮，我把裡面塞滿草，將牠掛在我的穹頂上。有了這個裝飾，我的工作室就可以和巫師們占卜的神秘之地比個高低了。」

部長環顧四周，打量了一下這個大殿，瞥了一眼那穹頂。「這主意真不壞。」說罷他被我的俏皮話引得哈哈大笑。

「現在我認識做為化學家的您了，」他繼續道，「以前我已經了解了做為博物學學家和作家的您。別人向我說起過您的小昆蟲，可是我卻沒有時間看了，我得帶著遺憾走了，下一次再看吧。出發的時間快到了，陪我到火車站好嗎？就我們倆，邊走還能邊聊一會兒。」

我們一邊走著，一邊從容不迫地聊著昆蟲和茜草，我的羞怯早已消失。若是面對一位驕傲自大的蠢材我會一聲不吭，一位才智卓越者的坦率和真誠會讓我應對自如。我談了自己在博物學方面的研究，談了當教授的計畫，以及自己與艱苦命運的抗爭，談了我的希望和擔心；而他卻鼓勵我，和我一起憧憬更美好的未來。啊！火車站前來往的人可真多！

一位可憐的老太太走了過來，她衣衫襤褸，歲月的滄桑和

田間的勞動使她的背佝僂起來，她謹慎地伸出手來祈求施捨。杜雷在口袋裡掏了一會兒，搜出一個兩法郎硬幣，放在那隻伸出的手上。我多麼想加上兩法郎，可是我的口袋裡和平時一樣空空的，由於囊中羞澀我沒能這樣做。我走到乞討者跟前，貼著她的耳朵說。

「您知道是誰給您的恩賜嗎？這是國王陛下的部長。」

那可憐的婦人嚇了一跳，她用驚訝的目光上下打量了一下那位慷慨的大人物，然後，把目光移到銀白色的錢幣上，又從銀白色的錢幣移向那位慷慨的大人物。多麼意想不到啊！這是多麼意外的收穫啊！「佩卡伊爾！」她用微弱的聲音嘟嚕道。她鞠了個躬，走開了，她的眼睛一直瞧著手心裡。

「她說什麼？」杜雷問我。

「她祝您健康長壽。」

「那麼，『佩卡伊爾』是什麼意思？」

「佩卡伊爾是一首詩，它表達人們內心的感激。」

　　我也在心裡默念著這樸實的祝願。

　　當一個人在別人向他伸手乞討時會停下來，他的靈魂中一定有著比做一個部長所具備的才能更可貴的東西。我們走進火車站，他許諾過他會一直和我單獨在一起，我自信地走著。啊！如果早料到這意外的情況，我早就匆匆告辭了！現在一群人慢慢地把我們圍了起來，想溜走已經太遲了，我盡量做出鎮定自若的樣子。走過來的有少將和他的軍官們，省長和他的秘書，市長和他的助理，科學院的督察和優秀教職員工代表。部長面對著圍成半圓形隆重的歡送人群，我站在他身邊。一邊是人群，另一邊是我們兩個。

　　依照慣例，接著便是一陣阿諛奉承、禮節性的鞠躬行禮。善良的杜雷剛才來到我的實驗室的時候暫時忘卻了這些。

　　忠實的狗一邊在牆角邊的窩裡向聖侯許[3]致意，同時也向主人身邊的小人物鞠躬。我就有點像聖侯許的狗面對著與我毫不相干的這些顯貴。我看著他們，把那雙被染紅的手藏在身後寬邊呢帽下面。

---

[3] 聖侯許：1295～1327年，法國蒙貝利耶人，人們祈求他來抵禦鼠疫和各種傳染病。——譯注

正式的禮儀性問候之後，談話並不熱烈，部長抓住我藏在帽子下的右手，輕輕地拉著。

「把您的雙手給這些先生們看看，」他說道，「他們會為它而感到驕傲的。」

我用胳膊肘推擋了一陣也不管用，只得順從了。我把我的「龍蝦螯爪」暴露在光天化日之下。

「工人的手，」省長的秘書說道，「一雙真正的工人的手。」

那位將軍見我和這樣有身份的人在一起幾乎是有些憤怒，他附和道：「是的，是工人的手。」

部長反駁道：「我真希望您也有這樣一雙手。我相信，這雙手將有助於我市主要工業的發展。這雙手不但精通化學實驗，而且也同樣能靈巧地握住鵝毛筆、鉛筆、放大鏡和解剖刀。看來諸位還不認識他，我很樂意把他介紹給你們。」

這時我真恨不得有條地縫能鑽下去。幸好開車的鈴聲響了，我向部長道別後便匆忙逃走了。他因剛才開的善意的玩笑

而發笑。

　　這件事傳開了，這是必然的結果，在寬敞的火車站大廳裡沒有秘密。我由此領教了權貴的庇護為我帶來的莫大煩惱。人們因此以為我是要人，能呼風喚雨。我被那些求助者糾纏。這個想開一家煙草店，那個要為兒子申請一份助學金，另一個人要求增加一份補助。他們說只要我提出要求就能辦得到。

　　天真的人們，你們可真是會幻想！讓我去提出要求！你們會發現我只會幫倒忙。我有許多怪癖，我承認，但是我確實沒有這種癖好。我攆走了那些不速之客，他們絲毫也不能理解我的謹慎。如果他們知道部長有意為我的實驗室提供幫助時，我卻跟他打趣，向他要了一張鱷魚皮掛在穹頂上，他們還不知會怎麼說我呢！他們準會把我當成傻瓜。

　　六個月過去了，我收到一封部長辦公室的召見信。我猜想可能是要提拔我到一所重點高中去教書，於是我請求讓我留在原來的學校，留在我的冶煉爐和昆蟲的身邊。第二封信來了，比第一封信更急迫，這一次信上有部長的親筆簽名。這封信上說：「速來此，否則我將派衛兵把您抓來。」

　　找不到任何搪塞的理由，二十四小時後，我來到了杜雷先

生的辦公室。他非常和氣地向我伸出手，然後拿起一份報導說：「看看這篇文章，」他說，「您拒絕了我的化學儀器，但您不會拒絕這個。」

我看著他手指著的那一行，發現我的名字被列在榮譽勳位團裡。我驚呆了，結結巴巴不知該說什麼來表達我的謝意。

「到這邊來，」他說，「讓我擁抱您，我來做典禮主持人。這儀式在我倆之間秘密舉行更合您的意，我了解您。」

他為我別上紅綬帶，吻了我的兩頰。他差人發電報，將這件光榮的事告訴我的家人。多麼美好的早晨，我和這位傑出的人單獨在一起！

我很清楚這枚金屬徽章和裝飾綬帶的虛榮性，尤其當常見的那些不正當手段敗壞了榮譽時，就更是如此；但是，我所得到的這條綬帶對我來說卻很珍貴。這是個珍貴的紀念品，而不是用來炫耀自己的物品。我鄭重地將它藏在衣櫥的抽屜裡。

桌上有一包大厚書。這是關於科學發展的報告集，是剛結束的一八六七年萬國博覽會的彙編。

　　「這些書是給您的，」部長繼續說道，「把它們帶回去吧。您有空時翻翻，會讓您感興趣的。裡面還涉及到一些您研究的昆蟲。這個您也帶回去，做爲您的路費補助。不應該由您來負擔我強加給您的旅行。」

　　說罷，他把一疊一千二百法郎的錢幣交給我。我推辭了半天也沒用，於是提醒他，我的路費並沒那麼昂貴，而且他的擁抱和他授予的別針的價值，遠不是這點路費能相比的；但他很堅持。

　　「拿著，我跟您說，要不我要發火了。這還不算，明天您跟我一塊去皇宮，參加學會的招待會。」

　　看到我茫然不知所措，好像是因爲即將被國王陛下接見而顯出無精打彩的樣子，他說：「別想從我這裡逃跑，當心我在給您的信上說過的那些衛兵。您進來時已經看見了那些戴皮高帽的人，小心別落到他們手裡。不過，爲了防止您逃跑，我要和您一起去杜勒麗宮，乘我的車去。」

　　事情全按照他的要求進行。第二天，在部長的陪同下，我被一些穿著短褲和帶銀環皮鞋的內侍引進杜勒麗宮的一個小廳。這些人很奇怪，他們的服裝和不自然的步伐讓我覺得他們

像金龜子，他們沒有鞘翅，而是穿著牛奶咖啡色的大燕尾服，在背部中間畫著一些橫著的銅鑰匙。廳裡已經有二十幾個來自各地的客人在等候著。他們之中有探險家、地質學家、植物學家、檔案搜查員、考古學家、史前燧石石器收藏家。總之他們通常代表著外省的科學生活。

　　國王陛下步入了會客廳，他穿著很樸素，除了帶著一條交叉的波紋編織帶之外，沒有配戴任何華麗的裝飾。他也絲毫不顯得威嚴，看起來和別人沒什麼不同。他身體微胖，留著大鬍子，眼皮半垂著，使他看上去總是像在打盹。他走過來，部長把我們的名字和從事的工作一一向他做了介紹，國王和每個人都聊上幾句。他走過每個人身邊時都能了解許多情況，從斯匹次卑爾根群島的玻璃到噶斯孔訥④的沙丘，從卡洛林王朝時期的憲章到撒哈拉的植物，從甜菜的生長到阿雷吉亞⑤前凱撒的戰壕。走到我面前時，他詢問了我最近進行的有關蕪菁完全變態的研究情況。我回答時有些失禮，竟把一般的稱呼「先生」和「陛下」這個對我來說那麼陌生的稱謂混在一起使用了。

　　令人擔心的一關好歹過去了，他繼續接見我後面的人。能

---

④ 噶斯孔訥：法國西南部的一區。——編注
⑤ 阿雷吉亞：凱撒於西元前52年在此擊敗高盧將領維爾辛吉托伊克斯。——編注

和國王陛下進行五分鐘交談，可以說是我的榮幸。我願意相信這一點，但並不希望再有這樣的榮幸。會見結束了，大家相互寒喧一會兒便告辭了。部長家設午宴款待我們大家。

我坐在部長的右邊，對這個特殊的禮遇我感到不自在；他的左邊是位著名的生理學家。我也和別人一樣，談天說地，甚至談到了亞維農大橋。杜雷的兒子坐在我對面，他善意地用眾人在上面跳舞的那座橋和我開玩笑；他笑我想再見到飄著百里香香氣的山丘和滿是蟬的灰色橄欖樹的急切心情。

「怎麼！」他父親問道，「您不準備參觀我們的博物館和我們的收藏品嗎？裡面有許多有趣的東西。」

「我知道，部長先生，但是我更願意去那裡，到無與倫比的田野博物館去。」

「您打算做什麼？」

「我打算明天就走。」

我一定得走，我已經在巴黎待膩了；我以前從沒體驗過置身於滾滾人潮中時才能感受到的孤獨感。我還是走吧，主意已

經打定了，說走就走。

　　回到我的家人之中，那是何等的輕鬆，何等的快活！在我心靈深處，也因即將重獲自由，而發出愉快的叮噹鐘聲。慢慢地那個救星工廠將建立起來，並大有前途。是的，我將會得到那筆微薄的收入，它將幫助我實現自己的理想，站在大學的講臺上演說動物和植物。

　　然而，沒那麼容易，您將無法得到這筆贖身金了，您將永遠帶著奴隸的枷鎖；您的鐘發出的悅耳聲響是不真實的。工廠還沒完全走上正軌就傳來了一條消息。一開始是捕風捉影，說不上可靠，而是有可能。後來消息被證實了，已不容置疑。化學家已經得到了人造的茜草染素，實驗室配製出的染劑在我們那個地區的工農業領域裡引起了翻天覆地的變化。如果說這項成果將我的成果和希望化成了泡影，但它至少沒有使我感到太過吃驚。因為我自己曾經嘗試過人造茜素的研製，而且對此有了不少的了解，能預料到在不久的將來，蒸餾瓶的作用將可以取代田間工作。

　　這下完了，我的希望徹底破滅了。現在做什麼呢？換一根槓桿，重新去推動那塊薛西弗斯巨石，試著從墨水瓶裡吸取從茜草罐中得不到的東西。讓我們去耕耘吧！

在昆蟲記第十冊出版後，1909年的春天，如其所言確實完成了第十冊的法布爾，繼續埋首於工作。後續精彩的觀察記錄——〈螢火蟲〉和〈甘藍上的毛毛蟲〉，成為他已著手準備的第十一冊的前兩章。他開始研究螻蛄、蜈蚣、黑蠍子的習性，然而最終還是受挫了。很可惜地，他沒有再繼續下去，因為那些筆記還很不完整，而且完成度太低，恐怕無法引起一般大眾真正的興趣。

G.–V. L

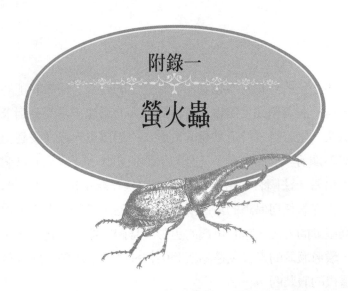

在我們這個地區，很少有什麼昆蟲像螢火蟲這樣家喻戶曉，人人皆知的。這個稀奇的小傢伙為了表達生活的歡愉，在屁股上掛了一隻小燈籠。夏天炎熱的夜晚，有誰沒有見過牠像從圓月上落下的一粒火星，在青草中漫遊呢？即使沒見過的人，至少也聽說過牠的名字。古代希臘人把牠叫做「朗皮里斯」，意思是「屁股上掛燈籠者」。正式的科學則是使用相同的名字，它把這個燈籠攜帶者稱為夜裡發光的「朗皮里斯」。這裡，通俗的名字不等同於有典籍淵源的詞彙，後者有很強的表現力，描述非常生動。

法語把螢火蟲叫做「發光的蠕蟲」，我們的確可以對這個名稱找找碴。螢火蟲根本不是蠕蟲，即使從外表上也不能這麼說。牠有六隻短短的腳，而且非常清楚怎樣使用這些腳；牠是

用碎步小跑的昆蟲。雄蟲到了發育完全的時候，便像真正的甲蟲一樣，長著鞘翅。雌蟲沒有得到上天的恩寵，享受不到飛躍的歡樂，牠終身維持著幼蟲的形態；不過雄螢火蟲在沒到交尾的成熟期前，形態也是不完全的。即使如此，「蠕蟲」這個詞也不恰當。法國有句俗話「像蠕蟲一樣一絲不掛」，用來形容身上沒穿著任何保護的東西。但是螢火蟲是穿著衣服的，牠有略為堅韌的外皮，還有斑斕的色彩，身體栗棕色，胸部呈粉紅色，環形服飾的邊緣上還點綴著兩粒紅豔的小斑點。蠕蟲是沒有這樣的服裝的。

我們姑且不管這個不貼切的名稱吧，現在我們來問問螢火蟲吃些什麼東西。美食大師布希翁–薩哈罕說：「告訴我你吃什麼，我就能說出你是什麼樣的人。」對於我們要研究其習性的任何昆蟲，我們都可以首先提出同樣的問題，因為不管是最大的還是最小的動物，肚子是主宰一切的；食物支配著生活中的一切。那麼且看，螢火蟲雖然外表弱小無害，可是牠實際上卻是個肉食動物，是獵取野味的獵人，而且牠從事這種行為的手段是罕見的惡毒。牠的獵物通常是蝸牛。關於這點昆蟲學家早就知道了，但是我從閱讀中發現，人們對此了解得不夠，特別是對牠那奇怪的進攻方法，甚至根本不了解，這種方法我在別處還從未見過。

　　螢火蟲在吃獵物前，先給獵物注射一針麻醉藥，使牠失去知覺，就像人類奇妙的外科手術那樣，在動手術前，先讓病人接受麻醉而不感到痛苦。螢火蟲的獵物通常是幾乎沒有櫻桃大的蝸牛。這就是變形蝸牛。夏天，這些蝸牛成群聚集在稻麥稈或者其他植物乾枯的長莖上，在整個炎熱的夏天裡，牠們都一動也不動地在那裡深深沈思著。正是在這種狀況下，我多次看到螢火蟲用牠那外科技巧，使獵物在顫動著的莖稈上無法動彈，然後品嚐一頓佳餚。

　　牠也熟悉食物的其他儲藏地點。牠常去溝渠邊，那裡土地陰濕，雜草叢生，是蝸牛的樂土。這時螢火蟲就在地上對蝸牛動手術。我在自己家裡可以很容易地飼養螢火蟲，來仔細觀察這個外科大夫操作的詳細情況。現在我想讓讀者來看看這個奇怪的場面。

　　我在一個大玻璃瓶裡放了一點草、幾隻螢火蟲和一些蝸牛。蝸牛大小適當，既不太大，也不太小，主要是變形蝸牛。請耐心等待吧，尤其要時刻不離地監視著，因為我們想看到的事情會突如其來地發生，而且時間很短。

　　我們終於看到了。螢火蟲稍稍探勘了一下捕獵對象，蝸牛通常除了外套膜的軟肉露出一點外，全身都藏在殼裡。這時貪

嬰者便打開牠的工具，這工具很簡單，可是要借助放大鏡才能看得出來。這是兩片變成鉤狀的大顎，十分鋒利，但細得像根頭髮。從顯微鏡裡可以看到，彎鉤上有道細細的凹槽。這便是牠的工具了。

螢火蟲用牠的工具反覆輕敲蝸牛的外套膜。這一切是溫和地進行的，好像是無害的接吻而不是螫咬。小孩逗著玩時，用兩根指頭互相輕捏對方的皮膚，從前我們把這種動作叫做「扭」，因為這只不過近乎搔癢，而不是用力擰。現在我們就用「扭」這個詞吧。在與昆蟲談話時，用孩子們的語言是沒關係的，這是使頭腦簡單者互相了解的好辦法。因此我們說螢火蟲扭著蝸牛。

牠扭得恰如其分。牠有條不紊地扭著，不慌不忙，每扭一次，都要稍稍休息一下，牠似乎想了解扭的效果如何。扭的次數不多，要制服獵物，使之無法動彈，最多扭六次就夠了。在吃蝸牛肉時，很可能還要用彎鉤來啄，不過我說不準，因為後面的情況我沒見到。但是只要最初不多的扭幾下就足以使蝸牛失去生氣，沒有知覺了。螢火蟲的方法是這麼迅速奏效，幾乎可以說是像閃電般地，毫無疑問，牠利用帶凹槽的彎鉤把毒液注入蝸牛了。這些螫咬表面上如此溫和，卻能產生快速的效果。現在我們來檢驗一下吧。

　　螢火蟲扭了蝸牛四、五下後，我就把蝸牛從螢火蟲嘴裡拉開來，用細針刺蝸牛的前部，即縮在殼裡的蝸牛露出來的部分身體；刺傷的肉沒有絲毫顫動，牠對針戳沒有絲毫反應，牠像一具完全沒有生氣的屍體了。

　　還有更令人信服的例子。有時我幸運地看到一些蝸牛正在爬行，腳蠕動著，完全伸出，這時牠們受到螢火蟲的進攻。蝸牛亂動了幾下，流露出不安的情緒，接著一切都停止了下來，腳不爬行了，身體的前部也失去了像天鵝脖子那種優美的彎曲形狀，觸角軟塌塌地垂了下來，彎曲得像斷掉的手杖。這種姿勢一直保持著。

　　蝸牛眞的死了嗎？根本沒有，我可以使表面上已死的蝸牛復活。在兩三天半死不活的狀態之後，我把病人隔離開來，給牠洗一次澡，雖然這對於實驗的成功並不是絕對必需的。

　　兩天後，我那隻被陰險的螢火蟲傷害的蝸牛恢復了正常。牠可以說是復活了；牠又能活動，又有感覺了。如果用針刺牠，牠有感覺；牠蠕動，爬行，伸出觸角，彷彿什麼不愉快的事都沒發生過似的。全身酩酊大醉般的昏昏沈沈都徹底消失了，牠死而復生了。這種暫時不能活動、不覺得痛苦的狀態叫做什麼呢？我想只有一個適當的名稱，那就是麻醉狀態。

　　許多狩獵性膜翅目昆蟲吃雖然未死卻無法動彈的獵物。經由牠們的豐功偉業，我們了解了昆蟲令對方渾身癱瘓的奇妙技術，牠用自己的毒液麻痺其神經中樞。在人類的科學中還沒未發明這種技術——現代外科醫學最奇妙的一種技術之前，在遠古時代，螢火蟲和其他昆蟲顯然已經了解這種技術了。昆蟲的知識發展得比我們早得多，只是方法不同而已。外科醫生讓病人嗅乙醚或氯仿，而昆蟲則是利用大顎的彎鉤注射一種極其微量的特殊毒藥。人類有朝一日會不會利用這種知識呢？如果我們更進一步了解到小昆蟲的秘密，那麼我們在將來會有多少卓越的發現啊！

　　對於蝸牛這樣一個無害而十分和平、從不主動與別人發生爭吵的對手，螢火蟲這種麻醉才能有什麼用呢？我想我可以大致看得出來。阿爾及利亞有種叫德里爾蟲的昆蟲。這是一種不發光的蟲，但在身體結構方面，特別在習性方面，與我們的螢火蟲相近。牠也以陸生軟體動物為食。牠捕食的動物是種圓口類動物，這種動物有著優雅的陀螺形殼，一塊結實的肌肉把一只石質封蓋固定在這種動物身上。這只封蓋把甲殼關閉得密實。這是一扇活動的門，小室的居住者只需一退縮回室內，門就很快關上。這位隱居者想外出時，很容易就可以把門打開。這個住所有了這樣一套開關方式，便無法侵犯。關於這點德里爾蟲瞭若指掌。

德里爾蟲利用黏附器（等一下螢火蟲會讓我們看見同樣的東西）固定在蝸牛的甲殼表面。牠等待著，窺伺著，必要時還整天這樣靜止不動。對空氣和食物的需求終於迫使躲在殼裡的蟲子露出身子來，至少門稍稍打開了。這就夠啦！德里爾蟲立刻趕到門邊，插上一手。門不能再關上了。這個進攻者從此把這座堡壘據為己有。有人認為它是靠一把大剪刀把封蓋上的運動肌肉切開的，但是，這個看法應該被排除。德里爾蟲的大顎所裝置的工具，還不足以在很短的時間內磨損一塊大肌肉。而想要靠這個方法占據堡壘，必須雙方一接觸就立刻成功，否則受攻擊者就會縮回殼內，身體仍然強勁有力。這樣一來，包圍就必須重新開始，和過去一樣困難，這會使這隻德里爾蟲無限期地忍飢挨餓。我雖然沒有經常見到這種外地昆蟲，但卻認為牠的策略很可能和螢火蟲相同。這隻阿爾及利亞蟲子不像那吃蝸牛的蟲子那樣把獵物的肉切得那麼碎。獵物已經失去活力，只要牠的殼蓋稍微打開一會兒，外地蟲子就輕輕扭動幾下身體，麻醉牠的獵物。這就夠啦。這個包圍者於是鑽進被包圍者的殼裡，安安穩穩吞食一隻不能再用肌肉進行任何一點反抗的獵物。我僅根據一片茫茫雲霧中顯現出的一角邏輯推理的春天，這樣來判斷事物。

現在讓我們回到螢火蟲身上來吧。如果蝸牛在地上爬行，甚至縮進殼裡，對牠的進攻也是毫不困難的。蝸牛的殼沒有蓋

子，身體的前部大多顯露出來，在這種情況下蝸牛無法自衛，容易受到傷害。但是經常也有這種情況，蝸牛待在高處，貼在草稈上或者一塊光滑的石頭上。這種支點成了牠臨時的殼蓋，讓任何企圖騷擾殼內居民的居心不良者無法進犯；不過有個條件，那就是這圍牆四處任何地方都沒有裂縫。但是常有這種情況，蝸牛的殼和牠的支撐物沒有貼緊，結果這蓋子沒蓋好，這麼一來，這裸露處哪怕只有一點點，螢火蟲也能用牠精巧的工具輕微地螫咬著蝸牛，使之立即沈沈入睡，動也不動，而自己便可以安安靜靜地飽餐一頓了。

螢火蟲吃蝸牛總是十分小心翼翼的，進攻者必須輕手輕腳地對牠的犧牲品進行加工，不要引起牠的掙扎，蝸牛稍有掙扎動彈，就會從高莖上掉下來。牠一掉到地上，這個食物就完了，因為螢火蟲不會積極熱情地去尋找牠的獵物，牠只是利用幸運得到的東西而不肯辛勤去尋找。所以在進攻時，為了妥當起見，牠必須讓蝸牛毫無痛楚，不使蝸牛產生肌肉的反應，免得牠從高處掉下來。由此可見，突然的深度麻醉是螢火蟲達到目的的好辦法。

螢火蟲怎麼吃牠的獵物呢？是真的吃嗎？也就是說，把蝸牛切成小塊，割成細片，然後加以咀嚼嗎？我想不是這樣的。我從來沒見過我的籠中物的嘴巴上有任何固體食物的痕跡。螢

火蟲並不是真正的「吃」，牠是喝。牠採取蠅蛆那樣的辦法，把獵物變成稀肉粥來充飢。牠就像雙翅目昆蟲的食肉幼蟲那樣，在吃之前，先把獵物變成流質。整個過程是這樣的：

蝸牛不管多大，差不多總是由一隻螢火蟲去麻醉牠。不一會兒，客人們三三兩兩跑來了，和真正的擁有者絲毫沒有爭吵地歡宴一堂。讓牠們飽餐兩天後，我把蝸牛殼孔朝下翻轉過來，裡面盛的東西就像鍋子被翻了過來，肉羹從鍋裡流了出來。那些賓客吃飽肚子走開了。只剩下這點殘渣了。

事情很明顯，就像我們前面說的「扭」一樣，經過一再輕輕地螫咬，每個客人都用某種專門的消化酵素來加工，蝸牛肉變成了肉粥。螢火蟲各吃各的，大家盡情享用。由此可見，螢火蟲嘴裡的那兩個彎鉤除了用來叮咬蝸牛、注射麻醉毒藥外，無疑的也會注射可以把蝸牛肉變成流質的汁液。這兩個用放大鏡才能看到的小工具還應該有另一個作用。它們是凹形的，就像蟻獅嘴上的彎鉤一樣，用來吸吮和吃淨捕獲物，而不需要把獵物切成碎片。然而兩者卻有著極大的差別，那就是蟻獅會留下大量的殘羹剩菜，並把它們扔到沙地上漏斗狀的陷阱外面，而螢火蟲這個液化專家卻吃得一點也不剩，或者差不多什麼也不剩。兩者所使用的工具相似，但一個吸吮獵物的血，另一個則事先進行液化處理，然後把獵物吃得一乾二淨。

　　有時蝸牛工作時身體平衡的不太好，可是螢火蟲工作時卻
進行得十分小心、仔細。我的玻璃瓶為我提供了不少這方面的
例子。蝸牛常常爬到用玻璃片蓋住的瓶口，用少許的黏液把自
己黏在玻璃上，因為黏液用得少，只要輕輕一動，就會從玻璃
上掉到瓶底。相對的，螢火蟲卻常借助用來補充腿力不足的攀
升器官爬到高處，選擇牠的獵物。牠仔細觀察，找到一個縫隙
後，便輕輕一咬，使獵物失去知覺，隨後立刻調製肉粥，做為
幾天的食物。

　　螢火蟲吃完飯走開後，蝸牛殼便完全空了，可是僅塗了一
點黏液固著在玻璃上的殼並沒有掉下來，甚至連位置也一點都
沒動。蝸牛絲毫沒有反抗，一點一點變成了肉粥，就在牠受到
第一次攻擊的地方被吸乾。這個細節告訴我們，具有麻醉作用
的螫咬是多麼突如其來，螢火蟲吃蝸牛的方法多麼巧妙，沒有
讓蝸牛從非常光滑而又垂直的玻璃上掉下來，甚至黏在非常不

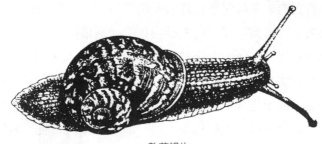

軋花蝸牛

牢的線上時，也一點都沒有晃動。

　　螢火蟲想爬到玻璃或草莖上，光靠牠那又短又笨的腳顯然是不夠的，需要有種特殊的工具。那工具不怕光滑，能攀住無法抓住的東西。牠的確具有這樣的工具。牠的後腳末端有個白點，在放大鏡下可以看到上面約有十二個短短的肉刺，時而收攏聚成一團，時而張開像玫瑰花瓣，這就是黏附和行走器官。牠如果想把自己固定在某個地方，甚至固定在一個十分光滑的表面上，例如在禾本科植物的莖稈上，牠就打開這個玫瑰花瓣，把自己完全平鋪在支撐物上。牠利用自身的黏性，將自己緊貼在這個支撐物上。這個器官透過抬高和放低、張開和閉合，幫助螢火蟲行走。總之，螢火蟲是種新型的雙腿殘廢者，牠在腳後部放上一朵漂亮的白玫瑰，一種沒有關節、可向四處活動的長著十二個趾節的腳，這種管形的趾節，不是抓住而是黏附著支撐物。

　　這個器官還有另一個作用，就是能當成海綿和刷子使用。餐後休息時，螢火蟲用這把刷子刷刷頭部、背部、兩側和後部；牠能在身上四處刷洗，是因為牠的脊柱相當柔韌。牠一處一處地從身體的這一端擦到另一端，擦得十分仔細，說明牠對此很感興趣。牠這樣認真地擦拭，擦亮刷淨身子的目的是什麼呢？顯然是要把沾在身上的灰塵或蝸牛肉的殘渣刷掉。牠得多

次爬到蝸牛加工庫上去，所以稍稍洗個身子並不是多餘的。

如果螢火蟲只會用接吻般的輕扭來麻醉獵物，而沒有別的才能，那麼普通的老百姓就不會知道牠了。牠還能在身上點起一盞明亮的燈呢，這才是牠成名的原因。讓我們特別仔細觀察雌螢。牠在達到適婚年齡，在夏天酷熱時期發出亮光的過程中，始終保持幼蟲的形態。

雌螢的發光器長在腹部最後三節處，其中前兩節的發光器呈寬帶狀，幾乎把拱形的腹部全部遮住。在第三節的發光部分小得多，只有兩個像新月狀的小點，亮光從背部透出來，從螢的上下面都可以看見。這些寬帶和小點發出微微發藍的白光。

螢火蟲的發光器

螢火蟲的發光器包括兩個組群：一個組群是倒數第二、三個體節上的寬帶；另外一個組群則是最後一個體節上的兩個斑點。只有發育成熟的雌螢才擁有這兩條寬帶，這是最亮的部分；未來的母親為了慶祝婚禮，用最絢麗的裝束打扮自己，點亮了這副光彩照人的腰帶。而在這之前，從剛孵化時起，牠只有尾部的發光小點。這

種絢麗多彩的燈光是雌螢身體變態後的產物。這種變態使牠長出翅膀，使牠飛躍，從而終結牠的生理演變過程。這種絢麗多彩的燈光照耀時，也標誌出交尾期即將到來。之後的雌螢沒有翅膀，不能飛翔，牠一直保持幼蟲的卑俗形態，可是牠卻一直點著這盞明亮的燈。

雄螢則充分發育完成，改變了形狀，擁有了鞘翅和翅膀。牠像雌螢一樣，從孵化時起，尾部便擁有這盞微弱的燈。無論雌雄，也無論在發育的什麼階段，尾部都能發光，這便是整個螢火蟲家族的特點。這個發光點不管從背部還是從腹部都能看得見，然而只有雌螢才能擁有的那兩條寬帶，是只在腹部下面發光的。

我過去穩妥可靠的手和明亮的眼睛現在還有點聽我使喚。在它們允許的範圍內，我在關於螢火蟲發光器的結構這個問題上，求教於解剖技術。我終於乾淨俐落地把一根發光寬帶的大部分分離出來。我在顯微鏡下觀察光帶，帶子的表皮有層由非常細膩的黏性物質構成的白色塗料，這無疑便是光化物質。我已經疲憊不堪的眼睛不可能進一步仔細觀察這層白色的東西。緊靠著這些塗料，有根奇怪的氣管，主幹雖短但很粗，上面長了許多細枝，這些細枝延伸在發光塗層上，或者甚至深入到身體裡去。

　　發光器是受呼吸器官支配的，發光是氧化的結果。白色塗層提供可氧化的物質，而長著許多細枝的粗氣管則把空氣散布到這些物質上。現在需要弄清楚的是，這個發光塗層是什麼物質了。

　　人們最初想到的是磷。人們把螢火蟲焚燒了，然後化驗其元素。據我所知，這種方法沒有得到令人滿意的答案。看來磷不是螢火蟲發光的原因，儘管人們有時把磷光稱為螢光。答案是在別處，在我們不知道的地方。

　　我們對另外一個問題了解得比較清楚。螢火蟲能夠隨意散布牠的光嗎？牠能夠隨心所欲增亮、減弱、熄滅牠的光嗎？牠怎樣辦到的呢？螢火蟲有沒有一個不透明的屏帳朝著光源，把這光源或多或少地遮住或者一直讓光源顯露出來呢？這樣的器官是不存在的。螢火蟲擁有閃光燈的方法顯然更為巧妙。

　　當遍布於發光塗層的氣管增加空氣流量時，光度就強了；螢火蟲想放慢甚至暫停通氣時，光就變弱甚至熄滅了。總之，這個機制就像一盞油燈，它的亮度是靠空氣到達燈芯的程度來調節的。

　　某種情緒會引起氣管的運作從而發光。這裡要區別一下光

帶和尾燈這兩種情況。一個情況是：發光的是漂亮的帶子——
達到婚齡的雌螢獨有的裝飾品；另外一種情況是：發光的是雄
雌兩種螢火蟲不論長幼都在最後一個體節點著的小燈。在後一
種情況下，尾燈會由於某種不安的情緒而突然完全或者幾乎完
全熄滅。我夜間捕捉小螢火蟲時，清清楚楚地看到那盞小燈在
草上發光，可是只要一不小心晃動了旁邊的小草，燈光就立即
熄滅了，我要捉的這個昆蟲也就看不見了。可是發育完全的雌
螢身上的光帶，即使受到強烈的驚嚇，也沒有造成影響，甚至
可說絲毫沒有受到影響。

我在戶外把雌螢關在籠裡，我在籠子旁邊放了一槍。爆炸
聲響沒有造成任何結果，光帶依然發著光，跟沒有開槍時一樣
明亮而平靜。我用噴霧器將水霧灑在牠們身上，沒有一隻雌螢
熄滅牠們的光帶，頂多亮度出現非常短暫的減弱，而且還不是
所有的雌螢都是如此。我吹一口煙斗的煙到籠子裡，這時亮度
更弱了，甚至滅了，但時間很短。螢火蟲很快恢復了平靜，又
亮了起來，而且亮度更強。我用手指抓住螢火蟲，把牠翻來覆
去，輕輕捏牠，如果捏得不重，牠繼續發光，而且亮度沒有減
弱。在這個即將交配的時期，螢火蟲對自己的光亮充滿了極大
的熱情，除非有極其嚴重的原因，牠才會把牠的燈全部熄滅。

從各種情況看來，毫無疑問的，螢火蟲是自己控制著發光

器，隨意使它明滅的。但是在某種情況下，有沒有牠的調節都不要緊。我在發光塗層割下一塊表皮，放進玻璃管內，用濕棉花塞住管口，以免過快蒸發。這塊表皮確實還在發光，只是不像在螢火蟲身上那麼亮罷了。在這種情況下，有沒有生命並無影響。可氧化的物質──發光塗層與周圍的空氣直接接觸，它不需要藉由氣管輸入氧氣，它就像眞正的化學磷那樣，因爲和空氣接觸而發光。此外，還要進一步指出，在含有空氣的水中，這層表皮發出的亮光和在空氣中一樣明亮；但是如果水煮沸而沒有空氣，光就滅掉了。這就再好不過地證明了我前面說過的：螢火蟲發光是慢慢氧化的結果。

牠的光白色，平靜，看起來很柔和，令人想到從滿月裡落下的小火花。這光雖然明亮，但照射的能力微弱。在漆黑的地方，用一隻螢火蟲在一行印刷出來的字上移動，我們可以清楚地看出一個個字母，甚至不太長的整個字；但在這狹窄的範圍之外，就什麼也看不到了。這樣的燈很快就會使閱讀的人感到厭煩。

假設把一群螢火蟲放在一起，彼此相近得幾乎互相碰著，每隻螢火蟲都放出光，這麼一來，牠的光經由反射似乎就會照亮旁邊的螢火蟲，從而我們就能清楚地看到一隻隻蟲了。可是事實根本不是這麼回事。這許多的光只是混亂地彙聚在一起，

即使距離不遠，我們也無法清晰地看出螢的形狀。這所有的光把螢火蟲全都模模糊糊地混在一起了。

照相技術提供了一個明確的證據。在露天的金屬鐘形網罩下，我有二十來隻充分發光的雌螢。一叢百里香在這個罩子的中央形成一個小林子。黑夜來臨，我的囚徒爬到罩子頂上，牠們竭盡所能朝著各個方向誇示牠們發光的服飾，這樣一來沿著小枝就形成了一串串花序。我期待這些花序能夠對照相機的感光片和相紙產生很好的效應。然而我卻大失所望。我只得到一些不成形的，依照螢火蟲群體的不同，這裡濃些、那裡淡些的白色斑點。沒有任何類似螢火蟲的形象，也沒有百里香叢的痕跡。由於沒有適當的光照，美妙的燈彩好似一團黑黑的、模糊不清的漿液。

雌螢的燈光顯然是用來召喚情侶的。但是這些燈卻只在肚子下面朝著地面發亮，然而雄螢是任意亂飛的，牠從上面、從空中，有時在離得很遠的地方尋找的，因此應該說牠是看不見這些亮光的。

可是這種不正常的情況卻非常巧妙地得到了糾正。雌螢有自己巧妙的調情手段。每個夜晚，當天完全黑下來的時候，我的鐘形網罩下的囚徒便來到我用來裝備監獄的百里香叢中。牠

來到非常顯眼的細枝上，這時牠不像在灌木叢下時那樣安安靜
靜地待著，而是做著激烈的體操，扭動著十分柔韌的屁股，一
顛一顛地，一下子朝這邊，一下子朝那邊，把燈對著各個方向
照，這樣當尋偶的雄螢從附近經過時，不管是在地上還是在空
中，一定會看到這盞隨時都在亮著的燈。

這差不多就像捕雲雀的旋轉鏡子的運作情況。這面小鏡子
靜止不動時，雲雀就無動於衷。一旦它旋轉起來，把光弄碎成
迅速活動的閃光，就能使雲雀激動起來。

雌螢有這召引求婚者的計謀，而雄螢則有一種光學儀器，
能在遠處看到這盞燈發出的最微弱的光。牠的護甲脹大成盾
形，大大伸過了頭，像燈罩似的，其作用顯然是要縮小視野，
以便把目光集中到要識別的光點上。顱頂下那非常突出的兩隻
大眼睛，呈球冠形，彼此相接，中間只有一條狹窄的槽溝讓觸
鬚放進去。這個複眼幾乎占據了整個臉，縮在大燈罩所形成的
空洞裡，這真正是獨眼巨人的眼睛。

在交配時，燈光弱了許多，幾乎熄滅了，只有尾部的小燈
亮著。當尋歡求愛、戀戀不捨的大群夜間活動的小蟲在附近低
吟普通的祝婚詩時，對婚禮來說，這盞不太引人注意的、通宵
亮著的小燈就足夠了。交配過後就產卵，這些發光的昆蟲絲毫

不具家庭的感情，沒有母愛，牠把那白色的圓卵產在或者不如說撒在隨便什麼地方。

很奇怪的，螢火蟲的卵，甚至還在雌螢肚子裡時就是發光的。如果我不小心捏碎肚子裡裝滿已成熟的卵的雌螢，就會有一道閃閃發光的汁液在我手指上流淌，就好像我弄破了一個裝滿磷液的囊袋。然而放大鏡告訴我，我錯了。這光亮是由於卵被用力擠出卵巢的緣故。此外，接近產卵時，卵巢裡的螢光便已顯現出來，從肚子的外表透出了柔和的乳白色光。

產卵後不久就孵化。幼蟲無論雌雄，尾部都有小燈。接近嚴寒時，牠們鑽入地下，但不深，至多三、四法寸處。在隆冬季節，我挖出幾隻幼蟲，發現牠們的小燈一直亮著。接近四月時，幼蟲又鑽出地面，繼續完成牠們的生活史。

螢火蟲從出生到死去都發著光。牠的卵發光，牠的幼蟲同樣也發光。雌螢擁有華麗的燈飾。雄螢成蟲則保存著幼年時已經擁有的小燈。我們已經了解了雌螢的光帶的作用；但是尾部的燈有什麼功用呢？很遺憾的，我不知道。昆蟲的物理學比我們書本上的物理學更為深奧，這個秘密可能可以保存很久，甚至永遠都不為人所知。

附錄二
甘藍上的毛毛蟲

今天種植在我們菜園裡的甘藍，是種半人工的植物。它和我們的耕作技術一樣，也是難得的天然條件創造出來的產物。植物學告訴我們，植物的自發生長發育，向我們提供了一種野生植物。它長在大洋邊的懸崖絕壁上，莖高葉窄，味道惹人討厭。第一個信任這個鄉野產物的無名百姓，並且打算在自己的小園子裡對它加以改良的人，真需要有種罕見的靈感呢。

這個種植計畫一小步一小步地發展，創造出了奇蹟。人們首先讓野生甘藍拋棄它那經歷海風吹打、沒有價值的菜葉，長出了寬大而多肉的新型菜葉。甘藍生性柔順，任憑人們擺布。它的葉子被整理成緊束柔軟的白色大腦袋，放棄了陽光帶給它的樂趣。今天，在這第一批結球甘藍繼承者中，有些配得上英擔①甘藍這個光榮的名稱。這影射了它的重量和體積。它可真

是園藝栽培的不朽之作啊！

　　隨後人們想到了一種豐滿厚實、有著幾千個花序小杈的餅狀植物。甘藍贊同了這種想法。於是，以中央葉子為依托，甘藍讓它的小花簇、葉柄、莖這些可吃的食物上齊喉嚨，並將其結合成一個多肉的球體。這就是花椰菜。

　　這種植物在人們向它提出另一個要求的情況下，盡量節省嫩枝的中部，把大大小小的球形芽放置在一根高枝上。大量非常矮小的芽取代了大腦袋，這就是抱子甘藍。

　　現在輪到怎樣對待這種蔬菜的菜心了。這個菜心不討人喜歡，幾乎是木質的，看來除了充當這種蔬菜的支架外，從來沒有過什麼別的用途。然而，園丁熟巧狡黠的手段卻無所不能，以至於這個菜心對種植者百依百順，變得多肉，鼓成類似蘿蔔的橢圓形球。蘿蔔的種種優點長處，例如多肉、味美、細嫩等，這個菜心現在無不具有。不過，這種奇怪的產品只有幾張瘦瘦薄薄的菜葉。這些葉子是一枝真正的莖，是甘藍不願意完全喪失它的特徵所表示的最後抗議。這種產品就是球莖甘藍。

---

① 英擔：1英擔為100公斤。——編注

　　如果說莖受到引誘，那麼根為什麼不呢？其實，根的確也服從種植者的各種要求。它使自己的主根膨脹得圓滾肥胖，像一半露出地面的蘿蔔。這就是英國人的 Rutabaga 和我國北部地區的 chou-navet。②

　　對我們的種植來說，甘藍有種無與倫比的馴服性格，它是我們的食物，也是我們家畜的食物，它貢獻了自己的一切：葉、花、芽、莖、根。它還欠缺的只是：把對人有用和討人喜歡兩者結合起來，讓自己美麗動人，裝飾我們的花圃，體面地出現在客廳的獨腳小圓桌上。它已經努力做到這些了，只是不是它的花，而是它的葉。它的花堅持樸實端莊，不肯讓步。它的葉捲曲優美，五彩斑斕，像波浪形的鴕鳥羽毛般優雅，像花束般絢麗多彩。它如此的華麗，以至於沒人認出這個平凡庸俗的園藝栽培物的近親——甘藍的主要成分。

　　在我們的菜園裡，甘藍最早被種植。它受古希臘羅馬人重視的程度僅僅位居蠶豆和豌豆之後。但是，它更加源遠流長。之後人們是怎樣獲得它的，大家已經記不清了。歷史不關心這些細節。歷史對屠殺我們人類的戰爭大肆頌揚，而對使我們得以生存的耕作田園卻保持緘默。歷史知道帝王的私生子，卻不

② Rutabaga 和 chou-navet 中文均譯成蕪菁甘藍。——譯注

知道小麥的起源。人類的愚蠢就喜歡這樣。

對我們最珍貴的食用植物這樣保持沈默，實在令人遺憾。甘藍，可敬的甘藍，最古老的小花園的主人，它會告訴我們趣味盎然的事物。單單它本身就是一座寶藏，是一座受到雙重開發利用的寶藏。先是人們開發利用它，接著是紋白蝶的毛毛蟲開採它。眾所周知，紋白蝶是很普通的白色蝴蝶，牠的毛毛蟲不加區別地啃食各種甘藍的葉子，雖然這些葉子的形態外觀彼此之間迥然不同。這些甘藍分別有：牛心菜和花椰菜、捲心菜甘藍和皺葉甘藍、蕪菁和蕪菁甘藍。以上種種甘藍，毛毛蟲都同樣吃得津津有味。

但是，在各種甘藍向毛毛蟲提供豐盛的食物以前，這些毛毛蟲吃什麼呢？因為，很顯然的，紋白蝶盡情享受生活的歡樂，並沒有等待人的到來和他們的園藝活動。過去沒有我們，紋白蝶照樣生存；今後沒有我們，紋白蝶將繼續生存。牠的生存並不取決於我們的存在，牠有不取決於我們的協助而獨立存在的理由。

在捲心菜、花椰菜、蕪菁等甘藍類蔬菜誕生之前，紋白蝶的毛毛蟲當然不會缺少食物。牠吃海邊懸崖上的野生甘藍，現在豐富多樣的甘藍的祖先。但是，由於這種野生植物散布不

廣，局限在某些沿海地區，對平原和山區的鱗翅目昆蟲的繁衍興旺來說，需要有種產量更大、散布更廣的食用植物。這種植物顯然是種十字花科植物。它像後來的各種甘藍一樣，多多少少添加了硫化物。讓我們在這條路上實驗吧！

紋白蝶毛毛蟲剛從卵孵出，我就用假芝麻菜餵養牠們。這種食物飽含羊腸小徑旁和高牆腳下那些辛香植物的濃烈味道。這些毛毛蟲圈圍在一個大金屬鐘形網罩裡，接受了這種食物，沒有絲毫猶豫。牠們吃這種食物的胃口和吃甘藍一樣。最後牠們變成了蛹和蝴蝶，食物的改變沒有引起絲毫的麻煩。

用其他味道較為清淡的十字花科植物，如白芥、菘藍、大蒜芥等等，餵養這些毛毛蟲也同樣取得了成功。相反的，萵苣、蠶豆、豌豆和野苣等的葉子卻遭到毛毛蟲的頑強拒絕。關於這點我們現在就談到這裡吧！已經端上的菜餚花樣各異，足以證明甘藍毛毛蟲只以很多種類的，甚至所有種類的十字花科植物為食。

這項實驗在一個鐘形網罩裡進行。可以想像，監禁迫使這個像羊群似的蟲群不得不退而求其次，吃牠們在可以自由覓食的情況下拒不食用的食物。這些飢腸轆轆的毛毛蟲，在牠們所能到達的範圍內沒有別的東西可吃，只好不加區別地耗食各種

十字花科植物。在我實驗所能控制的範圍以外，在自由的田野裡，情況會相同嗎？紋白蝶會在甘藍以外的其他十字花科植物上定居嗎？

我在羊腸小徑旁，在鄰近花園的地方進行調查研究。我終於在假芝麻菜、白芥等植物上找到了這種毛毛蟲。這些毛毛蟲密密麻麻地聚在一起，像在甘藍上定居的群體一樣繁榮興旺。

然而，除了臨近身體變態的時候，毛毛蟲從不外出旅行。牠就在牠出生的植物上完成整個發育成長過程。因此，在臘瓦那爾這種植物和其他移民地觀察到的毛毛蟲，並不是異想天開、心血來潮地從毗鄰的幾塊甘藍地裡來到這些地方的移民。牠們就在我遇見牠們的地方孵化出來，因此可以得出這個結論：白色的蝴蝶任意飛行；而為了安置牠一次所產的卵，牠們首先選擇甘藍，其次選擇形態各異的各種十字花科植物。

紋白蝶如何在牠的植物學領域裡辨識出自己所在的地方呢？以前，開發利用具有朝鮮薊味道的多肉花托的菊花象鼻蟲，以牠們所擁有的關於飛廉這植物相的豐富知識，令我們驚嘆不已。[3] 必要時，牠們的知識還可以從牠們安放蟲卵的方法

---

[3] 見《法布爾昆蟲記全集 7——裝死》第七章。——編注

中找到解釋。牠們用口器築窩，在花托上挖槽。因此，牠們在把自己產的卵交托給某種植物之前，會先品嚐一下這種植物。

蝴蝶吸飲花蜜，卻不去了解葉子的美味。牠們至多把吻管插進花的底部，從那裡吸取一點糖汁來舔。此外，調查了解對牠毫無用處，因為被牠選為居家的植物這時往往還沒開花。產卵的蝴蝶圍繞植物飛舞一會兒，這個快速的考察已經足夠。如果認為糧食適宜，牠就產卵。

要辨認十字花科植物，植物學家必須具有關於花的知識。在這方面，紋白蝶勝過我們，令我們吃驚。既然這種植物這時還沒開花，紋白蝶就既不察看這種植物的長角果實或短角果實，也不察看這種植物的花瓣（十字花科植物的花瓣有四瓣，排列成十字）。儘管對那些經過長期學習但缺少精深植物學知識的人而言，這樣的區別相當深奧，但紋白蝶卻一下子便能辨識出什麼適合於牠們的毛毛蟲。

如果紋白蝶沒有天生的辨識能力，牠在植物學領域的發展就無法為人所理解。為了牠的家族，牠必須擁有十字花科植物。牠不需要別的，就只需要這種植物。牠對這種植物群落的情況真是瞭如指掌。半個多世紀以來，我充滿熱情地採集植物標本。在植物沒有開花結的情況下，想要了解某種對我來說

未知的植物是否屬於十字花科並不重要。我對紋白蝶所肯定的
事物比對書本上的資料更加深信不疑。

在科學可能出現謬誤的地方，本能卻不會犯錯的。

紋白蝶在一年內生長兩代。一代在四月和五月，另一代在
九月。在同一時期，甘藍也更新種植。這種蝴蝶的日曆和園丁
的日曆是吻合一致的。糧食既已運來，消費者就得作好準備。

紋白蝶的卵呈淺橙黃色。用放大鏡逼近觀察，可以看到這
些卵不乏優雅之處。卵像弄鈍了的錐體。這些錐體並排豎立，
飾有縱向條紋外，還精緻地飾有橫向條紋。這些卵成片成塊集
結一起。如果支撐它們的葉片攤開，它們就集結在葉片的向光
面；如果葉子緊貼相鄰的葉子，它們就集結在葉片的背光面。

卵的數目變化不定。含有二百枚卵的卵塊屢見不鮮。零星
分散的，或集結成小組群的卵都極為罕見。安放卵時是否受到
干擾，會讓雌紋白蝶的排卵情況多種多樣。

卵組群的外形很不規則，但內部卻井然有序。這些卵在內
部一個緊挨著一個排成直線系列，每顆卵都能在前一系列上找
到雙重支撐。這種交替排列雖然並非準確得無懈可擊，卻使這

個集合體保持著平衡。

　　觀看雌紋白蝶工作不是件容易的事。紋白蝶產卵時如果被人盯住細看，就會立刻逃走。但產品結構把產卵過程顯露無疑。雌紋白蝶的產卵管先朝著一個方向，然後朝著另一個方向輪番徐徐擺動，在先前那一列裡的每兩枚鄰接的卵之間放置一枚新卵。擺動的幅度決定了行列的長度。因爲雌紋白蝶的反覆無常、任性行事，行列在這裡長些，在那裡短些。

　　孵卵大約在一週內進行。整整一堆卵幾乎同時孵出。一條毛毛蟲剛從卵裡露出，其他毛毛蟲也跟著露出，似乎出生引起的震動正逐漸擴散。就像在修女螳螂窩裡一樣，似乎有個資訊正傳播著，喚醒所有的居民。這是一道圍繞著一個受到碰撞的部位向前推進的波浪。

　　卵不像成熟的蘋果一樣會自動裂開。新生的幼蟲自己啃咬卵的圍牆，開鑿一個出口。就這樣在接近圓錐體卵的頂端打開了一扇天窗。天窗邊緣整整齊齊，乾乾淨淨，既沒有毛邊，也沒有殘渣。這證明了這部分高牆已被啃齧和吞下。除了這個剛好能夠使幼蟲獲得自由的缺口外，卵原封未動，沒有受到任何損傷，仍然牢固地豎立在基礎上。這時用放大鏡可以非常清楚地觀察到它的優雅構造。

　　孵卵後的遺物是個極其精巧的袋子。袋子半透明，堅硬，白色，好像是用牛羊大腸薄膜製成的，它完好地保存著卵的最初形態。這個袋子上有二十多條表面布滿小結節的經脈。這些經脈從袋子的底端延伸至頂端。這是一頂古代占星術士的尖帽，一頂帶有凹槽的主教帽。這些凹槽雕刻著珠寶念珠。總之，甘藍毛毛蟲出生的小匣子是件精美的藝術品。

　　整個卵群在兩小時內孵化完成。毛毛蟲家庭聚集在原地，在牠們出生時穿的破舊衣服堆上，亂鑽亂動。在下降到養育牠們的葉子上之前，牠們長時間停留在這平臺上。牠們甚至還忙得不可開交。忙些什麼呢？牠們在那裡啃食一片奇怪的細草，漂亮的主教帽始終豎立著。新生的幼蟲慢慢地、有條不紊地從頂端到基底，啃齧那些牠們從那裡鑽出來的囊袋。朝夕之間，這些囊袋只剩下一個帶有圓點的、七拼八湊起來的東西。這是消失了的囊袋的根基。

　　因此，甘藍毛毛蟲最初的幾口食物，是自己的卵膜。這是規定的消耗物，我從未見過一條小毛毛蟲在吃完牠的慣常大餐以前，被附近那青蔥翠綠的食物所引誘。在這頓制定的飯桌上，用牛羊大腸製成的薄膜袋子被當成了一桌盛大的筵席。這是我第一次看見一條幼蟲以自己從那裡出來的囊袋為食。對於剛剛出生的毛毛蟲來說，稀奇古怪的糕餅有什麼用呢？關於這

點我是懷疑的。

　　甘藍葉的表面相當滑溜，像塗了蠟一樣，而且總是傾斜得
很厲害。除非有穩固支撐毛毛蟲的纜繩，不然想要平平安安地
在葉子上吃食而又不會有跌落的危險，是不可能的，然而跌落
對極端幼小的毛毛蟲來說是致命的。隨著幼蟲向前爬行，必須
在路上鋪設小段小段的絲線。毛毛蟲的腳緊緊勾住這些絲線。
絲線上有個位置倒轉的支柱。絲管──製作這些纜繩的工廠，
必須精打細算地裝備在一個新生的小傢伙身上。借助特殊食物
盡快準備好這種裝備是必須的。

　　那麼最初的食物將是什麼呢？製作緩慢、產量很低的植
物，不符合要求的條件，因爲事情刻不容緩，必須馬上能在滑
溜的莱葉上冒險而又平安無事。動物性食物比較可取。這種食
物更易消化，進行化學變化更加迅速。卵的外殼像絲一樣，是
角質的，轉化比較容易。因此，幼蟲吞食牠的卵膜，把它製成
絲──初次出門旅行的糧食。

　　如果我的這些推測理由充分，就可以相信其他毛毛蟲──
光滑而過分傾斜的葉子的食客，爲了盡快盛滿那些將向牠們提
供纜繩的細頸小瓶，在吃頭幾口的同時，也利用這個由卵的殘
餘物質形成的膜性袋子。

現在，紋白蝶幼蟲出生的囊袋形成的臺子被拆除了。這個家庭最初就暫時住在這些囊袋裡。這個臺子只剩下一些絲段的圓形印跡，椿柱已經消失，但建築物奠基處的印記仍然存在。小毛毛蟲和以後將供牠們食用的菜葉位於同樣的高度。這些毛毛蟲呈淡橙黃色，帶有稀稀疏疏豎立著的白色纖毛。牠們的腦袋黑得發亮，充滿活力，惹人注目。這個腦袋已經顯露出這些未來的貪吃者的形象。這個小傢伙大約兩公釐長。

這個羊群一旦接觸草場——甘藍的綠葉，就開始有了穩定的工作。這些蟲子一些在這裡，一些在那裡，互相緊緊靠攏。每個都從自己的吐絲器裡噴吐出短纜繩。這些纜繩纖細得必須用放大鏡來仔細觀察才能隱約看見，但對這些瘦弱的、幾乎無法秤量的小蟲來說，用來平衡自己已足夠了。

幼蟲開始吃植物性食物了，牠的長度立刻增加，從二公釐增加到四公釐。蛻換身上的毛皮服裝也很快進行。在淡黃色的皮膚上出現了間雜著白色纖毛的黑點，像長著虎斑一樣。對外表損傷引起的痛苦和勞頓來說，三、四天的休息是必不可少的。這件事完成後，小蟲開始感到極度飢餓，這將使得甘藍在幾週之內就被牠們吃得片葉不存。

多大的胃口啊！這是如何晝夜不停地工作的胃啊！這是消

耗大量物資的工作坊，食物一經過它就立刻轉化。我用一包精心挑選的大菜葉，餵養在鐘形網罩下的這個羊群。兩小時過後，除了葉子的粗脈以外，全被吃光，什麼也沒剩下；而且，如果糧食的補充遲了一會兒，連這些粗脈也會被吃掉。牠們以這樣的速度進食，對我這個動物園來說，一擔重的、供給毛毛蟲一片片食用的甘藍，還不夠一星期用呢。

因此，當這種貪吃的蟲子迅速大量繁殖的時候，便成了一種災害。怎樣預防我們的菜園不受牠侵害呢？在偉大的拉丁博物學家普林尼那個時代，人們在甘藍園中央豎起一根尖頭木椿。木椿上面置放一個被陽光曬白了的馬顱骨，母馬的顱骨更適合。他們認為，這樣嚇唬人的東西會使這些貪得無厭的孬種逃之夭夭。

我不相信這種防範措施。我之所以提到它，是因為它使我想起一種我們現在常用，至少在我們鄰近地區常用的做法。沒有什麼比荒誕不經的事物更加根深蒂固的了。傳統習俗一方面簡化普林尼談到的古代保護裝置，一方面把它的原型保存起來。馬的顱骨被蛋殼取代。這個蛋殼被戴在一根豎立在甘藍園中央的小棍子頂端。這樣的安裝更加容易，產生的效果相等，也就是說毫無效果可言。

由於人們有些輕信，於是不論什麼事物，甚至荒誕不經的事物，都有理由可解釋。我如果問我的那些農民鄰居，他們就會對我說，蛋殼的作用最簡單不過。蝴蝶受到這個物體晶瑩的白色的引誘，便到上面去產卵。在這個寸草不生的支撐物上，小毛毛蟲受到烈日烘烤，又缺乏食物，於是死亡。這樣蟲死了多少便少了多少。

我追根究底，問他們是否在這些白色的蛋殼上看見過蝴蝶卵塊或者小毛毛蟲堆。

他們異口同聲回答說：「從來沒有。」

「那為什麼還這樣做呢？」

「過去就一直這樣做嘛。我們繼續這樣做，別的什麼也不清楚。」

我就問到他們這樣答覆為止。我深信，對古時使用馬顱骨的記憶，正如過去那些荒謬的事物一樣，是無法完全根除的。

總之，我們只有一種防範措施可行：提高警覺；經常監視察看甘藍的葉子，以便用手指掐死，用腳踩死毛毛蟲。沒有什

麼像這種需要耗費大量時間、需要高度警覺的辦法來得有效
了。想要得到一棵完完整整、有模有樣、不被蟲咬的甘藍，需
要操多少心啊！這些普通的土地挖掘者，這些高貴的衣衫襤褸
者，為我們製造出我們賴以生存的物質，我們欠了他們多大的
恩情啊！

　　吃和消化積聚從那裡養育出蝴蝶的營養儲備，這是甘藍毛
毛蟲所要做的唯一的事。牠進行這件事時，貪得無厭地吃個不
停，消化個不停。這就是這種差不多縮減到一根腸子般的蟲子
的最大幸福。除了有幾次突然的驚跳外，牠進食的時候聚精會
神。當好幾條毛毛蟲並排著，身體的側面互相挨靠著用餐時，
這種驚跳現象特別奇怪。在這個時刻，一排毛毛蟲的腦袋多次
突然全部抬起，又突然全部垂下，動作的協調一致，真稱得上
是普魯士式的軍事操練。對牠們而言，這是一種恐嚇隨時可能
出現的侵略者的方法嗎？這是一種當溫暖的陽光曬熱牠們吃得
鼓突的大肚皮時歡愉的激情衝動嗎？不管這是恐懼的還是幸福
的標誌，當牠們還沒長到像必需那樣豐滿的時候，這種手段是
這些用餐者唯一具有的東西。

　　餵養了一個月後，我那鐘形網罩下的羊群食慾過盛的現象
平息了。這些毛毛蟲在金屬網紗上到處攀爬，東遊西逛，毫無
秩序，抬起身體前部，探測活動的範圍。在攀登過程中，牠們

擺動的頭一會兒在這裡，一會兒在那裡吐出絲來。牠們遊來蕩去，忐忑不安，渴望前去遠處。不久之前我看過這種成群移居的情形，牠現在受到了金屬網紗的阻擋。

初寒來臨的時候，我已經在一座小暖房裡安置了好幾棵住著毛毛蟲的甘藍。這種平庸植物被豪華奢侈地和好望角天竺葵以及中國報春花一起放在玻璃隔板下面，看見的人都會對我的奇思怪想感到驚訝。我不管別人的嘲笑。我有我的計畫。我想看看當嚴峻的季節來臨時，紋白蝶家族有何表現。

事情發生了，我如願以償。十一月末，已經長得像期望那樣粗胖的毛毛蟲逐漸拋棄甘藍，開始在牆上遊逛。沒有一條在牆上定居，沒有在上面做身體變態的準備。我猜想牠們需要生活在自由的空氣中，暴露在冬天的嚴寒裡。因此，我讓暖房的門開著。整個毛毛蟲群很快就消失了。

我在大約五十步之外找到了牠們，看見牠們盲目地分散在各處，靠在鄰近的牆上。一個簷口的突出部分、一道由單薄的灰漿皺褶構成的雨篷充作牠們的避難所。蛹表皮就是在這裡擦傷的。冬天牠們將在這裡度過。甘藍毛毛蟲體質強健，不容易受酷熱和嚴寒的影響。牠的變態只需一個空氣流通、不會一直潮濕的住所就夠了。

　　我羊圈裡那母綿羊似的雌毛毛蟲在金屬網紗上躁動了幾天，忐忑不安，想去遠處尋找一堵高牆。牆沒有找到，事情緊迫起來。牠們無可奈何，只好安於現狀。首先，每條蟲靠在金屬網紗上，在自己周圍織出一張薄薄的白色絲毯。這條毯子是蛹的支撐物，毛毛蟲將在上面進行艱苦細緻的工作。毛毛蟲用一個小絲墊把牠的後端固定在這個支撐物上，再用一條從肩下穿過、從左右兩邊將這條毯子連接起來的背帶，把牠的前部固定在支撐物上。牠靠這樣懸掛在三個拴繫點上後，就脫去牠的舊蛹衣服，變成露天蛹。假如我不干預，毛毛蟲肯定會找到高牆的。除了這堵高牆以外，這個蛹就沒有任何保護物了。

　　有誰以爲有個專門爲我們人類安排準備的、充滿美好事物的世界，誰就當然是目光短淺的。地球這個偉大的母親，乳房豐滿多汁，慷慨施予。既然富於營養的物質創造了出來，它就邀請大批消費者來聚餐。端上桌子的菜肴越好，消費者就越多、越大膽。

　　我們果園裡的櫻桃長的好極了。一條蠅蛆和我們爭奪這些櫻桃。我們深入思考，研究太陽和行星，也是枉然。我們那探測宇宙的最高權力，卻不能阻止一種可恨的蠕蟲從甜美的水果中抽取屬於牠的那份配額。我們對甘藍的種植感到滿意，紋白蝶的子孫也感到滿意。牠們剝削我們的成果時，寧願要臘瓦那

爾這種植物，而不要花椰菜。我們除了清除毛毛蟲，消滅牠們的卵以外，對牠們的競爭無能為力。除蟲和滅卵，是種徒勞無益的、令人生厭的、效果不好的工作。

一切動物都有生存的權利。甘藍毛毛蟲頑強地維護和行使牠的這種權利，以至於如果其他有關人士不參與保護甘藍這種珍貴植物，這種植物就會受到嚴重傷害。這些人不是出於同情心，而是出於自身需要而來充當助手和合作者。朋友和敵人、助手和破壞者，這些名詞在這裡僅僅是一種並非很適合傳達真實情況的表達方式。捕食我們或者吃我們收穫物的動物是敵人，然而，吃捕食我們的動物的動物卻成了我們的朋友。一切都歸結於胃這毫無節制的競爭。

另一方面，動物有使用武力、施展詭計、進行搶劫的權利：「你滾開，這是我在筵席上的座位。」這是禽獸世界冷酷的定律。唉，在某種程度上，這還是我們人類世界的定律呢。

在我們的昆蟲助手中，身材最小的能力最好。其中一種昆蟲受託監護甘藍。這種蟲子很小，工作時毫不引人注目，以至於園丁不認識牠，也從沒聽說過牠。如果園丁偶然看見牠圍繞著受保護的植物翩翩起舞，也不會留意牠，更不會猜想到牠對我們的貢獻。我打算闡述這渺小昆蟲的功績和優點。

學者們稱牠為 Microgaster glomeratus，也就是微小的胃的意思。這個詞的創造者想指出什麼呢？他企圖暗示這種昆蟲的腹部狹窄嗎？情況不是這樣的。這種蟲子的肚子不管多小，還是合適的，而且與身體的其他部位成比例。傳統的名稱不但不能向我們提供訊息，如果我們完全相信它，反而會使我們陷入迷霧。專門詞彙一天天變化，越來越胡亂叫嚷，是個不大可靠的嚮導。不去問問蟲子本身，您怎麼稱呼牠呢？還是讓我們先問問蟲子：您會做什麼？您幹哪一行？好，「微小的胃」的職業就是開發利用甘藍毛毛蟲。這門職業清清楚楚，不會混淆。我們願意看看牠幹活的情況嗎？如果願意，就讓我們在春天來到茶園附近仔細觀察吧。

不管人們探索的目光多麼差，仍會發現靠著高牆或在籬笆腳下枯萎的牧場上，有些很小的黃繭集結成塊，形成榛果那樣大小的堆。在每個繭群的旁邊，躺著一條有時奄奄一息，有時已經死去，外形總是破敗不堪的甘藍毛毛蟲。這些黃繭就是「微小的胃」的家庭產品。這個家庭已經孵出或者即將以完美的狀態孵出。這條毛毛蟲是這個家庭的幼蟲的食物。伴隨「微小的胃」這個名詞的形容詞（團集狀的），使人想起這些繭的結塊。讓我們按照這些繭群的原樣採集它們吧，採集時不要讓這些小繭彼此分離。這些小繭被它們表面梳理不清、錯綜複雜的線合併在一起時，採集時需要耐心和靈巧。五月，從繭裡出

來一大群矮子似的蟲子。牠們在甘藍園裡迅速投入工作。

　　人們常用小飛蟲和蚊子這兩個詞來指稱在陽光下飛舞的小昆蟲。在這些空中芭蕾舞者中，什麼樣的飛蟲都有一些。甘藍毛毛蟲的迫害者能夠像很多其他蟲子那樣在甘藍裡生存，但是，蚊子這個名稱對牠的確不適用。蚊子與蒼蠅相同，屬雙翅目，是雙翅的昆蟲。而我們談論的這種昆蟲卻長著四個翅膀，全都能夠飛行。

　　由於具有這種種特性，這種昆蟲應屬於膜翅目。不過，這點無關緊要。既然在科學詞彙之外，我們沒有更加準確的詞彙，就讓我們使用蚊子這個詞彙吧！因為這個詞彙可以把牠的外貌描述得相當清楚。我們的蚊子，即「微小的胃」，個子像小飛蟲那樣大，有三到四公釐長。雌雄兩性數量相等，穿著同樣的黑色制服，沒有淺橙黃色的腳。儘管有著這些相同點，辨別牠們還是很容易的。雄蟲的肚子微微凹陷，此外，在末端略微彎曲；雌蟲在孵卵前，肚腹肥滿，顯然是被卵脹鼓起來的。這個小傢伙的這個速寫，對我們來說已經足夠了。

　　如果我們一心想要了解這種昆蟲的幼蟲，特別是要調查牠的生活方式時，只要在鐘形玻璃罩下飼養一大群甘藍毛毛蟲便可以了。對園子裡的甘藍進行直接研究，得到的資料只能是變

化不定和枯燥無味的。而這種資料我們每天都可以收集到,想要多少都行。

六月裡,在甘藍毛毛蟲離開牠們的牧場,前往遠處某堵高牆定居的時期,我那荒石園裡的甘藍毛毛蟲找不到更好的地方,便爬到鐘形玻璃罩的圓頂,以便在那裡做好準備,並且織造一個對蛹來說必不可少的支撐網。在這些毛毛蟲織工中,我們發現有的已經精疲力盡,在製作牠們的毯子時,沒有一點熱情。根據牠們的外貌,我們可以推測牠們受到了某種毀滅性的疾病侵害。

我抓來幾隻甘藍毛毛蟲,用針當解剖刀,剖開牠們的肚子。一包變綠的腸子從肚裡流出。腸子浸泡在一種淡黃色的液體裡。總之,這種液體就是這個昆蟲的血液。在這堆亂糟糟的內臟裡,擠滿一些像小蚯蚓那樣的蟲子。牠們懶洋洋地亂鑽亂動,數量差異甚多。最少的有一二十條,有時有五十多條。這就是「微小的胃」的子孫。

這些小傢伙吃什麼呢?我用放大鏡仔細探查了解。放大鏡察看到的地方沒有一處不向我顯示,這些寄生蟲在和固體食物——油膩的小袋子、肌肉以及其他東西進行競爭。沒有一處,我沒有看見牠們在啃咬、吞噬、解剖。以下的實驗使我了解到

了一些情況。

我把從甘藍毛毛蟲（牠們是幼蟲）的肚子裡抽取出的蟲群倒入玻璃杯裡。我用簡單的針刺得到的毛毛蟲血液浸泡這個蟲群。我在潮濕的空氣中，在玻璃罩下做好防範措施，防止毛毛蟲血液蒸發。我用放血的方法更新這些營養汁液，並在汁液裡添加興奮劑，因為原本活毛毛蟲的工作會讓這種汁液得到這種興奮劑的。這些防範措施採取後，我的那些新生兒，即「微小的胃」，從外表看來都非常健康。牠們飲水並且繁衍昌盛起來。但是，這種狀態不能持久。我的這些寄生蟲已經熟到足以變態了，正如牠們本會離開甘藍毛毛蟲的肚子一樣，離開玻璃杯這個餐廳。牠們下到地上，試圖編織牠們的小繭。但牠們卻不能這樣做，並且死去。牠們缺乏合適的支撐物，換句話說，缺乏垂死的甘藍毛毛蟲的那張絲毯。這不要緊，我已經觀察夠了，可以堅決相信了。從嚴格的意義上來說，「微小的胃」的幼蟲並不吃東西，牠們只是在消耗湯汁。這種湯汁就是甘藍毛毛蟲的血液。

我們逼近仔細觀察這些寄生蟲，就會認出牠們的特定菜單必然是流質的。這是一些白色小蟲，體節清楚可見。身體前部呈尖形，並且畫著亂七八糟的黑色細線，似乎這個細小的昆蟲在一滴墨水裡浸過。牠緩慢地擺動臀部，卻不移動身體。我用

顯微鏡觀察牠。牠的嘴是個細孔，缺少能把東西弄碎的骨架，既沒有獠牙，也沒有角質螯，也沒有下頜。牠的進攻就是簡單地吸吮一下。牠不咀嚼，只有吸吮，牠細微地一口一口喝著身體周圍的汁液。

對受侵害的甘藍毛毛蟲所做的屍體解剖，證實了這些毛毛蟲沒有任何被咬的傷口。在這些病蟲的肚子裡，儘管有著大量幾乎不給奶媽的內臟讓出空間的新生兒，但一切卻都井然有序。沒有一處有毀廢殘斷的痕跡，外部也沒任何情況表明了內部受到破壞。受到剝削利用的甘藍毛毛蟲和其他甘藍毛毛蟲一樣吃食和閒逛，沒有忐忑不安和扭曲身體等痛苦跡象。光從胃口和安靜吃食消化來觀察，是不可能把牠們和正常的甘藍毛毛蟲區分開來的。

當編織支撐蛹必不可少的毯子完成在即時，病蟲極度消瘦的外表終於顯露出疾病的影響。但是，這些甘藍毛毛蟲卻照樣編織。牠們是一些不因臨終垂危而忘記自身職責的堅毅不拔者。最後牠們終於無聲無息地死去，不是被刀切割而死，而是貧血致死。就這樣，一盞燈在燈油耗盡時熄滅了。

事情必然是這樣。甘藍毛毛蟲能夠進食，能夠造血，牠的生命對幼蟲的繁衍來說是絕對需要的。牠可能堅持將近一個

月，直到「微小的胃」的子孫發育完全。這兩種蟲的日曆奇妙地同步翻過。當甘藍毛毛蟲停止吃食，並且爲身體變態做好準備的時候，寄生蟲也成熟了，可以成群移居了。當飲水的昆蟲不再需要水的時候，盛水皮囊就乾涸了。但是，直到此時此刻，牠仍然應當保持幾乎裝滿的狀態，雖然牠已經一天天鬆軟。因此，要緊的是，甘藍毛毛蟲必須不能遭受到雖然輕微但卻會終止血源運行的傷害。爲了達到這個目的，甘藍毛毛蟲的開發利用者可以說戴上了嘴套。牠們的嘴是個吸吮而不碰傷東西的細孔。

奄奄一息、瀕臨死亡的甘藍毛毛蟲把頭慢慢擺來擺去，繼續鋪放牠織造毯子的線。是時候了，寄生蟲即將從牠的肚子裡出來。這發生在六月，一般發生在夜幕降臨的時刻。

一個缺口在甘藍毛毛蟲的腹部或者肋部，而從來不在背上打開。這個缺口是獨一無二的，開在抵抗力最小的部位，即兩個體節的接合處；因爲在沒有腐蝕工具的情況下，這肯定是個辛苦費勁的工作。或許幼蟲在進攻毛毛蟲時輪替工作，輪流到這裡用口器這個器官工作。

整個遊牧部落在短時間內全部一起從這個唯一的洞口出來，立刻動來動去，暫時住在甘藍毛毛蟲的表皮上。放大鏡無

法分辨出這個洞口，因爲它馬上又關閉了。這時甘藍毛毛蟲這個皮囊已被吸光抽盡，因此連一滴血也沒有流出。除非將牠放在兩個指頭中間擠壓，才會湧出剩下的幾滴體液，才能發現出口的部位。

甘藍毛毛蟲並沒有徹底死亡，還在繼續進行一些編織毯子的工作，爲牠的寄生蟲製作繭。線像黃色稻草，隨著頭部的快速後退，從吐絲器中抽出，先固定在牠的白網上，接著又固定在鄰近的昆蟲整經工的產品上。經由這樣的相互混雜交錯，單個蟲子的產品便連成了一大塊，每隻幼蟲在那裡都有屬於自己的一小塊。現在編織成的還不是眞正的繭，而是使單個繭殼的製作更加易於進行的鷹架。所有這些構架全都靠在鄰接的構架上。在那裡，線被攪混弄亂，變成了一座公共建築。在那裡，每隻幼蟲都愛惜自己的小室。眞正的繭，結構緊密、小巧玲瓏的織物，最後將會在那裡編織。

在我飼養昆蟲的鐘形網罩裡，我得到了幾組細小的繭殼，希望可能供給我將來做實驗時所需的數量。四分之三的甘藍毛毛蟲向我提供了這種繭殼，因爲春天一代的甘藍毛毛蟲受到了很大的侵害。我把這些繭殼一個個放進玻璃管裡。爲了進行實驗，我將從這批收集物中取出來自同一條甘藍毛毛蟲的整個寄生蟲群。

　　兩週之後，將近六月，「微小的胃」的成蟲出現了。在我仔細觀察的第一支玻璃管中，有五十多隻。這個亂哄哄的群體交尾正歡，雌蟲和雄蟲總是在同一條甘藍毛毛蟲身上用餐。多麼熱烈活躍的景象啊！多麼淋漓盡致的愛情狂歡啊！這些俾格米人跳的薩拉班德舞真令觀察者暈頭轉向，大感困惑。

　　大部分雌性寄生蟲渴望自由，半個身子伸進玻璃管壁和封住玻璃管口的棉絮塞子之間。玻璃管的凸肚是空的，像條圓廊。在這條圓廊前面，雄性寄生蟲推推擠擠，行色匆匆。每隻雄蟲都找到自己的輪次，每隻雄蟲都在很短的時間內完成牠特別感興趣的小事，然後讓位給競爭者，又到別處重新開始。這場喧嘩吵鬧的婚禮持續了整整一個上午，第二天又開始。喧鬧嘈雜的場面總是一樣的：交媾、分離、再交媾、再分離。

　　配成雙雙對對的寄生蟲，在自由自在的田野裡時，離開大夥兒，安靜地獨處一隅。但是，在玻璃管裡，事情卻變得亂哄哄的；因為在狹窄的空間內，聚集的寄生蟲滿坑滿谷，實在是太多了。

　　這些蟲子的圓滿幸福還缺少什麼呢？顯然，缺少一點食物，缺少從花裡吸取來的幾大口甜汁。我把糧食送進玻璃管。這些糧食不是幼蟲會陷在裡面的一滴一滴的蜜，而是一片一片

的麵包。這些麵包片是薄薄地塗著甜食的細紙帶。蟲子來了，在那裡停留，在那裡吃食，以恢復元氣。看來榮看是適合牠們的。我執行這個飲食制度，而且有分寸地加以更換。即使當細紙帶逐漸乾燥，我也能夠把這些蟲子保養得體力非常充沛，直到不明確的事物終了為止。

實驗還需要採用另外一套裝置。儲存在我的玻璃管裡的群體動個不停，迅速跳躍。不久以後，應該根據遷移的情況把牠們安頓在不同的容器裡。當手、鑷子和其他強制性工具無法介入，不能控制動作敏捷的小囚犯的活動時，想要遷移牠們就免不了會有大量損失，甚至有集體越獄的事情發生。

「光」這個無法抗拒的誘餌幫了我的忙。如果我把一隻玻璃管橫放在桌子上，讓一端朝著射進窗戶的強光，這些囚犯就立刻奔向被照得更亮的一端並且長時間在那裡掙扎、騷動，並不打算倒退。如果我讓玻璃管倒轉方向，這個群體立即遷移集中在另外一端。強烈的光線是牠們最大的樂趣。我用這種誘餌把蟲子引向我要牠們去的地點。

讓我們把新容器，試管或者短頸廣口瓶，橫倒在桌子上，讓封閉的一端朝著窗戶。讓我們在新容器的開口處打開一根盛滿蟲子的玻璃管，甚至即使這個開口處留下廣闊的空間，我們

也不採取其他預防措施。這時玻璃管裡的一大群蟲子奔向明亮的新房間。在移動這個裝置之前，只需把它關閉就行了。觀察者現在能夠支配控制他想要隨意考察的這個龐大蟲群，而不會有什麼明顯的損失。

我們首先問問這些蟲子：你們是怎樣把你們的卵安放在甘藍毛毛蟲的兩肋上的？這個問題和其他類似的問題一樣，以木椿刑處死昆蟲的人一般都對它略而不提。他們對於名稱上的瑣事的關心超過對於大量的現實的關心，他們用野蠻的標籤對昆蟲進行分類和編組，這種工作對他們來說似乎就是昆蟲學知識的最高表現。

名稱始終是名稱，其他的都無關緊要。紋白蝶的迫害者從前叫做 Microgaster，即「微小的胃」，牠現在叫做 Apantele，也就是「不完整的東西」。啊！這可真是個不小的進步呀！它向我們提供了多麼正確的情況呀！人們或多或少知道「微小的胃」或者「不完整的東西」是用什麼方式將卵插進甘藍毛毛蟲的體內的嗎？一點也不知道。一本新進出版的書本應是我們現有知識的忠實傳播者，但卻告訴我們「微小的胃」在毛毛蟲身上直接產下牠的卵。這本書告訴我們寄生蟲住在蛹裡，牠在蛹結實的角質外殼上鑽孔，並從這個蛹裡出來。

　　我幾百次看見成熟的幼蟲成群結隊遷移，以便化蛹。牠們總是從甘藍毛毛蟲的外皮出來，而不是從蛹室外殼鑽出。在牠的口器上，只見一個沒有牙齒的小孔，所以我甚至傾向於認為這些幼蟲是無法鑽通蛹室外殼的。

　　這個已經被清楚驗證的錯誤，使我對另外一種說法產生了懷疑；雖然這個說法合乎邏輯，並且合乎寄生蟲群體遵循的方法。不過，這不要緊。我不太相信印刷的書刊資料，我寧願直接觀察事實。在對任何事物加以肯定之前，我必須察看，這就叫做觀察。這樣做雖然更慢、更艱苦，但更具可靠性。

　　我沒去觀察園子裡的甘藍上發生的事。這種方法需要很大的偶然性，而且不適於進行準確的觀察。既然我手頭上擁有必需的器材，有匯集起來的玻璃管，玻璃管裡有新近孵出的、活蹦亂跳的小蟲，我將在我的昆蟲實驗室的小桌上操作。

　　一個容量約為一升的短頸廣口瓶橫放在桌子上，瓶底朝向陽光朗照的窗戶。我把一張住滿甘藍毛毛蟲的甘藍葉放進瓶裡。這些毛毛蟲有的已經發育完全，有的不大不小，有的剛從卵中孵出。如果實驗要延長一些時間，一張塗蜜的細紙帶就充當「微小的胃」的餐廳。最後，我用剛剛談到的遷移方法，把一支玻璃管裡的蟲群釋放到短頸廣口瓶裡。這個瓶子一旦封

閉，就放著不動，只需要經常監視就行了。如果必要，就監視幾天、幾週。任何值得注意的事物，都逃不過我的眼睛。

　　甘藍毛毛蟲安安靜靜地進食，並不關心周圍可怕的東西。如果那個喜好吵鬧的群體，即「微小的胃」之中，有幾個冒失鬼爬到牠們的脊梁上，牠們就突然驚跳一下，豎起身體前部，接著又突然降下，這就是牠要做的一切，於是那些討厭的傢伙馬上逃之夭夭。這些傢伙倒也一點不像想要為非作歹。牠們在塗蜜的細帶子上吃食，恢復體力。牠們來來去去，吵吵嚷嚷。在偶然跳躍時，牠們當中一會兒這一些，一會兒另一些，向正在進食但對牠們毫不注意的甘藍毛毛蟲群猛撲過去。這是偶然的相遇，不是有意的交往。

　　我改變甘藍毛毛蟲群的狀態，不過是白費力氣。我讓牠們的壽命彼此不同。我改變寄生蟲群的狀態，也是枉然。白天和黑夜，我在陽光普照下，在黯淡的光線下，長時間密切注視短頸廣口瓶裡發生的事，也沒有取得任何成效。關於寄生蟲的進攻情況，我什麼也沒有觀察到。寫作昆蟲學著作的作者不了解情況，因為他們沒有真正耐心地觀察。不管寫書的人怎麼說，我的結論是明確的：「微小的胃」接種牠的卵，卻從不進攻甘藍毛毛蟲。

　　因此，入侵必然是透過紋白蝶的卵本身進行，實驗將使我們信服這一點。由於短頸廣口瓶的大小不適合，寄生蟲的活動空間太大，不易進行觀察。於是，我選擇了一支大拇指粗的玻璃管，在裡面放了一片甘藍碎葉。碎葉上置放一個黃色卵塊，就像紋白蝶放在上面的那樣。然後我又放進我儲備在一個隔欄裡的寄生蟲蟲群。伴隨這個遷移的蟲群的，是一條塗著蜜的細紙帶。這一切是在七月初進行的。

　　不久之後，寄生蟲中的雌蟲就忙得不亦樂乎，有時甚至弄黑整塊紋白蝶黃卵。牠們觀察這個寶物，顫抖翅膀，互相用後腳擦刷身子。這表示牠們如願以償，心滿意足。牠們聚精會神，用觸角探測，聆聽這個卵塊。牠們用觸角尖反覆輕拍紋白蝶卵，然後很快把腹部末端貼靠在選好的卵上。每次我都看見在牠的腹部末端湧現出一個精巧銳利的角質小尖頭。這是把牠的卵安放在紋白蝶卵的薄膜下面的工具，是接種用的手術刀。甚至當大批產卵者同時動工時，這件事也進行得平平靜靜、有條不紊。第一個過去了，第二個就進行。第二個被第三個代替，第三個又被第四個代替，直至終結。我無法明確指出這些對同一枚卵進行的探查何時終結。每次手術刀插進，就放進一枚卵。

　　在這樣熙熙攘攘、嘈雜喧鬧的情況下，目隨這些川流不息

地奔向同一枚卵的產卵者是不可能的。要估計接種在同一枚卵上的寄生蟲卵的數量，有個很實用的辦法：剖開受害的甘藍毛毛蟲的身體，數數牠們體內的蠕蟲；或是一個比較不令人厭惡的辦法是：清點聚集在每條死甘藍毛毛蟲周圍的小蛹室，統計後的總數會告訴我們有多少枚接種的卵。在這些卵中，有些是由同一個母親往返多次接種的；其他的則由不同母親接種。蛹的數目千變萬化，一般說來，在二十多枚左右。我也見過有六十枚的，但沒有任何跡象能夠表明這就是最大的限度。

消滅紋白蝶的子孫後代的活動是多麼殘酷啊！好運讓我在這個時刻遇到了一個學識淵博、素養很高且精於哲學思考的訪問者。在「微小的胃」進行工作的工作桌前面，我把位置讓給了他。輪到他時，整整一個小時他手拿放大鏡仔細觀察我剛才看到的事物。他目隨那些產卵者。這些蟲子從一枚卵到另一枚卵進行選擇，並且亮出精巧的柳葉刀，螫刺那些絡繹不絕的過路者已經多次螫刺過的東西。他最後放下放大鏡，陷入了沈思，並且顯得有些忐忑不安。這種巧妙而徹底的對生命的掠奪，他可是從未曾像在我那支拇指粗的玻璃管裡那樣清晰地瞥見過呢。

【譯名對照表】

中譯	原文
【昆蟲名】	
大天蠶蛾	Grand Paon
大戟天蛾	Sphinx des Euphorbes
小飛蟲	moucheron
小蜂科	Chalcidien
小寬胸蜣螂	Oniticelle
山楊楔天牛	Saperde Carcharias
天牛	Capricorne
天牛科	Longicorne
天使魚楔天牛	Saperde scalaire
月形蜣螂	Copris lunaris
木蠹蛾	Cossus
毛毛蟲	Chenille
牛屎蜣螂	Onthophage taureau
	Onthophagus taurus Lin.
牛糞屎蜣螂	Onthophagus vacca Lin.
包爾波賽蟲	Bolboceras gallicus Muls.
	Bolbocère
半帶斑點金龜	Scarabée semi-ponctué
巨鬚隱翅蟲	Oxyporus rufus Lin.
白面螽斯	Dectique
	Dectique à front blanc
皮蠹	Dermeste
	Dermestes vulpinus Fab.
石蠹蛾	Phrygane
吉丁蟲	Bupreste
灰肉蠅	Mouche grise
	Sarcophaga carnaria Lin.
米諾多	Minotaure
米諾多蒂菲	Minotaure Typhée
	Minotaurus Typhœus Lin.
羊金龜	Scarabœus ovinus
色斑菊花象鼻蟲	Larin maculé

中譯	原文
色斑楔天牛	Saperde ponctuée
衣蛾	Teigne
西班牙芫菁	Cantharide
西班牙蜣螂	Copris espagnol
克羅多蛛	Clotho
步行蝗蟲	Criquet pédestre
	Pezotettix pedestris
步行蟲	Carabe
豆象	Bruche
松毛蟲	chenille du pin
松樹鰓金龜	Hanneton des pins
沼澤鳶尾象鼻蟲	Charançon de l'Iris des marais
狐猴屎蜣螂	Onthophagus Lemur Fab.
花金龜	Cétoine
	Cétoine floricole
	Cetonia floricola Herbst.
金色花金龜	Cétoine dorée
金步行蟲	Carabe doré
	Carabus auratus Lin.
金龜子	Scarabée
阿特洛波斯鬼臉天蛾	
	Acherontia Atropos Lin.
	Sphinx Atropos
屎蜣螂	Onthophage
柳紅頸天牛	Aromia moschata
毒魚草象鼻蟲	Gymnetron thapsicola Germ.
胡蜂	Guêpe
食蜜蜂	Apiaire
食糞性甲蟲	Bousier
修女螳螂	Mante religieuse
埃爾加特	Ergate
	Ergates faber
朗斯卡尼斯屎蜣螂	Onthophagus nuchicornis Lin.

中譯	原文
海克利斯獨角仙	Dynaste Hercule
特里普拉克斯蟲	Triplax
	Triplax russica Lin.
狼蛛	Lycose
珠皮金龜	Trox
神天牛	Cérambyx
	Cerambyx heros
紋白蝶	Piéride
蚊子	moustique
豹蠹蛾	Zeuzère
迷宮蛛	Araignée labyrinthe
偽善糞金龜	Géotrupe hypocrite
假菖蒲鳶尾象鼻蟲	Mononychus pseudo-acori Fab.
條蜂	Anthophore
球象鼻蟲	Cione
細毛鰓金龜	Anoxie
蚯蚓	Lombric
野牛寬胸蜣螂	Onitis Bison
鹿角鍬形蟲	Cerf-volant
麻點金龜	Scarabée varioleux
斑紋隧蜂	Halicte zèbre
斯氏屎蜣螂	Onthophagus Schreberi Lin.
犀角金龜	Orycte
短翅天牛	Nécydalis
	Necydalis major
短翅螽斯	Éphippigère
短喙象鼻蟲	Brachycère
	Brachycerus algirus
菊花象鼻蟲	Larin
蛞蝓	Limace
象鼻蟲	Charançon
象鼻蟲科	Curculionide
隆格多克大毒蠍	Scorpion Languedocien

中譯	原文
黃腿小寬胸蜣螂	Oniticelle à pieds jaunes
黑步行蟲	Procuste
黑刺李象鼻蟲	Rhynchite doré
黑金花蟲	Chrysomèle noire
	Timarcha tenebricosa Fab.
黑蠍子	Scorpion noir
圓形麗蠅	Calliphora vomitoria Lin.
圓網蛛	Épeire
塔普修斯球象鼻蟲	Cionus thapsus Fab.
楔天牛	Saperde
節腹泥蜂	Cerceris
聖甲蟲	Scarabée sacré
葡萄根犀角金龜	Orycte nasicorne
葡萄樹象鼻蟲	Rhynchite
蜈蚣	Scolopendre
鉗頸象鼻蟲	Attelabe
椿象	Myodite
	Myodites subdipterus
榛果象鼻蟲	Balanin des noisetiers
福爾卡圖屎蜣螂	Onthophage fourchu
	Onthophagus furcatus Fab.
綠色螞蚱兒	Sauterelle verte
蒼蠅	mouche
蜜蜂	Abeille
蜘蛛類	Aranéide
裸胸金龜	Gymnopleure
雌刺蝟	Hérissonne
鳶尾象鼻蟲	Charançon de l'Iris
蜣螂	Copris
寬頸金龜	Scarabée à large cou
德里爾蟲	Drile
膜翅目	Hyménoptère
蝶蛾	Papillon

中譯	原文
蝗蟲	Criquet
蝗蟲類	Acridien
橡實象鼻蟲	Balanin
螞蟻	Fourmi
螢火蟲	Lampyre
	Lampyris nictiluca Lin.
	Luisant
閻魔蟲	Saprin
鞘翅目	Coléoptère
龜象鼻蟲	Ceutorhynque
糞生糞金龜	Géotrupe stercoraire
糞金龜	Géotrupe
縮絨鰓金龜	Hanneton foulon
	Melolontha fullo Lin.
薄翅天牛	Ægosoma scabricorne Fab.
	Ægosome
薛西弗斯蟲	Sisyphe
螳螂	Mante
螻蛄	Courtilière
蟋蟀	Grillon
褶翅小蜂	Leucospis
避債蛾	Psyché
隱翅蟲	Staphylin
螽斯類	Locustien
藍蒼蠅	Mouche bleue
	Mouche bleue de la viande
蟬	Cigale
雙翅目	Diptère
蟻獅	fourmilion
蠅科	Muscide
蠅蛆	asticot
蠍子	Scorpion
麗蠅	Lucilie

中譯	原文
櫟黑神天牛	Cerambyx cerdo
鰓金龜	Hanneton
鱗翅目	lépidoptère
蠶	Ver à soie
蠶蛾	soie du Bombyx

【人名】

中譯	原文
于貝爾	Huber
尼古拉	Nicolas
布希翁 - 薩哈罕	Brillat-Savarin
伏爾泰	Voltaire
吉爾伯特	Gilbert
朱利安	Jullian
西塞羅	Cicéron
但丁	Dante
伯敦艾	Bossuet
李比希	Liebig
狄摩西尼	Démosthène
佩爾松	Persoon
林奈	Linné
波瓦婁	Boileau
保爾	Paul
哈伯雷	Rabelais
馬里尤斯 · 圭格	Marius Guigue
莫干 - 唐東	Moquin-Tandon
普林尼	Pline
賀拉斯	Horace
聖侯許	Saint Roch
雷沃米爾	Réaumur
福爾維宇 · 伊爾皮努	
	Fulvius Hirpinus
維吉爾	Virgile

中譯	原文
維克多・杜雷	Victor Duruy
維特魯威	Vitruve
熱蒂	Redi

【地名】

中譯	原文
卡爾龐特哈	Carpentras
安地列斯群島	Antilles
佛羅倫斯	Florence
亞維農	Avignon
芝加哥	Chicago
阿雷吉亞	Alésia
阿嘉丘	Ajaccio
阿爾及利亞	Algérie
非洲	Afrique
科西嘉	Corse
翁格勒	Angles
荷諾索山	Monte-Renoso
斯匹次卑爾根	Spitzberg
普瓦提耶	Poitiers
普羅旺斯	Provence
馮杜	Ventoux
塞西尼翁	Sérignan
瑞士	Suisse
蒙貝利耶	Montpellier
撒哈拉	Sahara
歐宏桔	Orange
噶斯孔訥	Gascogne

法布爾昆蟲記全集 10

素食昆蟲

SOUVENIRS ENTOMOLOGIQUES
ÉTUDES SUR L'INSTINCT ET LES MŒURS DES INSECTES

作者——JEAN-HENRI FABRE 法布爾

譯者——魯京明

審訂——楊平世

主編——王明雪　　副主編——鄧子菁

專案編輯——吳梅瑛　　編輯協力——洪閔慧

發行人——王榮文

出版發行——遠流出版事業股份有限公司

台北市南昌路 2 段 81 號 6 樓

郵撥：0189456-1　　電話：(02)2392-6899　　傳真：(02)2392-6658

著作權顧問——蕭雄淋律師

輸出印刷——中原造像股份有限公司

□ 2002 年 10 月 20 日 初版一刷　　□ 2020 年 4 月 1 日 初版十一刷

定價 360 元　　（缺頁或破損的書，請寄回更換）

ISBN 957-32-4697-X

遠流博識網　http://www.ylib.com　E-mail:ylib@ylib.com

昆蟲線圖修繪：黃崑謀　　內頁版型設計：唐壽南、賴君勝　　章名頁刊頭製作：陳春惠

特別感謝：王心瑩、林皎宏、呂淑容、黃文伯、黃智偉、葉懿慧在本書編輯期間熱心的協助。

國家圖書館出版品預行編目資料

法布爾昆蟲記全集. 10, 素食昆蟲 ／ 法布爾（
Jean-Henri Fabre）著；魯京明譯. -- 初版.
-- 臺北市 ： 遠流， 2002〔民91〕
　面： 　公分
譯自：Souvenirs Entomologiques
ISBN 957-32-4697-X（平裝）

1. 昆蟲 － 通俗作品

387.719　　　　　　　　　　　　　91012424

SOUVENIRS ENTOMOLOGIQUES

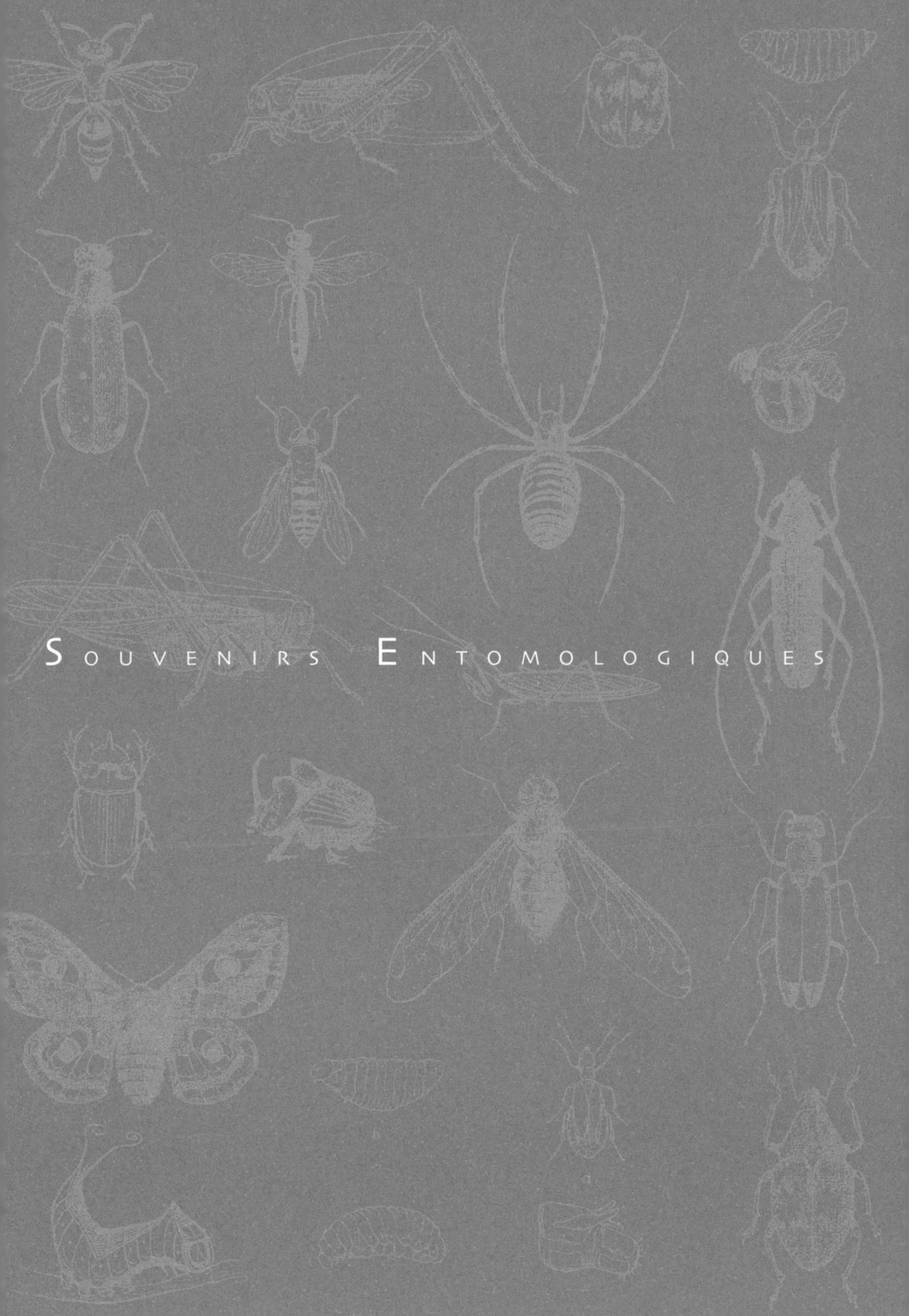

Souvenirs Entomologiques